国家社会科学基金重点项目（项目编号：17AGL001）

市场自主制定标准的形成机制研究

周立军　著

内 容 简 介

2021 年 10 月发布的《国家标准化发展纲要》明确了到 2025 年要“实现标准供给由政府主导向政府与市场并重转变”的首要目标，我国市场自主制定标准进入发展新阶段。本书基于研究团队对市场自主制定标准发展相关问题的长期研究及深刻洞察，在国家社会科学基金重点项目（项目编号：17AGL001）的基础上整理形成。本书除第 1 章绪论外，共由 4 个部分共计 11 章构成，其中，第 2 章～第 4 章是问题研究，第 5 章～第 7 章是理论研究，第 8 章和第 9 章是实证研究，第 10 章～第 12 章是对策研究。本书在研究方法、内容和学术观点上均有所创新，运用专业的模型、量化工具等方法，按照新视角、新要素、新数据，深化了基础理论研究，创新了理论模型，提出了新的评价体系和路径。

本书适合从事标准化理论研究的学者、研究生作为参考资料，也适合从事标准化实践工作的相关人员用作参考借鉴。

图书在版编目（CIP）数据

市场自主制定标准的形成机制研究 / 周立军著 . —北京：北京大学出版社，2023.10
ISBN 978-7-301-34508-5

Ⅰ . ①市…　Ⅱ . ①周…　Ⅲ . ①市场—标准化—研究—中国　Ⅳ . ① G307.72

中国国家版本馆 CIP 数据核字（2023）第 183878 号

书　　名　市场自主制定标准的形成机制研究
SHICHANG ZIZHU ZHIDING BIAOZHUN DE
XINGCHENG JIZHI YANJIU
著作责任者　周立军　著
策划编辑　蔡华兵
责任编辑　蔡华兵　李　虎
标准书号　ISBN 978-7-301-34508-5
出版发行　北京大学出版社
地　　址　北京市海淀区成府路 205 号　100871
网　　址　http://www.pup.cn　　新浪微博：@ 北京大学出版社
电子邮箱　编辑部 pup6@pup.cn　　总编室 zpup@pup.cn
电　　话　邮购部 010-62752015　发行部 010-62750672　编辑部 010-62750667
印 刷 者　三河市北燕印装有限公司
经 销 者　新华书店
965 毫米 ×1300 毫米　16 开本　20.25 印张　346 千字
2023 年 10 月第 1 版　2023 年 10 月第 1 次印刷
定　　价　98.00 元

前　言

2021年10月，中共中央、国务院印发《国家标准化发展纲要》，明确了到2025年要“实现标准供给由政府主导向政府与市场并重转变”的首要目标，同时提出“大力发展团体标准，实施团体标准培优计划，推进团体标准应用示范，充分发挥技术优势企业作用，引导社会团体制定原创性、高质量标准”等工作任务。我国市场自主制定标准自2015年《深化标准化工作改革方案》将团队标准正式纳入国家标准体系以来，伴随《国家标准化发展纲要》的发布而成为我国标准化战略的关键内容。2022年3月，国家标准化管理委员会等17部门联合印发了《关于促进团体标准规范优质发展的意见》，提出了提升团体标准组织标准化工作能力、建立以需求为导向的团体标准制定模式、拓宽团体标准推广应用渠道、开展团体标准化良好行为评价、实施团体标准培优计划、促进团体标准化开放合作等10个方面的意见。我国团体标准已经从以数量增长为主的第一发展阶段，进入以规范优质为目标的第二发展阶段。

2015年以来，我国市场自主制定标准在政策推动下已获得了规模性增长，但实践仍不够丰富，发展仍不够成熟，相关研究多以案例剖析、呼吁重要性为主，基础理论研究也非常匮乏。新工业革命对标准的市场化提出了怎样的要求？标准制定主体参与标准制定和标准的动机是怎样的？怎样的政策有利于发挥主体作用，推动市场自主制定的标准健康发展，以适应国家创新发展的需要？这些问题是厘清我国标准市场化形成机制的关键问题，也是亟待系统研究的重要问题。

2017年以来，我们团队先后承担了国家社科基金重点项目、国家标准化管理委员会委托项目等多项团体标准发展理论研究项目，对我国市场自主制定标准的发展政策、发展现状、存在问题，以及国外自愿性标准发展经验、标准形成理论等方面形成了丰富的研究积累，本书是以上系列研究的重要成果。本书旨在通过学科交叉，围绕“市场自主制定的标准如何形成并发挥作用”这一核心问题展开研究，洞察我国市场自主制定标准的发展趋势及存在问题，厘清标准制定主体的博弈关系，挖掘标准制定主体集体行动的影响因素，明晰市场自主制定标准的形成机理，提出我国标准组织的能力提升路径，为我国市场自主制定标准的优质发展提供系统的理论支撑。

本书可能的贡献有：首次系统梳理了工业革命与标准化发展的互动关系；首次明确提出标准的三大属性——技术属性、治理属性和准公共物品属性；首次探讨了企业、标准组织及政府在标准形成过程中的三方演化博弈；从集体行动观的视角，刻画了影响标准形成集体行动的7个要素，创新性地区分了外驱力和内驱力，构建了市场自主制定标准的形成机制模型；创新性地提出了由标准形成的管理能力、资源整合能力、市场运作能力和国际化能力4个维度构成的标准组织能力评价体系，总结了我国团体标准组织的发展模式及能力提升路径；客观地分析了我国团体标准化政策的效力，并提出了优化建议。

感谢我的合作伙伴杨静博士在整体研究中的深度参与，以及在模型建立过程中提出的真知灼见；感谢中国标准化协会、浙江省品牌建设促进会在调研方面给予的支持，以及高建忠先生、陈自力先生、蒋建平先生就团体标准组织发展方面所做的毫无保留的交流；感谢我的学生洪欢在浙江制造案例研究中所做的工作，邵吕深在团体标准组织评价及团体标准合作网络研究中所做的工作，樊梦婷在标准形成机制的博弈论研究中所做的工作，瞿羽扬在技术标准与产业演化研究中所做的工作，王丹丹、李雨婷在实证部分所做的工作，陆正丰、韦笑在文本挖掘方面所做的工作，刘思薇在文稿整理等方面所做的工作；感谢郑素丽教授、杨菊萍博士、曾宇容老师提出的改进建议；感谢我们团队，是大家的共同推进使我们在标准化理论领域的研究不断地取得新进展！

感谢我的家人对我研究工作的大力支持！

周立军

2023年3月于杭州

目　　录

1　**第1章　绪论**
3　1.1　问题提出
4　1.2　研究目标
5　1.3　研究内容
10　1.4　研究方法
11　1.5　研究思路、创新点及不足
15　**第2章　工业革命与标准化发展**
17　2.1　第一次工业革命中的标准化：近代工业标准化的诞生和初步发展
19　2.2　第二次工业革命中的标准化：工业标准化的快速和多元化发展
21　2.3　第三次工业革命中的标准化：现代标准化成熟和国际标准化深度发展
23　2.4　第四次工业革命启动以来国外标准化发展新举措
26　2.5　第四次工业革命进程中的标准化发展新趋势
31　**第3章　我国市场自主制定标准的探索、发展与挑战**
33　3.1　我国标准化机制的发展演化
36　3.2　我国市场自主制定标准发展的必要性
38　3.3　从协会标准、联盟标准到团体标准
46　3.4　2016年以来我国团体标准的快速发展
53　3.5　快速发展中我国团体标准化存在的问题
65　**第4章　市场自主制定标准研究综述**
67　4.1　标准化理论概览
68　4.2　标准形成问题研究综述
83　4.3　我国团体标准化研究综述
91　**第5章　标准形成问题理论框架**
93　5.1　标准的内涵、属性及特征
97　5.2　标准的类别及作用空间

99 5.3 市场自主制定标准的形成过程
101 5.4 市场自主制定标准形成问题理论框架
103 第6章 博弈论视角下的市场自主制定标准的形成机制
105 6.1 演化博弈概述
107 6.2 标准形成的多主体演化博弈
110 6.3 模型假设和构建
112 6.4 模型分析
116 6.5 数值仿真分析
123 第7章 集体行动视角下的市场自主制定标准形成机制
125 7.1 集体行动理论
129 7.2 集体行动框架下的市场自主标准形成机制
139 7.3 研究假设与研究设计
143 第8章 市场自主制定标准形成的集体行动机制实证研究
145 8.1 量表设计
150 8.2 问卷设计与预调研
152 8.3 正式调研与描述性统计分析
154 8.4 信效度分析
164 8.5 假设检验
168 8.6 研究结论
173 第9章 标准组织能力评价研究
175 9.1 标准组织能力评价体系构建
186 9.2 基于神经网络的标准组织能力模型
198 9.3 标准组织的能力评价
205 第10章 国外标准组织的发展模式
207 10.1 国外市场导向的标准化管理机制
209 10.2 ASTM:美国典型的自愿性标准组织
214 10.3 BSI:典型的政府认定的民间标准组织
218 10.4 ETSI:典型的区域标准组织
223 10.5 3GPP:典型的专业性标准化组织
227 10.6 国外标准组织发展共性经验
229 第11章 市场自主制定标准与产业发展
231 11.1 技术标准与产业演化——移动通信产业
242 11.2 我国团体标准的合作网络——ICT产业

253 **第12章 我国市场自主制定标准发展对策及建议**
255 12.1 我国市场自主制定标准政策效力分析
265 12.2 标准组织治理能力提升对策分析
276 12.3 市场自主制定标准管理机制优化
282 **参考文献**

第一章

绪　论

1.1 问题提出

习近平总书记在致第39届国际标准化组织(International Organization for Standardization, ISO)大会的贺信中指出,标准是人类文明进步的成果,标准助推创新发展,标准引领时代进步。我国标准化工作自中华人民共和国成立以来,历经从无到有、从有到优和从优到强3个阶段,不断创新突破,获得了极大发展。截至2022年年底,我国共有现行有效国家强制性标准2117项、国家推荐性标准40910项、备案行业标准78431项、备案地方标准56715项。为了解决我国标准长期依赖由政府主导制定、供给模式单一,市场自主制定、快速反应需求的标准不能有效供给,标准制定主体活力不够、质量不高等问题,2015年3月,国务院印发了《深化标准化工作改革方案》,明确提出“建立政府主导制定的标准与市场自主制定的标准协同发展、协调配套的新型标准体系”。该方案明确了市场自主制定的标准具有重要地位,其已成为我国标准体系改革的重要任务,甚至被提升到国家治理的高度。我国标准化发展进入“二元机制”新征程。

2021年10月,中共中央、国务院印发《国家标准化发展纲要》,明确指出到2025年要“实现标准供给由政府主导向政府与市场并重转变”的首要目标,同时提出大力发展团体标准,实施团体标准培优计划,推进团体标准应用示范,充分发挥技术优势企业作用,引导社会团体制定原创性、高质量标准等工作任务。2022年3月,国家标准化管理委员会等17部门联合印发了《关于促进团体标准规范优质发展的意见》,提出了提升团体标准组织标准化工作能力、建立以需求为导向的团体标准制定模式、拓宽团体标准推广应用渠道、开展团体标准化良好行为评价、实施团体标准培优计划、促进团体标准化开放合作等10个方面的意见。我国团体标准已经从以数量增长为主的第一发展阶段,进入以规范优质为目标的第二发展阶段。

从全球范围看,正在兴起“再工业化”浪潮。2015年10月,李克强总理在国务院常务会议上提出,通过“互联网+双创+中国制造2025”,将这三大战略结合起来进行工业创新,“将会催生一场‘新工业革命’”。但是,大规模生产模式下的标准化理论、标准形成机制已不能适应新工业革命智能化、互联化、生态化、定制化的发展特征,必须进行针对性研究,夯实理论基础,支撑新工业革命背景下市场自主制定的标准快速发展,使标准真正成为质量的“硬约束”，增加标准的有效供给，促进标准的市场化发展，推动中国经济迈向中高端水平。

从已有研究看，国内外关于标准的形成机制研究主要侧重于技术标准的形成，并基于标准与技术创新的互动关系视角，以技术标准联盟为对象的研究较多。国外市场自主制定标准的发展历史较长，经验丰富，效果显著，但新工业革命背景下标准的形成机制是个新课题，尚未有系统性的研究。而我国长期以来以政府主导制定的标准为标准体系的主体，尽管从20世纪90年代末以来在协会标准、联盟标准方面有了一些探索性的尝试，尤其在2015年《深化标准化工作改革方案》发布实施后市场自主制定标准在政策推动下也获得了规模性增长，但实践仍不够丰富、发展不够成熟，相关研究多以案例剖析、呼吁重要性为主，基础理论研究也非常匮乏。新工业革命对标准的市场化提出了怎样的要求？标准制定主体参与标准制定和标准的动机是怎样的？怎样的政策有利于发挥主体作用、推动市场自主制定的标准健康发展，以适应国家创新发展的需要？这些问题是厘清我国标准市场化形成机制的关键问题，也是亟待系统研究的重要问题。

1.2 研究目标

在新的发展形势下，我国已改变以政府主导制定标准为主的局面，市场自主制定的标准将成为我国标准体系中的主导力量，发挥引领作用。本书力求促进学科交叉，围绕“市场自主制定的标准如何形成并发挥作用”这一核心问题，拟实现以下目标。

(1) 从全球标准化实践视角，全面梳理工业革命与标准化发展进程，揭示其演变过程、特征及规律；厘清新工业革命对标准化发展提出的新要求。

(2) 对我国标准化发展阶段进行研判，明晰其特征及发展趋势；着重研究我国市场自主制定标准的发展过程、取得的成就及存在的问题。

(3) 以标准制定主体为核心，厘清企业、标准组织及政府三大关键主体方之间的博弈关系，挖掘标准制定主体集体行动的影响因素，明晰市场自主制定标准的形成机理。

(4) 构建标准组织的能力结构评价模型，借鉴国外先进标准组织的发展模式，提出我国标准组织的能力提升路径。

(5) 提出有利于发挥我国市场主体作用的标准形成机制和政策建议，为我国市场自主制定标准的优质发展提供支撑。

本书首次系统梳理了工业革命与标准化发展的互动关系；首次明确提出标准的三大属性——技术属性、治理属性和准公共物品属性；首次探讨了企业、标准组织及政府在标准形成过程中的三方演化博弈；从集体行动观视角，刻画了影响标准形成集体行动的7个要素，创新性地区分了外驱力和内驱力，构建了市场自主制定标准的形成机制模型；创新性地提出了由标准形成的管理能力、资源整合能力、市场运作能力和国际化能力4个维度构成的标准组织能力评价体系，总结了我国团体标准组织的发展模式及能力提升路径；客观地分析了我国团体标准化政策的效力，提出了优化建议。

本书结合国务院颁布的《深化标准化工作改革方案》的总体要求，系统梳理了工业革命与标准化的关系，揭示了新工业革命下市场自主制定标准的发展新要求，探究上述背景下我国市场自主制定的标准形成机制；符合《国家标准化发展纲要》《关于促进团体标准规范优质发展的意见》等国家战略及政策精神，并为政策落地提供了重要的理论支撑，在促进市场主体参与标准制定意愿、提升标准组织活跃度、增强标准有效供给、在新工业革命中构建应对全球竞争新格局方面具有实际应用价值。

1.3 研究内容

本书基于新工业革命背景下的新挑战和新要求，结合我国标准化机制改革，探究多主体参与情景下我国市场自主制定标准的影响因素、动力机制和发展政策，除了第1章绪论，共由4个部分、11章构成，总体研究逻辑见表1–1。

表1–1 本书总体研究逻辑

章序号	内容逻辑	研究逻辑
2	新工业革命对市场自主制定标准的发展提出怎样的新要求？	问题研究
3	我国市场自主制定标准的发展遇到哪些新挑战？	
4	国内外市场自主制定标准相关研究现状怎样？	
5	市场自主制定标准的形成过程是怎样的？	理论研究
6	市场自主制定标准的参与主体的博弈关系是什么？	
7	市场自主制定标准的形成机制是什么？	
8	市场自主制定标准的集体行动机制是怎样的？	实证研究
9	标准组织的能力如何评价？	

续表

章序号	内容逻辑	研究逻辑
10	市场自主制定标准组织发展的国际经验有哪些?	对策研究
11	市场自主制定标准如何促进产业发展?	
12	市场自主制定标准发展政策该如何优化?	

第一部分　问题研究

本部分包括第2章、第3章和第4章。其中,第2章和第3章是实践现状剖析,第4章是理论研究现状综述。

第2章　工业革命与标准化发展

近代工业标准化是工业革命的产物,也是推动经济社会发展的重要力量。本章从标准化的作用、表现形式、驱动力、与生产方式的关系、应用领域等方面分析了历次工业革命进程中标准化的发展特征;梳理了第四次工业革命启动以来ISO及美国、德国、英国、日本等发达国家在标准化发展方面采取的新举措和取得的新进展,进而探讨了标准化发展的新趋势和新挑战。

本书首次系统梳理了工业革命与标准化发展的互动关系;明确提出互换性需求、工程师自下而上的驱动是近代工业标准产生的基础;简化提升了生产效率,标准化融入管理推动了大规模生产方式的发展;信息与通信技术(Information and Communications Technology, ICT)产业的发展促发"标准之战",延续并扩散到高技术产业;市场和国家战略双轮驱动力量日益显著;标准的多重属性使标准成为治理工具;而在新工业革命进程中,基础性技术标准、接口标准将成为争夺高地,标准生态将成为产业间协同发展的重要基础,多方共治将成为标准治理的主导模式。

第3章　我国市场自主制定标准的探索、发展与挑战

本章阐释了2015年之前我国标准体系亟待优化、快速响应需求的标准供给不足、标准竞争力有待提升等问题;分析了协会标准、联盟标准和团体标准等我国市场自主制定标准的三大发展阶段的政策制度、实践探索和典型案例;总结了2016年以来我国团体标准化在发展规模、标准体系中的地位变化、优秀团体标准组织发展等方面的成绩,并基于全国团体标准信息平台数据,深刻剖析了我国团体标准发展中存在的若干问题。

本书认为,团体标准作为我国市场自主制定标准的主要形式,其发展是标准化体制满足社会经济发展及国际竞争的必然选择。目前,团体标准从数量上看已成为国家标准体系重要的构成部分,部分团体标准组织发展

活跃，头部集中效应显著。本书创新提出“团体活跃度”概念，2020年新增的团体标准组织中，僵尸型组织占29.31%，低活跃度组织占48.26%，中等活跃度组织占15.87%，高活跃度组织仅占6.56%。我国团体标准在爆发增长态势中，低活跃度组织占比高、创新性标准占比不高、团体标准定位偏差大、标准文本质量不高、标准组织竞争力弱、政策依赖过强等问题急需被关注。

第4章 市场自主制定标准研究综述

本章从两个方面系统梳理了国内外相关研究成果。第一，标准形成问题研究综述。本书获取了WOS（Web of Science，科学引文数据库）核心数据库中1966—2022年标准形成相关文献845篇，运用CiteSpace（Citation Space的缩写，一款引文可视化分析软件）通过关键词词频、关键词聚类、关键文献分析等对关注焦点、发展趋势进行可视化数据分析，划分为需求驱动、管理驱动和全球治理驱动3个研究阶段，重点梳理了标准形成的影响因素相关研究。第二，鉴于“团体标准”研究的中国场景特性，本书以2002—2022年团体标准化相关的821篇中文文献为研究对象，运用LDA（Latent Dirichlet Allocation，潜在狄利克雷分配）模型进行了文献分析，研究呈现出联盟标准、标准体系、标准组织、标准化活动和产业应用5个研究主题，并结合热力图进行了研究热度分析。

第二部分 理论研究

本部分包括第5章、第6章和第7章。其中，第5章建立了标准形成问题的研究总体框架，第6章探讨了企业、团体及政府3个核心主体的博弈关系，第7章构建了基于集体行动观的标准参与意愿理论模型。

第5章 标准形成问题理论框架

本章从实践及理论两个视角梳理了关于标准内涵的认识、标准的类别和作用空间，提出了标准的技术属性、治理属性和准公共物品属性，以及协商一致和多主体参与两个主要特征。本章着重分析了市场自主制定标准的自愿性、开放性、市场性、先进性特征；基于标准全生命周期理论，在梳理相关研究观点的基础上，结合ISO的标准管理流程，梳理了标准形成的3类活动（即标准研制活动、协商一致活动和发布活动）和7个环节。

第6章 博弈论视角下的市场自主制定标准的形成机制

标准形成关联着企业、标准组织和政府的不同目标和利益。本章构建了企业、标准组织及政府之间的三方策略动态演化博弈模型，探究标准组织在标准化过程中的作用及其他利益相关者的决策影响因素，并结合数值仿真进行分析。通过对多主体均衡策略的探索，为优化各主体资源配置，推动市场标准蓬勃发展提供有益参考。

本书首次将标准组织纳入博弈主体，对标准形成过程中的企业、标准组织、政府三方的行为策略进行多方博弈，从标准的技术属性、治理属性和准公共物品属性出发，围绕市场自主制定标准的自愿性、开放性、市场性、先进性特征形成博弈条件，发现博弈的稳定点策略组合为{企业投入，标准组织高意愿，政府不激励}。企业是技术标准化的主体，对系统演化的方向和结果影响显著；政府的基本收益和补贴对三方演化博弈结果均有显著影响。当企业投入意愿较低时，政府倾向于采取激励策略提高企业技术标准化的积极性，以缩短企业和标准组织选择积极策略的时间，加快达到稳定点。

第7章　集体行动视角下的市场自主制定标准形成机制

本章基于集体行动理论的逻辑，分析了集团规模、主体异质性、选择性激励如何影响标准的形成过程，建立了以集体行动内驱力为中介变量、集体行动外驱力为自变量、集体行动意愿为因变量的研究模型。

本章结合市场自主制定标准形成的集体行动特性，创新性地将曼瑟·奥尔森（Mancur Olson）提出的集团规模、主体异质性及选择性激励三大影响集体行动的因素细化为参与主体数量、产业规模、类型异质性、规模异质性、制度设计、自治机构和扩展服务7个具体要素，同时研究团队认为外在激励若不能转化为内在激励，即不能形成内驱力，标准制定主体的参与意愿便不能真正形成。为此，本书提出了以组织间学习为内驱力的标准形成的集体行动机制模型。

第三部分　实证研究

本部分包括第8章和第9章。其中，第8章从企业视角对参与市场自主制定标准形成的集体行动问题进行了实证，第9章从团体视角对团体的组织能力评价进行了实证。

第8章　市场自主制定标准形成的集体行动机制实证研究

本章基于第6章建立的理论模型，以“浙江制造”标准为研究背景，围绕集体行动的外驱力如何影响企业参与制定团体标准意愿这个核心问题；探讨了政府激励、团体组织能力和产业规模3类集体行动的外驱力对集体行动意愿的直接作用，以及知识获取和知识运用两类集体行动的内驱力在集体行动的外驱力与集体行动意愿关系中的中介作用。本章根据理论推理构建的概念模型设计了相关量表；发放并回收了205份浙江省制造业企业的有效样本，运用SPSS和AMOS进行因子分析和结构模型评估。

研究发现，集体行动内驱力起到完全中介作用，政策激励、产业规模和集体行动意愿间不存在直接效应；团体组织能力和集体行动意愿之间的关系更多的是直接影响，集体行动内驱力起到的中介效应较小。集体行动意愿之间的关系更多的是直接影响，集体行动内驱力起到的中介效应较小。

第9章 标准组织能力评价研究

标准组织能力是我国市场自主制定标准高质量发展的关键影响因素之一。本章通过文献分析法和专家访谈法，基于标准全生命周期管理理论，从标准形成、标准实施和标准推广等方面提炼影响标准组织能力的相关要素，明确评价细则，运用BP神经网络模型、层次分析法优化标准组织能力评价模型。

本章创新性提出了由标准形成管理能力、资源整合能力、市场运作能力和国际化能力4个维度、10个指标构成的标准组织能力评价体系，进而刻画了政府支持型、技术领先型、市场驱动型、协同发展型和无序发展型我国现阶段5类标准组织的特征。

第四部分 对策研究

本部分包括第10章、第11章和第12章。其中，第10章分析了国际标准化组织及国外先进团体的标准化发展经验，第11章在第9章实证研究基础上提出了我国现阶段标准组织能力提升的策略，第12章从政府视角进一步提出了我国推动市场自主制定标准优质发展的政策建议。

第10章 国外标准组织的发展模式

国外市场导向标准化机制在工业革命的推动下形成，发展动力源于市场需求。本章着重分析了以美国为代表的市场导向型标准的管理机制，以美国材料与试验协会(American Society for Testing and Materials, ASTM)为代表的自愿性标准组织、以英国标准化学会(British Standards Institution, BSI)为代表的政府认定的标准组织、以欧洲电信标准化学会(European Telecommunications Standards Institute, ETSI)为代表的区域标准组织及以第三代合作伙伴项目(3rd Generation Partnership Project, 3GPP)为代表的专业性标准组织的发展经验。

本书认为，国外市场自主制定标准的发展是市场推动的结果，协会、学会等团体发挥了重要作用。这些团体的以下经验值得我国研究学习：完善的内部治理结构、清晰的标准管理流程并严格执行、成熟的市场推广机制、国际化的战略定位和对利益相关方需求的高度重视。

第11章 市场自主制定标准与产业发展

满足创新及市场需要是市场自主制定标准发展的关键要求。本章以新工业革命启动以来发展最为迅猛的ICT产业为研究对象，从技术标准生命周期视角，探究了移动通信产业技术标准演化路径。另外，运用社会网络分析法，对我国ICT领域的制定团体与参与单位之间的合作模式进行了研究，提炼出合作共进模式、核心支撑模式、独立发展模式和项目推动模式4种模式。

本章通过Logic模型模拟移动通信产业演化，验证“标准引领创新发展”的路径模式，发现技术标准推动并引领下一代技术的发展，新一代技术标准的萌芽产生于上一代技术标准的成熟期或成长期；市场需求的动态变化将驱动技术标准的迭代；技术标准竞争主体由大企业主导到技术标准联盟推动再到国家战略协同。通过ICT领域社会网络分析，创新性地提出我国团体标准合作中存在合作共进、核心支撑、独立发展和项目推动4种模式，且合作共进模式是目前ICT领域团体标准发展中更具优势的组织模式。

第12章　我国市场自主制定标准发展对策及建议

本章基于2015—2020年我国国家、行业及地方出台的60项团体标准发展政策，采用文本挖掘方法构建 PMC 指数模型和政策工具模型，对其中12项典型政策进行量化评价。结果表明，我国团体标准政策整体效力处于可接受水平，并且随着PMC指数的增长，政策工具沿不良型—环境型—需求环境并重型—需求型的趋势变化；研究认为，需加强供给型政策工具的使用，加大对团体标准推广应用等方面的资助力度并注重团体标准的试点示范和认证等工作。另外，本章选取了4个典型的标准组织为案例，提出标准组织能力提升的对策；提出了建立长效机制、开展市场自主制定标准先进性评价、实施全生命周期管理和激发市场主体参与意愿等机制优化建议，以推动我国市场自主制定标准优质发展。

1.4　研究方法

1.文献分析法

在问题初探阶段，运用CiteSpace、LDA模型对国内外文献进行计量分析，从研究领域、研究热点和时间维度对研究对象和国内外相关研究形成整体认识，梳理研究脉络，把握研究前沿。在模型构建阶段，重点研读关键文献和热点文献，提取关键词和专家主要观点，总结归纳关键要素，为模型构建提供支撑。

2.专家访谈法

通过对中关村无线网络安全产业联盟、西安西电捷通无线网络通信股份有限公司、浙江省品牌建设联合会、宁波方太厨具有限公司等标准组织和部分发展较快组织的关键成员单位进行半结构化访谈，识别影响参与主体参与团体标准形成意愿的要素，深化对标准组织运行模式的理解。

3.案例研究法

运用案例分析法对ISO、CEN(Comité Européen de Normalisation，欧洲标准化委员会)、ASTM、ANSI(American National Standards Institute，美国国家标准学会)、DIN(Deutsches Institut für Normung，德国标准化协会)等团体进行分析，探究其组织治理经验及关键成功因素。收集浙江省品牌建设联合会、国家半导体照明工程研发及产业联盟、中华中医药学会和中国标准化协会等我国典型标准组织的数据资料，深入剖析基本概况、发展历程、标准化活动内容、标准化工作成果和组织影响力等情况，分析团体运营模式特征及存在的问题。

4.结构方程模型

通过开发量表，以参与“浙江制造”标准制定的企业为对象进行问卷调查，运用结构方程模型对我国市场自主制定标准的集体行动影响因素进行分析，验证理论模型。

5. BP神经网络模型

基于标准组织的能力指标体系，设计专家打分问卷，运用BP神经网络模型进行数据训练，获得标准组织的能力评价模型。

6. PMC政策分析法

基于2015—2020年我国国家、行业及地方出台的较为典型的60项团体标准发展政策，构建PMC指数模型，对典型样本团体标准政策进行政策效力的量化评价。

1.5 研究思路、创新点及不足

1.5.1 研究思路

本书的研究思路见图1-1。

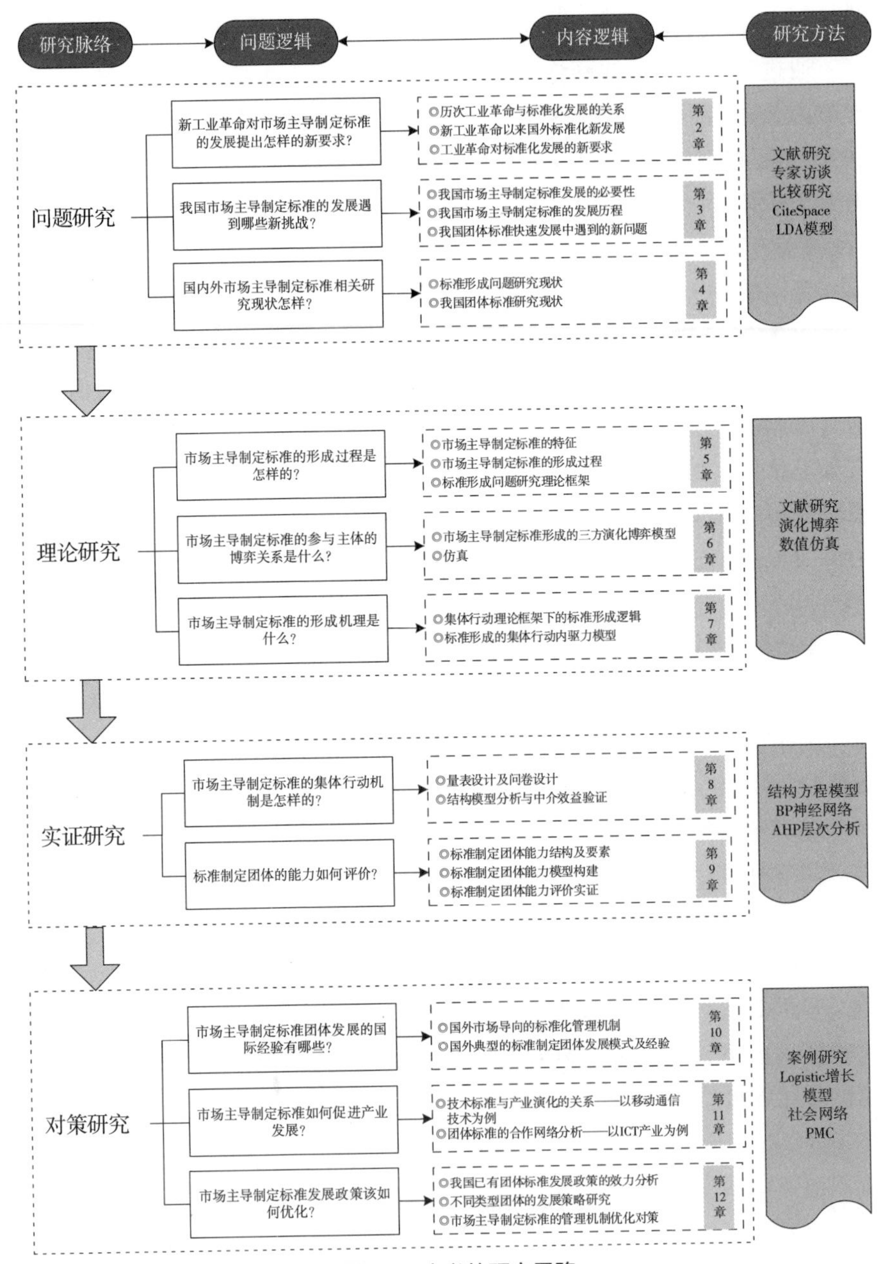
研究脉络
问题逻辑
内容逻辑
研究方法
问题研究
新工业革命对市场主导制定标准的发展提出怎样的新要求？
历次工业革命与标准化发展的关系
新工业革命以来国外标准化新发展
工业革命对标准化发展的新要求
第2章
我国市场主导制定标准的发展遇到哪些新挑战？
我国市场主导制定标准发展的必要性
我国市场主导制定标准的发展历程
我国团体标准快速发展中遇到的新问题
第3章
国内外市场主导制定标准相关研究现状怎样？
标准形成问题研究现状
我国团体标准研究现状
第4章
文献研究
专家访谈
比较研究
CiteSpace
LDA模型
理论研究
市场主导制定标准的形成过程是怎样的？
市场主导制定标准的特征
市场主导制定标准的形成过程
标准形成问题研究理论框架
第5章
市场主导制定标准的参与主体的博弈关系是什么？
市场主导制定标准形成的三方演化博弈模型
仿真
第6章
市场主导制定标准的形成机理是什么？
集体行动理论框架下的标准形成逻辑
标准形成的集体行动内驱力模型
第7章
文献研究
演化博弈
数值仿真
实证研究
市场主导制定标准的集体行动机制是怎样的？
量表设计及问卷设计
结构模型分析与中介效益验证
第8章
标准制定团体的能力如何评价？
标准制定团体能力结构及要素
标准制定团体能力模型构建
标准制定团体能力评价实证
第9章
结构方程模型
BP神经网络
AHP层次分析
对策研究
市场主导制定标准团体发展的国际经验有哪些？
国外市场导向的标准化管理机制
国外典型的标准制定团体发展模式及经验
第10章
市场主导制定标准如何促进产业发展？
技术标准与产业演化的关系——以移动通信技术为例
团体标准的合作网络分析——以ICT产业为例
第11章
市场主导制定标准发展政策该如何优化？
我国已有团体标准发展政策的效力分析
不同类型团体的发展策略研究
市场主导制定标准的管理机制优化对策
第12章
案例研究
Logistic增长模型
社会网络
PMC

图1-1 本书的研究思路

1.5.2 创新点

研究方法的创新：项目团队深入标准化实践，在大量文献研究、文本挖掘及专家访谈、实地调研基础上构建研究框架。综合运用博弈论、集体行动观分析标准形成的主体间关系及参与意愿的影响因素，运用结构方程模型分析标准形成机理，运用CiteSpace、LDA模型对国内外文献进行计量分析，梳理研究脉络；运用PMC指数、政策工具等方法对我国团体标准发展政策进行量化评价，为政策优化提供更充分的支撑。

研究内容的创新：视角新——从集体行动的视角，考虑外驱力与内驱力共同作用情况下构建标准形成机制的理论模型，是市场自主制定标准理论研究的新视角；要素新——系统梳理工业革命与标准化发展的关系，研究新工业革命对标准形成提出的新要求，是标准化理论研究的新要素；数据新——从我国市场自主制定标准的发展历程出发，基于最新数据发掘我国团体标准存在的实际问题，为相关研究提供了新依据。

学术观点的创新：深化了标准化基础理论研究，提出标准具有技术、治理和准公共物品三维属性；创新了标准形成机制理论模型，基于集体行动观提出了参与主体数量、产业规模、类型异质性、规模异质性、制度设计、自治机构和扩展服务7种要素，设计以组织间学习为内驱力的标准制形成机制理论模型；提出了由标准形成管理能力、资源整合能力、市场运作能力和国际化能力等4个维度、10个指标构成的标准组织能力评价体系，刻画了政府支持型、技术领先型、市场驱动型、协同发展型和无序发展型5类标准组织的特征并给出了其能力提升路径。

1.5.3 研究不足

本书主要探讨了新工业革命背景下标准化发展的新要求，我国市场自主制定标准发展面临的新挑战，提出了市场自主制定标准形成机制模型和标准组织能力评价体系，为我国团体标准优质发展提供了理论支撑和政策优化路径。但是，本书仅对“浙江制造”进行实证研究可能存在一定的局限性，有待通过不同类型的市场自主制定标准进行验证并不断修正理论模型。另外，我国团体标准改革步子大、发展快，相关数据资料的积累不充分、获取途径有限，标准组织能力评价的细则有待根据实际情况进行优化，以便更精准地刻画团体的类型，研究其能力提升路径。

第 2 章

工业革命与标准化发展

近代标准化既是工业革命的产物，又是推动经济社会发展的重要动力。在以机械化为代表的第一次工业革命、以电气化为代表的第二次工业革命、以信息化为代表的第三次工业革命中，近代标准化获得了快速发展。同时，标准化也推动了历次工业革命的进程。当前，以物理、信息和生物技术的多元融合为特征的第四次工业革命正在以前所未有的态势席卷全球(刘湘丽，2019)。2018年世界标准日的主题为"国际标准与第四次工业革命"，国际电工委员会(International Electrotechnical Committee，IEC)主席詹姆斯·M.香农(James M.Shannon)、ISO主席约翰·沃尔特(John Walter)、国际电信联盟(International Telecommunication Union，ITU)秘书长赵厚麟发表祝词，明确表达"第四次工业革命的浪潮已经涌来，如何更好地借助这场技术变革增进社会福祉，标准的角色不可或缺"。那么，标准化在工业革命进程中的发展轨迹是怎样的？在历次工业革命中发挥了怎样的作用？标准化为何会被发达国家认为是第四次工业革命中的关键先导要素？这些问题均亟待深入探讨。

2.1　第一次工业革命中的标准化：近代工业标准化的诞生和初步发展

1760—1830年，蒸汽机的发明带来了新动力，飞梭、珍妮纺织机、蒸汽轮船、蒸汽飞机、缝纫机、磨床、拖拉机等一系列新技术的出现，触发了第一次工业革命。在这一过程中，手工劳动被替代，社会生产进入以大机器、专业化生产为特征的机械生产时代，在基层工程师的推动下催生了近代工业标准化。早期的工业标准主要针对技术术语、公差标准和具有互换性的标准件，尽管标准的产生及应用大多是自发的、非系统性的和不平衡的，但这些早期实践为机械化的稳定发展和推广、技术在更广范围的协调一致、规模化生产方式的初步形成及工厂制度的产生均奠定了重要基础，并直接提高了生产效率。

2.1.1　标准化的作用：互换性使工业化生产成为可能

工业标准化始于零部件互换的需要。英国发明家亨利·莫兹利(Henry Maudslay)在约瑟夫·布拉马(Joseph Bramah)发明的手动驱动机床的基础上进行了创新性改进，于1797年制成第一台螺纹切削车床，可切削不同螺距的螺纹；采用刮削法制成标准平板来检验平面的精度，还制成了精度达0.0001英寸的千分尺。1834年，亨利·莫兹利的学生约瑟夫·B.惠特沃思(Joseph B.Whitworth)提出了牙型为55°的螺纹，1841年提出了标准直径和螺距，统一了当时种类繁多的螺距和尺寸，全球第一个螺纹标准“惠氏螺纹”标准由此诞生。之后，英国人发明的螺纹丝杠车床及丝锥和板牙工具，为螺纹的标准化加工奠定了技术基础。以互换性为核心的公差标准、产品标准是标准化主要的早期应用，也是工业标准化的重要支撑。

2.1.2 标准化的驱动：工程师的自发推动是关键动力

从工业标准化的发展历史看，标准不是顶层设计的产物，而是自下而上推动形成的。第一次工业革命的触发与18世纪前后英国的工程师群体的崛起密不可分。英国工厂的技师与企业家们在讨论问题时，开始用共同的技术词汇。部分优秀的工厂主、手工艺人和技师，如詹姆斯·瓦特(James Watt)、乔治·斯蒂芬森(George Stephenson)、爱德华·罗伯茨(Edward Roberts)和理查德·阿克莱特(Richard Arkwright)等，由于既掌握基本的近现代技术手段(Freeman，1997)，又直接与工业实践紧密联系，因此他们积极运用知识来改进实践、发展工业(Ashton，1968)。随着产业分工的推进，实际工作中对零部件一致性的诉求是标准形成和扩散的主导力量。技术术语、公差标准和具有互换性的标准件得到推广，工程师的自发推动形成了标准化“自下而上”的发展机制。

2.1.3 标准化与生产方式：直接推动了规模化生产方式的出现

1798年，美国发明家、机械工程师伊莱·惠特尼(Eli Whitney)为了完成美国政府提出的在短期内生产一万支来复枪的任务，把制造过程划分为若干工序，明确了来复枪的零件模型，并要求不同工厂按统一标准制造；采用铣床等机器和科学的加工方法，制造可互换的标准化部件；使用专用工装来保证零件尺寸及公差均一，提升零件的精度，使零部件组装成为现实。尽管伊莱·惠特尼没有将自己的设想完全变成现实，但他首创的在零部件通用互换的基础上的专业化、标准化生产方式，奠定了规模化生产的基础，他因此被誉为“美国工业标准化之父”。互换性标准件生产技术上的规模化生产，在第一次工业革命时期初见雏形。

2.2 第二次工业革命中的标准化：工业标准化的快速和多元化发展

1830—1950年，电力技术驱动的第二次工业革命发端于美、德、英、法、日等发达资本主义国家，再一次给全球工业发展带来颠覆性变革。发电机、电话、电灯尤其是电力机车和内燃机的发明，使得石油开采、钢铁、化工等产业迅猛发展，全球工业重心由轻纺工业转为重工业。而在此基础上有轨电车、汽车、无线电通信、飞机、打字机的发明，改变了人们的生活方式，增进了社会福祉，人类自此进入电气时代。以互换性为基础的简化、统一化、通用化等标准化形式开始得到充分应用，并推动了工业化在全球的进程。标准化在不同领域的实践也推动了基础标准、检验标准、质量标准、管理标准的初步多元化发展。同时，标准化在国家层面上得到重视，有组织的标准化活动陆续开展，标准从工厂走向全球。

2.2.1 标准化的作用：简化使工业生产效率大幅提高

1921年，美国工程协会(AEA)发表了《消除工业浪费委员会通报》，指出美国工业的全部生产率尚未达到最大生产率的50%。在美国商务部所属的简化应用局发起了全国性的工业生产简化运动，使得品种简化程度从24%上升到98%(Verman, 1980)。标准因此而成为提升生产率的主要工具。在第二次世界大战期间，各盟国被工具及螺栓、螺母、螺钉等工程用品的不同标准带来的损失困扰。1948年，英国议长欧内斯特·莱曼(Ernest Lemon)主持成立的一个委员会指出，没有必要的多样化带来的损失不仅体现于生产某种产品的某一阶段，而且扩展到原材料、零部件乃至最终用户，并导致了成本高、价格高和效率低。这一时期“3S”盛行起来，“3S”即简单化(Simplification)、标准化(Standardization)、专业化(Specialization)，其中首推简化，英国、法国、德国、日本等发达国家都开始通过制定标准实现简化。标准化从术语、规格的协调一致向围绕产品高效率制造的生产系统延伸，促进了工业生产效率的大幅提升。

2.2.2 标准化的驱动力量：各类标准化组织的发展壮大

最早的标准化组织是市场推动产生的。1882年，美国材料与试验协会(IATM)为解决采供双方的分歧问题而成立，之后70名科学家和工程师在美国费城发起成立了IATM的美国分会，解决经常发生的轨道开裂问题对快速发展的铁路工业带来的困扰，并于1901年发布了碳钢钢轨规范。类似的，1881年成立的美国机械工程师协会(ASME)、1919年成立的美国焊接协会(AWS)等与工程师的需求密切相关。由于工业和交通运输业的发展，人们迫切需要实现零部件在不同产业内的统一和互换。世界上第一个国家标准组织——BSI为解决这一问题于1901年诞生。从1903年开始，BSI开始在生产的钢轨上刻印BS标志，即风筝标志，来表明该产品是按英国钢轨尺寸标准生产的。1922年，英国开始对各类产品的标志进行注册，这便是合格评定制度的开端。此后20年间，约有25个国家相继成立了国家标准化组织，标准化步入在国家层面上有组织的发展阶段。随着电力技术的发展，跨国商品交易日趋频繁，产品、零部件及基础技术在国际范围内的协调统一问题亟须解决。IEC于1906年成立，1932年ITU在国际电报联盟的基础上组建，1947年ISO在国际标准协会(ISA)的基础上成立，国际标准化工作自此快速发展。在1947—1950年，ISO成立了53个TC[①]，IEC成立了36个TC，人类的标准化活动在应用领域上实现了从机械到电工电子、电信、农业等领域的扩展，在协调范围上实现了从国家到世界范围的扩散。

2.2.3 标准化与生产方式：有效推动了大规模生产模式的发展

第一条电动流水线1870年在美国辛辛那提屠宰场的应用，具有标志性意义。20世纪初，“泰勒制”和“福特制”的产生和广泛传播使标准化思想开始应用于生产管理，并促进了大规模生产方式的发展。弗雷德里克·W.泰勒(Frederick W.Taylor)在其就职的伯利恒钢铁厂的实践，从对零部件的标准化到对工时定额管理、工具管理、操作方法规程等的标准化，使生产效率得到了空前提高。弗雷德里克·W.泰勒在其1911年发表的《科学管理原理》中指出，提高生产效率的关键就是标准化和科学化。福特汽车公司根据科学管理原理，推出标准化流水线，其年产量在13年间由4万辆增长到200万辆，平均单个工人花在一辆车上的直接劳动时间由9小时降到了2.3分钟，汽车的销售价格也从1000多美元降到300多美元，推动汽车从昂贵的奢侈品走进千家万户。零部件生产与装配的分离，较好地实现了产品质量的稳定、成本的降低和效率的提高，大规模生产方式成为主导的工业生产方式。

---

① TC即技术委员会，本书所涉及的ISO和IEC在不同阶段成立的TC数量均根据ISO及IEC官方网站数据整理获得。

2.3　第三次工业革命中的标准化：现代标准化成熟和国际标准化深度发展

20世纪50年代左右，第三次工业革命发端于美国、德国、苏联等国家，原子弹、氢弹、核武器相继问世，人造卫星发射成功，人类首次登月，计算机历经电子管、晶体管、集成电路三代发展后，进入以大规模集成电路为特征的第四代。信息技术是现代制造技术系统中的最底层技术，其快速进步使得信息存储、传输和处理的成本呈几何级数下降，这为信息技术的广泛应用奠定了重要基础，并催生了一大批新兴产业，完全自动化、部分信息化深刻改变了产品的生产方式和人们的消费方式，大批量生产成为主要生产模式，工业发展进入信息化时代。信息化加速了全球化趋势，各国逐步认识到标准就是话语权，标准就是制高点，标准不仅体现了企业利益，而且进一步影响国家间的竞争格局。发达国家纷纷制定标准化战略，并将标准化活动从以企业、国家为主转向以参与国际标准化为重点。总体而言，第二次工业革命是以工厂为主要作用场景的。而对于第三次工业革命，标准化的作用从工厂走向国家战略。

2.3.1　标准化的作用：标准促进全球互联互通

信息化时代以来，标准在促进全球范围内新技术推广、贸易畅通等方面发挥着越来越重要的作用。由于信息产品网络化、系统化的特点，不同产品之间的兼容性、互换性、互操作性及信息在不同产品之间流动的顺畅性对产业发展异常重要，尤其在ICT领域，通过技术标准而实现完全的、事先的兼容性(杜传忠，2008)成为信息通信产业发展的重要基础。例如，在移动通信3G时代，ITU于2000年发布的IMT-2000、WCDMA、CDMA2000、TD-SCDMA及于2007年发布的Wi MAX成为3G的四大标准，在各国进行标准之争的同时也极大推动了技术的共享和发展。信息化时代推动技术和创新的快速迭代，国际标准在全球价值链的每个环节都发挥着重要的作用。标准作为世界“通用语言”，有力地促进了各国跨越国境、相互协作。国际标准在便利经贸往来、推动企业发展、促进互联互通等方面发挥了不可替代的作用(支树平等，2016)。Moenius(2000)对12个国家471 个行业在1980—1995 年的技术标准与双边贸易额之间的相关性进行了研究，发现共享标准每增加1%，贸易额就会增长0.32%，标准在推动国际贸易发展方面起到显著的积极作用。1974年，《贸易技术壁垒协议》(GATT/TBT)达成，这是一个多边协议，通过制定和采用国际标准而减少技术性贸易措施的影响，促进全球贸易便利。21世纪以来，国际标准已覆盖了全球经济总量95%以上的经济体，影响全球80%以上的投资和贸易。

2.3.2 标准化的驱动力量：市场和国家战略的双轮驱动

在第三次工业革命期间，标准发展成为市场竞争的制高点，企业参与技术标准制定的积极性激增，并努力缩短标准与创新之间的时间差。"技术专利化，专利标准化，标准国际化"成为新的市场竞争模式之一。特别是在信息通信等高技术领域，标准竞争日益成为企业建立竞争优势的一个重要途径，国内外众多领先企业纷纷将标准竞争作为一种基本的战略构建自己的核心竞争力，"一流企业卖标准，二流企业卖品牌，三流企业卖产品"得到广泛认同。20世纪末到21世纪初，发达国家纷纷制定和实施以控制和争夺国际标准为核心的国家标准战略。例如，欧盟在20世纪90年代末就制定了控制型国际标准竞争策略；美国专门设立了政府和企业标准化圆桌会议，建立了政府与13个产业的联络机制(郭晨光，2010)，并于2000年制定了标准化战略，聚焦信息化、国际化和可持续发展，大力支持企业参与国际标准化活动；DIN的研究表明，2001年德国在标准化方面的投入为7.7亿欧元，产生的经济效益为160亿欧元，GDP增长中的27.3%来自标准化的贡献，标准化在德国经济社会发展中的战略地位更为明确；日本成立了战略本部，由首相担任本部长，2001年制定国际标准竞争战略；韩国也在21世纪初开始注重标准化战略和国际标准化活动。标准化被纳入国家战略已成为发达国家的基本做法。

2.3.3 标准化与生产方式：模块化生产方式的普及

20世纪60年代，模块化设计在国外机床行业出现，如德国SARMANN公司生产的具有横系列和跨系列特点的铣床，法国HURON公司生产的模块化铣床等(侯亮等，2004)。琼斯(Jones)、凯克斯基(Kierzkowski)于1990年提出了模块化生产的概念。模块化生产是指将产品按某一标准分解成一系列的功能模块，综合通用化、系列化、组合化特点，通过模块化制造和模块化装配的柔性生产方式以快速、高效地满足市场需求。模块化生产方式在仪器设备、航空航天、汽车、通信设备、软件开发等领域均得到了普遍应用。例如，波音、空客等大型民用飞机制造商均实行模块化交付模式，起到了节约成本、保证产品质量和缩短装配周期的作用。

2.3.4　标准的多重属性：从技术语言到治理工具

"标准是通用的技术语言"这一认识在工业标准化产生之初就达成共识。随着标准应用领域在第三次工业革命期间的快速推广，标准的属性不断丰富。尤其是ISO实质性践行了标准作为管理工具的发展。ISO不仅制定了大量的技术标准，而且从20世纪80年代开始，质量管理体系9000族标准、环境管理体系14001、信息安全27000族标准等就成为ISO最有价值的标准。以ISO 9000族标准为例，1979年质量管理和质量保证技术委员会TC176成立，1987年根据英国BS 5750标准转化而来，1994年进行了全面修改，2000年进行了重大改版，提出了过程管理理念；2008年再次修订；2015年改版时考虑了风险预防管理的需要，并把过程管理作为单独条款进行了规定，明确提出了满足相关方需求的要求。ISO 9000族标准已在全球170多个国家(地区)得到采用，仅在我国截至2022年年底，已颁发质量管理体系认证证书近82万张。企业在导入ISO 9000族标准体系的过程中，在提升企业管理规范性、质量管理系统性、有效满足客户需求等方面确实受益匪浅。随着社会发展过程中新问题的不断产生，如资源耗费、环境污染、产能过剩等，标准在环境治理、社会责任、安全管理、知识产权管理、能源管理中已成为重要的治理工具，标准的技术、经济、管理和理念等多重属性得以呈现，使得标准在技术活动、贸易活动、社会治理活动乃至理念意识方面均发挥着越来越重要的作用。

2.4　第四次工业革命启动以来国外标准化发展新举措

以物联网、大数据、机器人及人工智能等技术为驱动力的第四次工业革命正以前所未有的态势席卷全球。物理空间、网络空间和生物空间的融合互动，促进了数字制造、人工智能、工业机器人和增材制造等基础制造技术群的创新和突破，并进一步重塑我们的生产、管理和治理体系(黄群慧、贺俊，2013)。无论是技术发展速度还是对人类社会影响的范围和深度，这场转型都是前三次工业革命所远远不能比拟的(施瓦布，2016；薛澜，2018)，主要表现在：第一，信息、物理和生物技术的快速融合发展，将引致系统性的技术变革，进一步提升创新的速度和广度(李金华，2018)；第二，信息技术深度推进制造过程的智能化、制造系统的一体化和制造能力的全生命周期化，促使制造方式发生根本性变革；第三，大规模定制成为新的生产方式，扁平化、分散化和平台化趋势将引致生产组织方式的重大变革；第四，产业链的垂直整合和协同发展不断推进，产业边界和地理边界日趋模糊，将催生新的价值网络体系；第五，智能产品不仅替代人的体力劳动，而且将替代人的脑力劳动，将致使人和机器之间的关系发生重大变化(邓泳红、张其仔，2015)。在此背景下，一些国际标准组织、发达国家更加关注标准化发展，并开始采取更具前瞻性、引领性和战略高度的措施。

2.4.1 国际标准组织

2018年，ISO、IEC和ITU将当年世界标准日的主题定为“国际标准与第四次工业革命”，三大国际标准组织的最高官员在联合发表的祝词中指出“标准将再次在向新时代的过渡中发挥关键作用”“标准是全世界进行知识传播和创新的工具”，并强调“第四代工业革命已经开始，但为了充分发挥其改善社会的潜力，我们需要标准”。

ISO与IEC单独或联合成立多个委员会围绕工业4.0进行相关标准化总体规划性研究。ISO/IEC JTC1在原有基础上，成立了工业4.0、智慧城市相关的研究组或工作组以进行不同细分领域的标准分工，具体见表2-1。

表2-1 开展工业4.0相关标准工作的委员会及工作组

组织	具体委员会及工作组
ISO	TC10(技术产品文件技术委员会) TC184(自动化系统与集成技术委员会) TC261(增材制造技术委员会)
IEC	TC3(信息结构和元素技术委员会) TC8(电源供应系统方面技术委员会) TC65(工业过程测量、控制和自动化技术委员会) SC3D(产品属性、分类及标识分技术委员会)
ISO/IEC JTC1	WG7(传感器网络工作组) WG9(大数据工作组) WG10(物联网工作组) SC27(信息安全分技术委员会)

2.4.2 美国

自2012年以来，美国先后出台了《获取先进制造业国内竞争优势》(AMP1.0)与《加速美国先进制造业》(AMP2.0)两份报告，旨在促进本国工业互联网与再工业化的快速发展。在以智能化、数字化为特征的第四次工业革命来临之际，美国也高度重视技术标准的支撑。2015年，美国工业互联网联盟(IIC)推出《IIC Reference Architecture》(IIRA)，这是由包括系统和软件架构师、业务专家及安全专家在内的IIC成员基于标准设计的架构模板和方法。这一框架还在不断优化，到2017年已经是1.8版，其提出的基于标准的核心概念和技术适用于制造、采矿、运输、能源、农业、医疗保健、公共基础设施等多个领域，并且对不同规模企业具有指导作用。美国国家标准与技术研究院(NIST)发布了关于政府如何制定人工智能技术和道德标准的指导意见，为美国确立了智能制造生态系统和相关的标准化架构。

2.4.3　德国

德国在2013年的汉诺威工业博览会上正式推出了工业4.0的概念，其核心目的是进一步夯实德国工业的全球竞争力，在新一轮工业革命中抢占先机。2015年，德国为提升制造业智能水平，发布了工业4.0参考架构*Reference Architecture Model Industrie 4.0*(RAMI4.0)，该架构是《德国2020高技术战略》的十大未来项目之一，由一个信息、一个网络、四大主题、三项集成、八项计划组成。该架构为建立具有高资源效率的智慧工厂，整合客户及商业伙伴，在新一轮竞争中在全球争夺领导地位提供了有力支撑。

德国将标准化和参考架构的开放标准视作实现工业4.0的基础优先领域。2013年12月，DIN与德国电气、电子和信息技术委员会(DKE)联合发布了《“工业4.0”标准化路线图》并持续进行更新。该路线图在规划技术演进轨迹的同时，对智能制造需要达成一致的技术标准进行了系统策划，并认为这是规划生产要素、实现跨学科合作、促进技术和产业互联集成，确立智能制造时代国际话语权的关键。2018年发布的德国标准化路线图第三版提出了标准化发展的115项需求，2021年发布了《德国工业4.0标准化路线图(第五版)》，工业4.0平台、网络实验室和标准化协会共同构成了推进德国工业4.0目标实现的“铁三角”。

2.4.4　英国

英国认为标准是创新可以蓬勃发展并推动第四次工业革命的关键政策工具。2021年，英国的国家质量基础设施(NQI)合作伙伴、国家物理实验室(NPL)、BSI和英国皇家认可委员会(UKAS)与商业、能源和工业战略部共同发布了《面向第四次工业革命的标准：释放标准创新价值的计划》，以支持第四次工业革命的创新和技术变革，并通过一系列行动确保标准、政策制定和战略研究之间的有效协同作用。该计划将标准置于创新发展和绿色发展的中心地位。这些行动包括：开发敏捷方法(BSI Flex)以制定和审查优先领域的标准，以应对快速技术变革的挑战；推动标准的数字化，包括开发机器可读标准、数字认证技术等，以提升效率和灵活性；推动利益相关者，尤其是创新者、小型企业和消费者代表的标准制定参与度，以更好地实现开放、透明和公平；以加强政府、NQI 合作伙伴与研究机构之间关于标准化发展的战略协调，优先事项和更广泛的 NQI 以支持创新的战略协调；提高人们对标准和更广泛的NQI如何帮助政府制定政策的认识，特别是在促进创新和部署新兴技术方面；将标准纳入决策过程考虑范围，以解锁其在促进增长和创新方面的价值。

2.4.5 日本

日本在2013年颁布的《再兴战略》中表明了进行工业转型升级的决心。2016年年底，日本工业价值链促进会(IVI)为提升本国制造业的主导地位，制定了智能工厂基本架构《工业价值链参考架构》(IVRA)。日本制造业以丰田生产方式为代表，精益生产的原则和技术体现了日本制造业的系统性考虑，一般都是通过人力最大化，来提升现场生产能力，实现效益增长。制造企业可以通过改善企业文化和员工来提高绩效，质量管理理论和体系为日本工业价值链参考架构提供了关键方法论。智能工厂新参考架构的发布向全世界传递了“日本制造业”独特的价值导向，并期望成为世界智能工厂的另一个标准。

2.5 第四次工业革命进程中的标准化发展新趋势

可以预测，在第四次工业革命背景下，标准化的作用方式和对象必将发生重大变化。在前三次工业革命中，标准化活动更多的是对实践经验和成熟技术的总结、规范和推广传播。而在新工业革命中，标准化作用进一步前置，标准作为新兴技术的底层架构将更多地与技术研发同步进行，并进一步引领创新成功的实现。

2.5.1 基础性技术标准、接口标准将成为争夺高地

第四次工业革命由一系列基础性技术进步引发，发达国家的战略焦点和着力点也均在生物技术、新一代信息技术、增材制造技术等关键领域。美国关注通用技术和底层技术，德国重点布局工业物联网，日本和欧洲其他国家则在3D打印和工业机器人等现代装备领域发力，这些领域的国际标准争夺非常激烈。例如在增材制造领域，2015年，欧盟发布了《3D打印标准化路线图》，对3D打印产品的质量提高、工艺成熟和服务优化都做出安排部

署；2017年，美国美国增材制造创新中心(America Makes)与ANSI联合发布了《AMSC增材制造标准化路线图》，从整个行业生态圈的角度分析了增材制造行业所面临的标准缺口，并对需要标准化的优先领域提出建议。新技术的标准需求也体现在国际标准化活动中，如ISO设立了增材制造(TC261，2011)、仿生学(TC266，2011)、生物技术(TC276，2013)、区块链和分布式账本技术(TC307，2016)技术委员会，ISO和IEC联合成立了云计算和分布式平台(ISO/IEC JTC 1/SC38，2009)、物联网相关领域(ISO/IEC JTC 1/SC41，2016)和人工智能(ISO/IEC JTC 1/SC42，2017)。在这些领域中，互联制造对基础零部件、组合元、模块的标准化要求程度会更高，产品标准将不再是标准的主要类型，基础技术标准、接口标准将变得至关重要。

2.5.2　标准生态网将成为产业间协同发展的重要基础

从基因测序到纳米技术，从可再生能源到量子计算，原本不同的技术领域之间不断融合，以及技术的分解和创构，使得新的产业不断涌现。同时，技术的迭代周期不断缩短，新成果、新技术的传播速度更快、范围更广。同样的产品或服务将应用于不同的场景、不同的产业，产业链之间从原来的界限相对清晰和独立向交织融合的方向发展，进而形成多维的、动态的、复杂的、网络化生态结构。这使得技术标准，尤其是基础性技术标准对产业的影响将更深更广，能同时满足不同产业的需求、具有更好兼容性和渗透性的标准将更有生命力和价值。另外，生产组织方式的变革使得标准之间的关系将更为复杂，不仅在技术标准之间，而且包括技术标准、管理标准、伦理标准等，它们之间形成更密切的交互关系，标准体系由层次关系走向以关键节点标准为核心的标准生态网络。

2.5.3　标准化战略将成为制造业转型升级的重要支撑

近年来，为应对全球科技和竞争格局的重大调整，欧美国家纷纷提出了产业转型升级战略，如美国推出的“美国先进制造业国家战略计划”、德国推出的“工业4.0战略”、英国推出的“英国工业2050战略”。尽管这些战略表述方法和实现路径有所差异，但其本质都是通过产业转型升级重塑本国竞争力。在这一过程中，标准化战略均被视为转型升级成功的关键路径。例如，美国集聚顶级的制造业和信息产业企业，创立工业互联网联盟，提出服务于工业互联网系统各要素及相互关系的通用标准。

2.5.4 多方共治将成为标准治理的主导模式

第四次工业革命不仅带来了技术变革、生产方式变革，而且带来了生产关系的变革和社会变革。智能化的深度应用将从根本上改变生产关系；机器人产业的快速发展使得人与智能机器人共存时代即将到来；产业链和国际分工的融合重构带来新的国际治理问题，标准成为国际治理的新工具。标准的应用场景极大扩展，对标准的需求不再仅限于生产和服务等产业领域，整个社会对术语、安全、质量、环境、管理，甚至社会治理、公共服务、政府管理等领域的标准需求不断涌现。2010年以来，ISO新成立了55个技术委员会(TC)，其中传统产业18个，服务和管理20个，能源及可持续发展12个，新技术5个。可见，服务、管理、能源、可持续发展已成为国际标准化活动的活跃领域。新领域的标准需求更加强烈和明晰，消费者及社会公众的标准化意识不断提升，标准共治模式将成为未来的主导模式。

2.5.5 数字标准化与标准数字化将成为变革重点

在智能化革命进程中，数字标准化是必然需求。人工智能的发展经历了计算智能、感知智能阶段，进入认知智能阶段，因其通用技术属性及基于网络空间、物理空间和社会空间互动的数据智能发展趋势，而成为第四次工业革命的引擎。在持续突破性发展进程中，人工智能技术标准深刻影响着技术演进方向、行业发展前景乃至国家利益。美国、欧盟等发达国家和地区已陆续将人工智能升级为国家战略布局的重点，并将人工智能技术标准作为关键要素，以期在新一轮国际竞争中抢夺优势。部分国家(地区)人工智能产业标准相关战略规划见表2–2。

表2–2 部分国家(地区)人工智能产业标准相关战略规划

国家(地区)	人工智能产业标准相关战略规划
美国	2019年发布《国家人工智能研发战略规划》，将以标准和基准来测量与评估人工智能技术作为一项重要战略； 2019年发布《联邦政府参与开发技术标准与相关工具的计划》，明确指出美国在全球人工智能领域占据领导地位取决于联邦政府在人工智能标准制定中的积极作用； 2021年ANSI发布《美国标准化战略2020》，进一步关注人工智能标准
德国	2018年发布《人工智能战略报告》，将确定人工智能技术标准作为一项战略行动
日本	在“人工智能 / 大数据 / 物联网 / 网络安全综合项目”(AIP项目)中，标准规范均被列为部署重点

续表

国家(地区)	人工智能产业标准相关战略规划
欧盟	“人脑计划”(Human Brain Project, HBP); 2021年2月,发布《欧洲标准化战略2030》提出制定人工智能领域先进创新标准; 2021年4月发布《人工智能标准化格局——进展情况及与人工智能监管框架提案的关系》,通过制定国际、欧洲标准支撑人工智能监管
中国	2018年发布《国家新一代人工智能标准体系建设指南》,明确要建立国家新一代人工智能标准体系,加快先进技术向标准转化,促进创新成果与产业深度融合,为高质量发展保驾护航; 2021年发布《国家标准化发展纲要》,从国家技术标准化发展的顶层设计出发,将人工智能列入“关键技术领域标准研究”的首要方向

自2015年以来,由ISO、IEC、ITU及ETSI等国际标准组织发布人工智能相关国际标准471项,由各个国家的标准组织发布人工智能相关国家标准1037项。其中,我国新增国家标准454项、行业标准336项、团体标准661项。2015—2022年全球人工智能标准概况见表2-3。

表2-3 2015—2022年全球人工智能标准概况

标准类型		新增标准数量
国际标准		471
我国	国家标准	454
	行业	336
	团体	661
国外	国家标准	583
	学/协会	58

在数字化发展趋势下,标准数字化已成为标准化发展新重点。2018年,ISO/TMB成立机器可读标准战略咨询小组(SAG MRS),调研机器可读标准需求;2018年,IEC在标准管理局SMB下专门成立数字化转型战略小组(SG12);欧盟在面向2030的标准化战略中,把数字化作为两大目标之一,提出要开发和提供最先进的数字解决方案,以推动标准的创建和使用,同时要将标准开发过程及其产生的可交付成果数字化;我国的《国家标准化发展纲要》也明确提出要“推动标准化工作向数字化、网络化、智能化转型”。

ISO提出了“ISO-SMART”战略,阐释了数字标准的核心内涵。所谓SMART标准,即“标准—机器—可用—可读—可交互”(Standard-Machine-Applicable-Readable-Transferable)。该战略根据数字化发展趋势及其在标准化领域的应用,从标准全生命周期视角提出了标准数字化的发展路径。ISO

将标准分为5个层次，分别是纸质标准、开放数字格式的标准、机器可读文档的标准、机器可读内容的标准和机器可释内容的标准。如何利用自然语言处理、知识图谱等人工智能技术及工具，对标准生命周期全过程中的相关数据进行加工、处理、解析、标注、关联，是国际标准组织及各国标准化机构的关注重点，核心目标是能够为标准化活动提供智能化的管理和服务。

在第四次工业革命进程中，标准化不可阻挡地成为重要力量。我国有关主管部门、产业组织、团体、龙头企业应深入研究第四次工业革命给标准化发展带来的新挑战，运用前瞻思维进行统筹规划，充分发挥标准的战略引领作用。第一，对接新技术、新业态、新模式的发展要求及新的社会需求，在重要产业战略、重大战略的制定和部署计划中明确提出标准化的要求，并通过重大政策给予支撑，提升标准与经济和社会发展的协同度。第二，在优势和特色领域以标准领先为目标，打造科学合理的标准体系，积极主导国际标准制定，推动中国标准走出去。第三，在大数据、云计算、智能制造等关键新兴领域尽可能深度参与相关国际标准的制定，共同推动国际标准转化，并制定和落实国内的相关对接策略。第四，充分认识到我国不同地区、不同产业发展不平衡的现状，在机械化、信息化、智能化并存甚至在某些领域机械化和信息化尚未得到充分发展的情况下，标准化战略的部署必须分层分类；既要激发标准引领发展的新动能，又要充分发挥标准传播知识、简化优化、提升效率和保障质量的基本作用。第五，快速推进标准数字化研究及建设，通过数字化驱动标准化管理机制、标准制修订流程、标准研制模式、标准应用模式、标准全生命周期管理的变革，促进标准与技术、业务、市场的融合，为标准内容的科学性提供更有效的工具，为标准体系的协同性提供更便捷的实现途径，为标准在数字化时代应用价值的大幅提升奠定基础。

第3章

我国市场自主制定标准的探索、发展与挑战

3.1 我国标准化机制的发展演化

经过多年的发展，我国标准化机制不断完善，标准体系不断优化，整体经历了3个发展阶段(见图3-1)。

第一阶段，“从无到有”的建设初期(1949—1989年)。其中1949—1978年，以中华人民共和国成立开启标准化管理工作和重新加入ISO和IEC开启国际标准化活动为主要标志，中国标准化工作搭建起初步发展的框架；1979—1989年，中华人民共和国第一部《中华人民共和国标准化法》(简称《标准化法》)颁布实施，标准化工作拥有了明确的法治保障，以服务工业为主要阵地进入快速发展阶段。

第二阶段，“从有到优”的发展探索阶段(1990—2016年)。其中1990—2008年，以成立SAC全面推进我国标准化工作和成为ISO常任理事国大幅提升国际标准贡献度为主要标志，我国政府主导制定的标准总量快速提升，标准供给在数量上达到一定规模，同时参与国际标准化活动的能力大幅提升，并在国际标准化舞台崭露头角；2009—2016年，张晓刚出任ISO主席、国务院印发《深化标准化工作改革方案》、中国入常主要国际标准化组织、担任高层管理者职务和承办ISO大会，我国国际标准话语权进一步提升；同时启动《标准化法》修订，开启标准化改革，通过丰富的实践创新探索中国标准化管理机制的新模式。

第三阶段，“从优到强”的深化提升阶段(2017年至今)。2017年以来，新修订的《标准化法》颁布实施，政府主导制定的标准精简优化，市场自主制定的标准快速发展，标准服务工业、农业、服务业、社会治理等功能逐步得到全面显现，启动研究“中国标准2035”、建立企业标准“领跑者”制度，标准化从国家战略到企业发展均得到关注，其在国民经济发展中的地位到达前所未有的新高度。2021年10月，中共中央、国务院印发《国家标准化发展纲要》，明确指出到2025年要“实现标准供给由政府主导向政府与市场并重转变、标准运用由产业与贸易为主向经济社会全域转变、标准化工作由国内驱动向国内国际相互促进转变、标准化发展由数量规模型向质量效益型转变”的发展目标。2017年以后，中国标准化发展进入制度创新驱动的，从以“扩规模”为主的发展模式进入“高质量”发展的新阶段。

尤其是2015年以来，在中共中央、国务院的高度重视下，一系列深化标

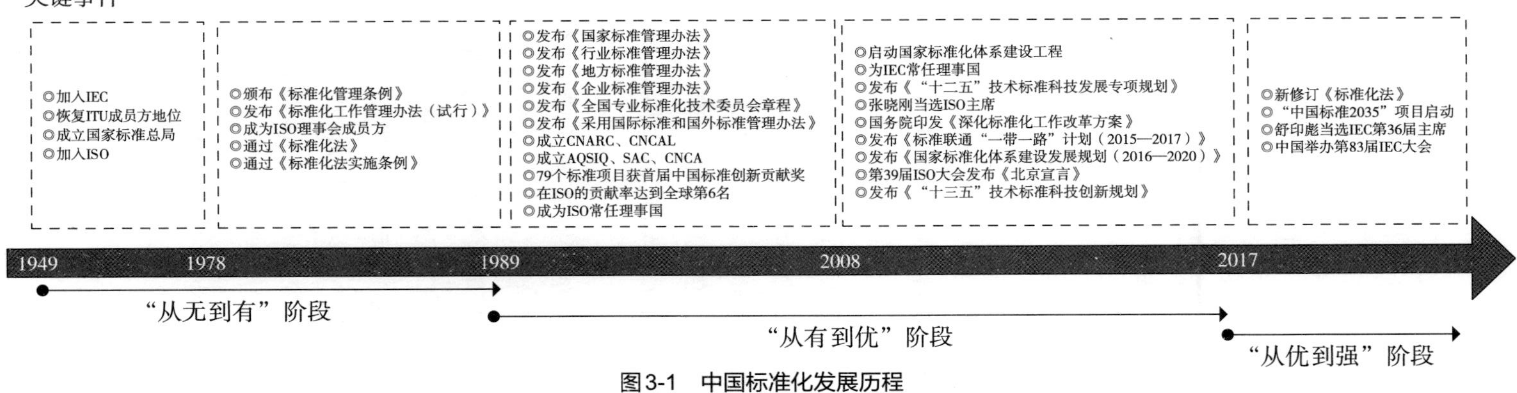

图3-1 中国标准化发展历程

准化工作改革措施相继出台，多层次、多领域、多渠道推动我国标准化改革和发展，我国市场化发展迈向新征程(见表3-1)。

表3-1　2015年以来中国标准化发展大事件

时间	大事件
2015年2月	国务院常务会议推出四举措改革“中国标准”
2015年3月	国务院印发《深化标准化工作改革方案的通知》
2015年6月	国务院标准化协调推进部际联席会议制度正式确立
2015年8月	国务院办公厅关于印发《贯彻实施〈深化标准化工作改革方案〉行动计划(2015—2016年)的通知》
2015年10月	发布《标准联通“一带一路”行动计划(2015—2017)》
2015年12月	国务院办公厅印发《国家标准化体系建设发展规划(2016—2020年)》
2016年2月	国家市场监督管理总局制定实施《关于培育和发展团体标准的指导意见》(已失效)
2016年4月	国家市场监督管理总局、国家标准化管理委员会发布《团体标准化第1部分：良好行为指南》等203项国家标准
2016年9月	第39届ISO大会在北京举行
2017年4月	贯彻实施《深化标准化工作改革方案》重点任务分工(2017—2018年)
2017年5月	我国与12国签署“一带一路”标准化联合倡议
2017年12月	发布《标准联通共建“一带一路”行动计划(2018—2020年)》
2018年1月	新修订的《标准化法》实施
2018年3月	“中国标准2035”项目启动
2018年6月	标准化共享信息战略联盟成立
2018年7月	国家市场监督管理总局等8部门发布《关于实施企业标准“领跑者”制度的意见》
2018年10月	舒印彪当选IEC主席
2019年10月	第83届IEC全球大会在上海举行
2019年10月	青岛国际标准化论坛，主题为“国际标准与第四次工业革命”
2020年1月	国家市场监督管理总局公布《地方标准管理办法》
2020年1月	国家市场监督管理总局公布《强制性国家标准管理办法》
2020年4月	国家标准化管理委员会印发《关于进一步加强行业标准管理的指导意见》
2020年7月	工业和信息化部、国家发展和改革委员会、教育部等15部门联合印发《关于进一步促进服务型制造发展的指导意见》
2020年8月	国家标准化管理委员会、中央网信办、国家发展和改革委员会等5部门联合印发《国家新一代人工智能标准体系建设指南》

续表

时间	大事件
2021年10月	中共中央、国务院印布《国家标准化发展纲要》
2021年12月	国家标准化管理委员会印发布《“十四五”推动高质量发展的国家标准体系建设规划》
2022年9月	国家市场监督管理总局发布《国家标准管理办法》
2022年11月	国家市场监督管理总局等9部门联合印发《建立健全碳达峰碳中和标准计量体系实施方案》

3.2 我国市场自主制定标准发展的必要性

我国的标准体系曾在较长时间内呈现出两个100%的局面，即标准100%由政府制定，并且100%是强制性标准。1989年施行的《标准化法》是我国第一部真正意义上的标准化领域的基本法，尤其是增加了“推荐性标准”这一类别，打破了我国“100%为强制性标准”的标准体系格局，在推动工业标准化进程方面做出了重要贡献。但我国标准仍然全部由政府提供，标准化机制与市场经济的发展需要存在的诸多矛盾日益突出，包括标准制定主体活力不够、标准交叉重复矛盾、质量不高及资源配置不合理、多重主体矛盾(王平，2015)、标准滥用(王忠敏，2017)、技术低端锁定(刘三江，2015)等，市场自主制定、快速反应需求的标准不能有效供给。2015年发布实施的《深化标准化工作改革方案》对于我国市场自主制定标准的发展具有重要意义，其必要性主要表现在以下方面。

3.2.1 标准体系结构亟待优化

2001年，国家标准化管理委员会成立后，我国标准化发展开启新阶段。这一阶段，标准数量大幅增加(见表3–2)，标准规模获得突破。但长期以来，我国的标准，包括国家标准、行业标准和地方标准均由政府主导制定，而且70%为一般性产品和服务标准(《深化标准化工作改革方案》，2015)，实际上这些标准中许多应由市场主体遵循市场规律制定。

表3-2　2000—2015年我国各类标准的数量[①]

时间	国家强制性标准	国家推荐性标准	行业标准	地方标准
2000	2653	16625	32000	—
2005	3024	17588	31486	8066
2010	3524	23171	41117	16694
2015	3727	28771	54148	29916

3.2.2　快速响应需求的标准供给不足

截至2015年，我国国家标准制定周期平均为3年，远远落后于产业快速发展的需要。标准更新速度缓慢，“标龄”高出德国、美国、英国、日本等发达国家1倍以上(《深化标准化工作改革方案》, 2015)。在与民生相关的领域，这一问题尤为值得关注。根据2018年全国轻工业质量标准工作大会数据，我国轻工业现行标准平均标龄7.22年，标龄在10年以上的标准874项，占轻工标准总数15%。我国标准老化、滞后的现象较为普遍，已不能适应行业转型和消费升级的需要。

从发达国家的标准化发展经验来看，快速响应市场和创新需求是标准的生命力所在，协会、学会、联盟等组织在及时制定市场需要的标准方面发挥了重要作用。例如，2015年12月1日以来美国消费品安全委员会(CPSC)共收到了来自美国24个州、共52起平衡车起火事件，此类事件造成超过200万美元的经济损失，包括2栋房屋和1辆汽车烧毁。美国保险商实验室(UL)洞察市场先机，率先针对平衡车的安全性进行了一系列分析、研究与评估，拟定测试大纲，于2016年2月发布了UL 2272平衡车电路系统认证标准，为使用在平衡滑板车上的可充电电池和充电系统组合的电力驱动系统进行测试与认证提供了依据。如此快速的响应市场需求，是政府主导型标准难以做到的，需要在市场化机制中通过新标准类型来实现。

3.2.3　标准竞争力有待提升

在2002—2017年的15年间，我国通过技术差异化、技术领先和系列标准补充等策略大幅提升参与国际标准制定的能力，主导制定国际标准452项，相对于2002年，增长了55.5倍，年均增长87.18%，我国的国际标准化能力不断增强。但也应看到，2017年我国GDP占全球15.86%(全球排名第2位)，出

① 数据来源于《2006中国标准化发展研究报告》《2011中国标准化发展研究报告》《2015中国标准化发展研究报告》《中国标准化发展年度报告(2020)》。

口占全球13.05%(全球排名第1位),创新能力全球排名第19位,而由我国主导制定的国际标准(国际标准参与度)仅为1.58%,而美国、英国、德国、法国、日本主导制定的国际标准占比达65%。我国参与国际标准制定的总体现状与我国经济实力、出口能力和创新能力不相匹配,与发达国家差距依然较大,国际标准话语权依然相对较弱。在关键领域,如信息技术、飞机和太空飞行器、道路车辆、塑料、食物产品、自动化系统、音频与视频等领域,我国的参与度仅为1.56%、2.61%、0.27%、1.92%、0.73%、0.93%和0.6%等。

标准竞争已成为国家战略的重要构成,抢占标准话语权是各国发力的方向。然而,具有竞争力的标准不仅要靠政府推动,而且要靠市场活力激发。以美国为例,240多家被ANSI认可的机构是美国标准化界的核心力量。其中,不少组织制定的标准成为事实上的国际性标准,甚至被其他国家采纳为国家标准。例如,美国电气与电子工程师协会(IEEE),在太空、计算机、电信、生物医学、电力及消费性电子产品等领域已制定了1300多个行业标准。其中,ITU和IEEE两大组织,以TCP/IP为蓝本、ISO-OSI/RM为基础,吸纳了SNA、DNA、IPX/SPX等标准的公共特性,制定了IEEE 802.3系列协议,对从功能到外部接口规格等给出了完整规范的定义,为互联网的迅猛发展奠定了基础。

3.3 从协会标准、联盟标准到团体标准

3.3.1 协会标准:探索发展

20世纪80年代协会标准化的发展是我国市场自主制定标准发展的萌芽阶段。在这一阶段,成立了一批标准化协会,既包括全国性的标准化协会,如中国标准化协会(CAS)、中国工程建设标准化协会(CECS)、中国电子工业标准化技术协会(CESA)等,又包括浙江、江苏、山东、广东、深圳等地方标准化协会,还有部分专业性协会承担了开发标准的工作,如中国电器工业协会、中国水利学会等。由于协会主要是由相关部门设立,因此服务相关部门及完成相应的任务是其主要工作,标准化工作的目标多聚焦于获得国家标准、行业标准或地方标准立项。

20世纪八九十年代,仅有极少数协会制定并推广应用了一些协会标准,其中CECS相对而言开展协会标准化活动较早、发布的协会标准较多。现有文献能查询到的《蒸压灰砂砖砌体结构设计与施工规程》(CECS 20:90)是该协会于1991年发布的,从编号顺序看,已是该协会发布的第20项标准。

但总体而言，这些协会标准尚不是真正意义上的市场型标准(周立军，2022)，也不在正式的国家标准体系中。

2001年12月我国加入世界贸易组织(WTO)前后，CAS、中国通信标准化协会(CCSA)、中国汽车工程学会(CSAE)等意识到我国已有的标准体系难以满足市场及企业的需要，开始学习发达国家标准化发展的经验，掀起一轮协会标准发展的高潮。2001年2月，CECS发布了《中国工程建设标准化协会标准管理办法》；2001年11月，CAS审定实施了第一项产品标准《液化石油气瓶消防安全节能阀》；2003年，CAS明确提出协会标准作为自愿性标准是国家标准、行业标准、地方标准和企业标准之外的重要补充，是"市场竞争的重要工具"，并且明确定位于产品标准，提出要突出质量、性能、技术优势；2002年，CCSA成立，采用"标准研究组"的形式，紧密联系运营企业、制造企业、研究机构、高等院校等单位，以推动我国通信标准研究水平的提升；2004年，中国电子电路行业协会(CPCA)成立，快速开展协会标准制定工作；2005年，中国制冷工业协会制定了《氟代烃和类似制冷剂参数及品质要求》等4项协会标准，中国工业防腐蚀技术协会公开发布决议明确"以本协会的企业产品为主体，市场为导向，业务领域为重点"开展协会标准化工作。

截至2005年，CECS已累计发布协会标准193项、CAS发布协会标准122项、CPCA发布协会标准9项。标准必要专利问题在协会标准的发展过程中也开始得到关注，如CAS在2006年发布的《义胶粉聚苯颗粒复合型外墙外保温系统》是"我国建设系统内首个将国内自主创新企业的专利技术写入标准的案例"。

3.3.2　联盟标准：市场化雏形

从20世纪90年代中后期开始，联盟标准在全国各地逐步发展起来，这可以说是我国市场自主制定标准的探索阶段。尽管在当时，联盟标准的发展仍以政府推动为主且仅具有类似企业标准的属性和地位，但也开始有部分联盟标准是从市场需求出发、从技术创新战略要求出发、从推动区域经济发展尤其是当时各地块状经济发展需要出发而形成的。21世纪初，一些联盟在标准创新上成效显著，甚至在国际标准竞争中崭露头角，出现了一些典型的产业标准联盟，如TD-SCDMA产业联盟(2002)、闪联技术标准产业联盟(2005)、WAPI产业联盟(2006)等(见表3-3)，这些组织的实践为我国真正意义上市场自主制定标准的推出提供了经验基础。

表3-3 21世纪初典型的产业标准联盟

成立时间	联盟名称	领域	地区
2002年	TD-SCDMA产业联盟	通信	北京
2003年	中关村城市污泥无害化产业联盟	环境	北京
	中关村新材料产业联盟	材料	北京
	闪联产业联盟(IGRS)	电子信息	北京
2004年	重庆半导体(LED)照明产业联盟	半导体	重庆
	国家半导体照明工程研发及产业联盟(CSA)	半导体	北京
	自主知识产权软件产业联盟	知识产权	北京
2005年	3G流媒体产业联盟	移动视音频	上海
	AVS产业联盟	音视频	北京
	中关村下一代(IPv6协议)互联网产业联盟	互联网	北京
2006年	WAPI产业联盟	通信	北京
	厦门—台北数码科技产业联盟	数码科技	厦门、台北
	顺德电压力锅专利联盟	家电	广东
	中国EVD产业联盟	音视频	北京
	中关村创意产业联盟	文化产业	北京

相关部委对联盟标准和联盟标准化的发展给予关注，并采取措施积极引导。科学技术部、财政部等6部委在2008年发布的《关于推动产业技术创新战略联盟构建的指导意见》中将“形成重要的产业技术标准”列为产业技术创新战略联盟的重要任务之一。国家标准化管理委员会在《标准化“十二五”规划》中将“联盟标准化有序发展”列为“十二五”期间标准化事业发展的一项目标，明确指出要“支持企业、产业技术创新战略联盟结合技术研发、市场经营来开展标准化活动，充分地利用自主创新技术来制定标准，研究制定联盟标准化发展的指导意见，支持企业与企业、企业与科研机构、高等学校组成联盟，通过原始创新、集成创新和引进消化吸收再创新，共同研制联盟标准。在重大产业和关键共性技术领域，鼓励联盟研制国家标准和行业标准，积极参与国际标准制修订”。

我国的联盟标准的发展，可归纳为以下两种类型。

(1)基于国家重点产业发展布局而形成的标准产业联盟。

例如，闪联产业联盟(IGRS)、TD-SCDMA产业联盟、国家半导体照明工程研发及产业联盟(CSA)等均属于这一类。闪联产业联盟于2003年7月成立，旨在制定、实施与产业化我国自主信息设备资源共享协同服务相关技术标准。闪联产业联盟吸纳了来自芯片制造商、设备供应商、网络运营商、软件开发商、产品制造商等企业，产业阵营强大，覆盖了3C互联产业链的各个环节。闪联产业联盟作为我国电子信息领域代表性行业组织，被科技部、国家发改委、工信部纳入国家科技创新体系和重大基础设施布局。

又如，2002年10月，大唐电信、华立、南方高科、华为、中国电子、中兴、中国普天、联想8家知名通信企业发起成立了TD-SCDMA产业联盟，提出的第三代移动通信标准，成为ITU(国际电联)批准的3个3G标准之一。该联盟发展很快，到2014年，成员企业已增长到48家，覆盖了TD-SCDMA 的整个产业链，通过推动了TD-SCDMA 标准化、产品开发、市场推广、专项试验等工作，在国内外通信界形成较大影响力，使中国在移动通信领域取得了前所未有的突破。

再如，2004年，由包括中国科学院物理所在内的43家国内从事半导体照明行业的领先企业及科研院所，以“自愿、平等、合作”为原则发起成立的国家半导体照明工程研发及产业联盟(CSA)。该联盟从企业的实际发展需求出发，探索共同参与、协同创新的标准制定模式，在规格接口、光通量加速衰减、应用层通信协议等方面取得了一定的成果，在规范半导体照明应用市场和推进我国半导体(LED)照明节能产业发展中发挥了重要的作用，并发展成为国际知名的半导体照明产学研合作组织和创新服务平台。

21世纪初，“一流企业卖标准、二流企业卖品牌、三流企业卖产品”的认知流行起来，对于高科技产业，尤其是移动通信技术等产业的企业对技术标准竞争力的认识更为深刻，借助标准联盟整合科研机构、相关企业的力量，更有效地推动了产业标准的发展。例如，WAPI产业联盟成立于2006年3月7日，是科技部首批A类产业技术创新战略联盟、国家网络安全防御产业技术基础设施——无线网络安全技术国家工程实验室的主要发起单位。全球无线局域网领域只有两个标准，分别是美国提出的 IEEE 802.11 系列标准(包括 802.11a/b/g/n/ac 等)，以及中国提出的WAPI标准。WAPI是我国在计算机宽带无线网络通信领域首个自主创新并拥有知识产权的技术标准。自成立之日起，WAPI产业联盟秘书处采用专职人员、不依托任何单位独立运作的创新联合体。

(2)基于地方块状经济发展需求而形成的标准产业联盟。

我国联盟标准化在地方的发展有以下两个重要的基础。

一是在政府推动产业联盟的快速发展中涌现了对快速响应市场需求、

体现技术创新的标准需求。例如，广东省科学技术厅发布《关于做好产学研技术创新联盟组建工作的通知》、经济和信息化委员会发布《推动组建广东省战略性新兴产业联盟的指导意见的通知》，将在高端新型电子信息、节能环保、高端装备制造、太阳能光伏产业、新材料等领域建设一批行业性的战略性新兴产业联盟；浙江省科学技术厅、浙江省财政厅发布《浙江省产业技术创新战略联盟建设与管理办法》，在推进国家技术创新工程浙江省试点工作，推动产业技术创新战略联盟的构建和发展，着力提升产业技术创新能力方面提供了政策支撑。

二是在地方特色块状经济的蓬勃发展中涌现了通过标准来规范企业行为、实现转型升级的行业发展需求。例如，广东、浙江、福建、山东、陕西等地，结合实际发布了一些政策(见表3–4)，探索建立联盟标准管理机制、培育机制，将培育“企业联盟标准”作为推进标准发展战略的重要抓手。

表3–4 地方推动联盟标准发展的制度(部分)

省份	制度文件名称
广东	《深圳市企业标准联盟管理办法》
	《肇庆市联盟标准管理办法》
	《中山市人民政府关于印发深入实施标准化战略意见(2021—2025年)的通知》
浙江	《温州市联盟标准管理办法》
	《嘉兴市联盟标准2009—2011年实施规划》
	《金华市人民政府关于加强标准化工作的实施意见》
福建	《宁德市联盟标准管理办法》《关于在特色行业和重点产业集群领域开展联盟标准试点工作的意见》
山东	《企业联盟标准管理办法》
陕西	《陕西省推动产业技术创新战略联盟构建与发展实施办法》

广东是联盟标准发展最活跃的省份，仅中山市就制定了15个“联盟标准”，包括红木家具、腊肉、杏仁饼(绿豆粉饼及绿豆粉夹肉饼)、广式腊肠、普通照明用自镇流荧光灯、腊鸭(板鸭)、含乳饮料、腊鱼、有机香蕉、广式鸭肝(润)腊肠、干猪肠衣、咸蛋黄腊肉、弹子插芯锁、球形门锁、外装门锁，其中红木家具、锁具形成了示范效应。例如，大涌红木家具产业在制定联盟标准起步较早。1998年，中山市大涌镇10多家企业联合制定《红木家具》标准，成为红木家具产业联盟标准雏形，解决了红木家具无标生产的问题，并通过标准的实施，助推产业内企业优胜劣汰、转型升级。经过10年的发展，大涌镇红木家具企业数量由最初的400多家减少到207家，而产值

由2000年的5亿多元增长到2011年的20多亿元。又如，中山小榄镇是“中国五金制品产业基地”，尤其是锁具制造，在全国具有举足轻重的地位。2006年年底，中山市质量技术监督局与小榄锁具协会联合组建研制小榄锁具“联盟标准”工作委员会，以“政府+行业协会+企业”模式，先后制定并实施了3项锁具产业联盟标准；一些中小企业经过技术层面的改造突破和工艺层面的努力创新，企业申请采用联盟标准备案率达到80%以上。中山市锁具联盟标准实施后，产业集群经济特色优势越来越明显，产业竞争力明显增强，其中球锁使用寿命比国家标准高出了10万～20万次，达到国际先进水平。

浙江也是联盟标准发展活跃的省份。嘉兴市有集成吊顶、包装用复合板、太阳能热水器、广告用灯箱布、童车、标准件、蚕丝被、毛衫、淋浴房等40个标准联盟；杭州市有临安山核桃、办公家具、余杭家纺、花边、卫浴、纸包装、工艺鞋、化纤等标准联盟；宁波市有儿童推车、笔类产品有毒有害物质限量控制、水包/水外墙涂料、气动技术、水性聚氨酯合成革、磁性材料等标准联盟；绍兴市有印染废气、原浆白酒、数码提花经编窗帘生产规范、醉鱼干等标准联盟；温州市有头盔、合成革、金融设备、龙湾电器、永嘉阀门、汽车配件等标准联盟；台州市的路桥机电、智能马桶、真空装备等。

联盟标准在2003—2015年发展活跃，呈现出以下3个特征。第一，联盟标准尽管覆盖了工业、农业、服务业、社会事业等较宽领域，但总体来看以技术标准和产品标准为主。少数联盟标准，如闪联产业联盟、WAPI产业联盟、TD-SCDMA产业联盟等，实现了“技术专利化—专利标准化—标准产业化”的联动，标准“先进性”程度较高，部分联盟标准甚至转化成了国际标准，彰显了中国产业的国际贡献。例如，WAPI产业联盟组织制定并发布了137项标准，其中国际标准(ISO/IEC)14项、欧洲标准3项，闪联产业联盟标准中8项已经正式发布为ISO国际标准。第二，在解决无标生产、促进产业转型升级中发挥了重要作用。国家标准、行业标准、地方标准等政府主导制定的标准不仅周期长，难以快速响应市场的需求，而且从国际标准及发达国家标准化发展经验来看，政府也不宜制定产品标准。我国工业发展起步晚但发展快，很多细分领域因没有标准或标准要求过低而导致产业低端竞争严重，质量水平不高，产业发展受限。联盟标准作为政府主导制定标准之外的有益补充，较好地弥补了这一点。第三，由于我国标准化治理机制滞后，从监管角度来看，联盟标准“身份不明确”，更多具有的是企业标准的属性，因此在推广应用中存在瓶颈。

3.3.3 团体标准：法律地位确立

2015年3月，为解决“现行标准体系和标准化管理体制已不能适应社会主义市场经济发展的需要，甚至在一定程度上影响了经济社会发展”的问题[①]，根本改变我国标准管理“软”、标准体系“乱”和标准水平“低”的状况，国务院印发了《深化标准化工作改革方案》，提出要发挥市场在标准化资源配置中的决定性作用和更好发挥政府作用，以六大措施推动实现“建立政府主导制定的标准与市场自主制定的标准协同发展、协调配套的新型标准体系”的总体目标。其中，第四项措施即为“培育发展团体标准”。2017年9月，中共中央、国务院印发《中共中央 国务院关于开展质量提升行动的指导意见》，进一步明确指出改革标准供给体系，加快培育发展团体标准。2018年1月1日，新《标准化法》实施，正式赋予团体标准以法律地位，明确了发展团体标准，是创新驱动、满足市场多样化的需要，是提升我国标准市场响应能力的需要，是创建国际标准品牌提升标准竞争力的需要。自此，团体标准作为我国新型标准体系的重要构成部分被确立下来，我国标准体系开启由一元体制开始向二元体制转型的新征程。

2015年以来，尤其是在新《标准化法》颁布实施后，我国标准化主管部门、各行业主管部门、各地市均在团体标准管理、团体标准组织培育等方面制定政策，给予了团体标准发展引导和支持(见图3–2)。为了给予团体标准组织更多建设指导，2016年发布国家标准《团体标准化第1部分：良好行为指南》，明确了团体标准的定义及团体标准组织开展标准化工作的原则、组织运行、标准编写规则和制定程序等。同年3月，全国团体标准信息平台上线，为团体标准政策查询、团体标准发布公开、团体标准组织动态跟踪等提供了载体。

2016年以来，国务院有关部委在推动标准化发展的政策中已普遍将团体标准纳入其标准体系，如《“十三五”技术标准科技创新规划》《“十三五”信息化标准工作指南》；部分部委出台了专门培育发展团体标准的文件，如住房和城乡建设部、工业和信息化部等，部分政策在具体的标准化发展领域，如机器人、无人机等领域提出了团体标准制定要求(见表3–5)。

---

① 摘自国务院关于印发《深化标准化工作改革方案》的通知，http://www.gov.cn/zhengce/content/2015-03/26/content_9557.htm，2023–02–18。

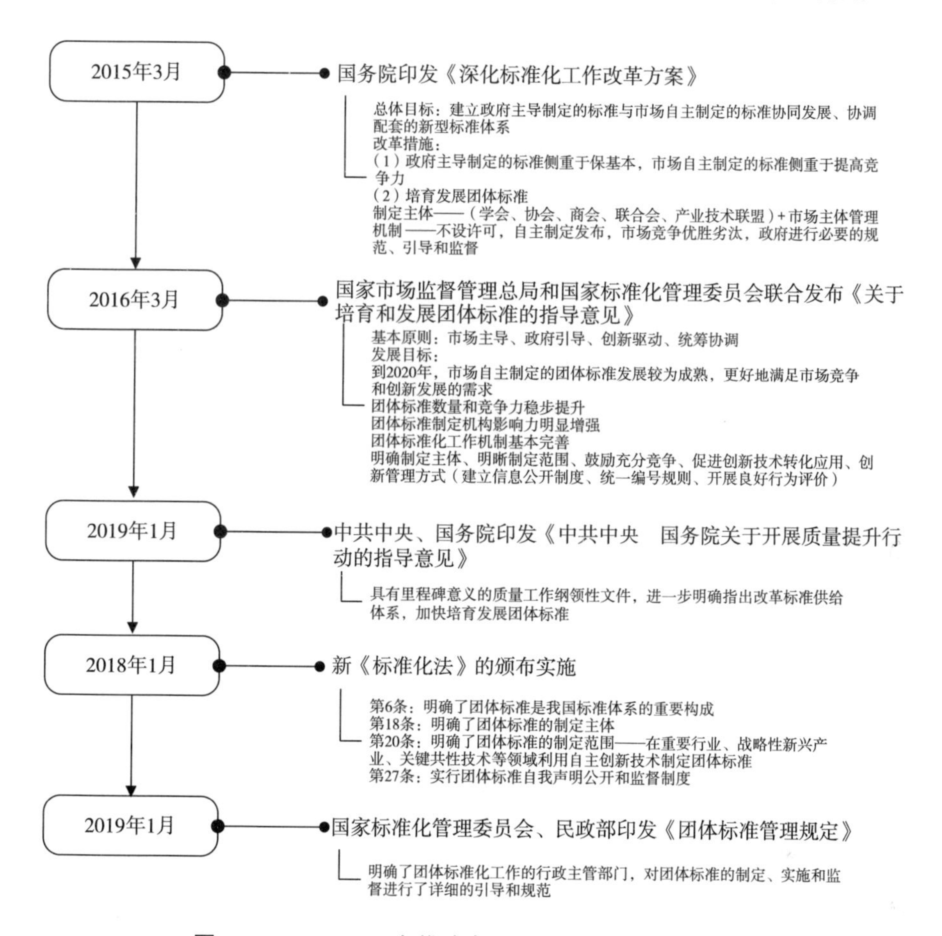

图3-2　2015—2019年推动我国团体标准发展的重要政策

表3-5　2015—2017年各领域团体标准发展的文件

部门	时间	文件
住房和城乡建设部	2016.11	关于培育和发展工程建设团体标准的意见
工业和信息化部	2016.3	机器人产业发展规划(2016—2020)
	2017.5	工业节能与绿色标准化行动计划(2017—2019)
	2017.12	关于促进和规范民用无人机制造业发展的指导意见
	2016.5	工业和通信业节能与综合利用领域标准制修订管理实施细则
	2017.12	培育和发展工业通信业团体标准的实施意见
科学技术部	2017.6	“十三五”技术标准科技创新规划
自然资源部	2016.8	国土资源标准体系
商务部	2016.12	关于做好“十三五”时期消费促进工作的指导意见
中央网信办	2017.6	“十三五”信息化标准工作指南

2021年10月，中共中央、国务院印发《国家标准化发展纲要》，明确指出到2025年要“实现标准供给由政府主导向政府与市场并重转变”的首要目标，同时提出“大力发展团体标准，实施团体标准培优计划，推进团体标准应用示范，充分发挥技术优势企业作用，引导社会团体制定原创性、高质量标准”等工作任务。团体标准化工作伴随《国家标准化发展纲要》的发布而成为我国标准化战略的关键内容。2022年3月，17部委联合印发《关于促进团体标准规范优质发展的意见》，我国团体标准已经从以数量增长为主的第一发展阶段，进入以规范优质为目标的第二发展阶段。

从协会标准到联盟标准再到团体标准，是一个不断探索、渐进迭代发展的过程，三者在标准性质、参与主体、应用范围等方面存在显著差异（见表3-6）。

表3-6 协会标准、联盟标准、团体标准比较

类　别	协会标准	联盟标准	团体标准
法律地位	无	无	有
标准性质	类似企业标准	类似企业标准	市场自主型标准
制定主体	企业	联盟	标准组织+市场主体
应用范围	协会成员	联盟成员	全国范围

3.4 2016年以来我国团体标准的快速发展

3.4.1 团体标准及标准组织均实现了规模突破

2015 年，国家标准管理委员会在全国范围内启动了团体标准化试点工作，第一批试点包括中国电子学会、中华中医药学会等39 个单位，并建立了全国团体标准信息平台。平台2016年下半年逐步正常运行，发布的团体标准数量及活跃的社会团体数量逐年快速增加，从2017年到2021年，团体标准由2050项增加到33403项，平均每年增加7838项，年均增长107.8%；注册的社会团体由1001家增加到5758家，平均每年增加1189家，年均增长64.96%。我国团体标准发展一直呈爆发增长态势，速度之快令人惊叹（见图3-3）。

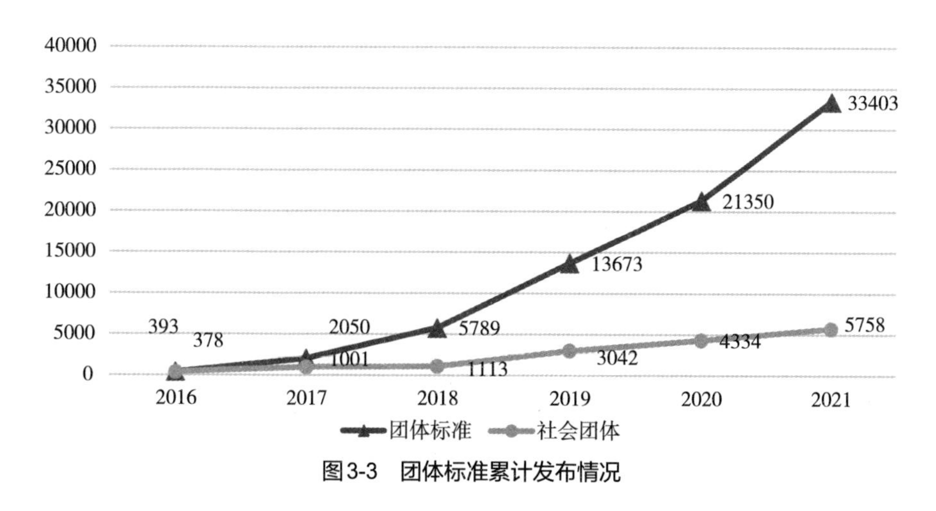

图3-3　团体标准累计发布情况

3.4.2　团体标准已成为我国标准供给体系的重要构成部分

深化标准化改革以来，我国标准体系不断优化，国家强制性标准和推荐性标准规模已经比较稳定。2016—2021年，国家强制性标准年均增长73项，已经处于总量控制阶段；国家推荐性标准年均增长2489项，处于适度增长阶段；总体来看，国家标准已步入优质发展新征程。行业标准和地方标准年均增长分别为3851项和5347项，增幅一直处于较高水平，是我国自愿性标准的重要供给来源。

团体标准经过多年的发展，从标准数量上看已成为越来越重要的构成部分，在我国标准体系中的占比不断提升，2016年团体标准发展初期占比仅为0.33%，2020年已经突破10%达到11.55%，2021年则进一步提升到15.90%，总体规模也达到行业标准的43.4%(见表3–7)。按照目前的增速，2024年左右团体标准的规模将与行业标准持平。

表3–7　2016—2021年我国各类标准存量情况

时间	国家强制性标准	国家推荐性标准	行业标准	地方标准	团体标准
2016	1753	26461	57644	29977	393(0.33%)
2017	1826	30139	62247	30414	2050(1.59%)
2018	1900	32699	66690	35893	5789(3.99%)
2019	2006	34602	70264	41945	13673(8.31%)
2020	2084	36730	73733	48887	21350(11.55%)
2021	2119	38908	76898	56715	33403(15.90%)

3.4.3 部分团体标准在满足创新和市场需求上发挥了作用

我国团体标准在蓬勃发展过程中，尽管良莠不齐，但不少标准对市场需求的敏锐性较强，快速整合相关资源，及时有效地增加了标准的供给。如新冠疫情暴发以来，2019年5月至2022年5月期间累计发布相关标准245项，各界将应对疫情相关工作的最佳实践，通过制定实施团体标准来及时总结和经验推广。

例如，无接触配送标准从企业标准到团体标准、国家标准、国际标准，影响力持续扩大。在疫情防控背景下，为保障百姓基本生活，美团外卖于2020年1月26日在国内率先推出“无接触配送”服务。无接触配送是指将商品放置到指定位置，如公司前台、家门口，通过减少面对面接触，避免拼单带来的交叉感染风险，保障用户和骑手在收餐环节的安全。随后，美团发布了业内第一个《无接触配送服务规范》，从平台信息服务、服务流程、服务质量控制等方面界定了平台推行“无接触配送”过程中的操作规范，并向中国贸促会商业行业委员会申请了该标准转为团体标准。2020年2月27日，商务部办公厅印发通知，鼓励企业广泛开展无接触配送。2020年11月19日，由美团与中国商业联合会等共同发起的《商品无接触配送服务规范》(GB/T 39451—2020)国家标准正式发布实施，为疫情防控时期即时配送行业提供了方向指引和操作规范。

2020年5月，中国贸促会商业行业委员会提出的《无接触配送服务指南》和《共享厨房服务规范》两项提案在国际标准化组织技术管理局(ISO/TMB)获得立项。2022年5月，IWA36：2022《无接触配送服务指南》和IWA40：2022《虚拟厨房服务指南》正式发布。IWA36：2022《无接触配送服务指南》针对配送员配送和无人机、机器人、自动驾驶汽车等自动配送两种配送模式及即时配送和有中转配送两种服务业态，对配送服务提出一系列要求。IWA40：2022《虚拟厨房服务指南》提供了为满足虚拟厨房服务所需的安全和质量原则，流程和服务、信息安全与保护等要求，以及虚拟厨房服务评估和持续改善的指导建议。

ISO在介绍抗击新冠疫情标准的官方新闻中，称无接触配送标准将减少配送员被传染性疾病感染风险，保护消费者安全。[①]虚拟厨房标准被ISO标记为中度影响力项目，在ISO近3万项国际标准中，仅有少数标准能被标记为中度或高度影响力。

---

① 来源于*Global risks in a COVID-19 word*，https://www.iso.org/news/ref2647.html，2023-02-18。

又如，2016年，为更好发挥中关村先行先试的作用，在培育发展团体标准等方面率先取得突破，在国家标准化管理委员会、工信部等部门的支持下，中关村管委会、原北京市质监局等有关单位共同推动成立中关村标准化协会，并将“中关村标准”的创制和发布作为中关村先行先试改革创新的重要探索。“中关村标准”的使命是赋能科技企业，认定一流标准、打造一流产品、服务一流客户，为重大项目、工程和消费升级保驾护航。

中关村标准化协会围绕新一代信息技术、医药健康、节能环保、新材料、人工智能等高精尖产业创制中关村标准。截至2020年年底，累计发布“中关村标准”65项，形成了一批引领行业发展的先进标准。如2020年发布的《碳化硅单晶》标准以第三代半导体产业市场趋势为导向，结合国内外碳化硅单晶制造及应用龙头企业的实际生产及需求情况，明确了满足不同用途的碳化硅产品质量要求，填补了国内第三代半导体单晶标准空白。中关村标准化协会还推动《抗菌不锈钢 抗菌性能试验方法》《非接触式智能体温筛查系统技术规范》两项标准向国际标准转化。团体标准的创新引领特性在部分标准上已呈现出来。

3.4.4　少数标准组织呈现出头部效应

全国团体标准信息平台数据显示，截至2021年年底，共有注册团体5758个，其中在民政部注册的844个(14.66%)，广东821个(14.26%)、浙江406(7.05%)、山东404(7.02%)、江苏302(5.24%)、北京280(4.86%)、四川249(4.32%)，另外上海(231)和福建(206)均超过200家，河北、湖北等8个地区均超过100家(见图3-4)。

其中，最活跃的10个团体标准组织(见图3-5)，包括浙江省品牌建设联合会(2715项)、CECS(920项)、中华中医药学会(805项)、中关村材料试验技术联盟(419项)、CAS(375项)等共发布团体标准5689项，占比达16.74%，头部集中效应显著。下文主要介绍浙江省品牌建设联合会、中关村材料试验技术联盟两个团体标准组织。

1.浙江省品牌建设联合会

“浙江制造”策划于2013年，2014年1月，国家认证认可监督管理委员会(简称“国家认监委”)发布《关于对开展“浙江先进制造”认证试点工作的批复》，鼓励浙江省先行先试，按照国家新认证制度建立程序；随后，启动构建“浙江制造”标准体系、编制认证实施规则、筛选首批试点、面向全国征集“浙江制造”标识图案等工作。2014年9月，浙江省人民政府办公厅发布《关于打造“浙江制造”品牌的意见》(浙政办发〔2014〕110号)；10月发布

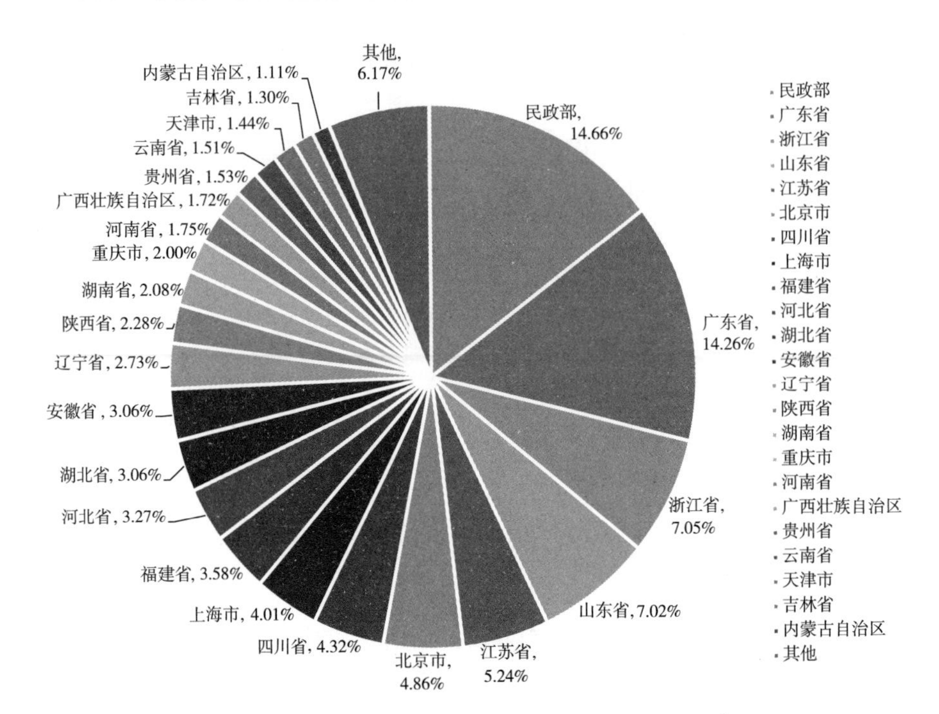

图3-4 截至2021年年底民政部及各地区社会团体数量①

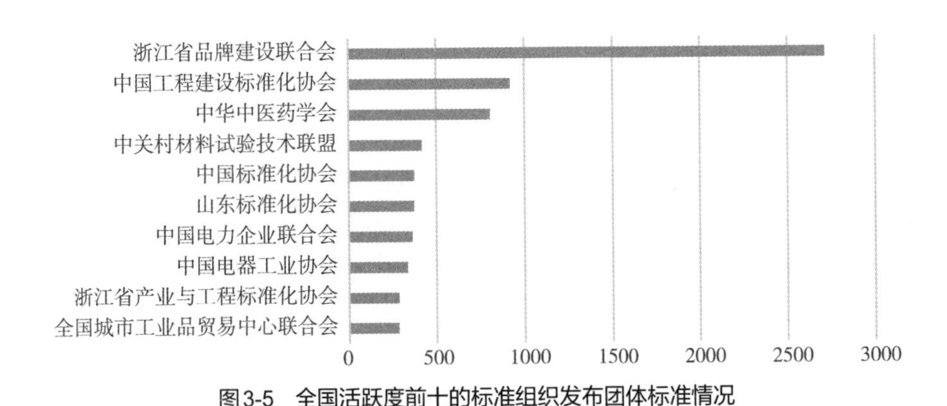

图3-5 全国活跃度前十的标准组织发布团体标准情况

① 其他包括山西省、黑龙江省、新疆维吾尔自治区、江西省、海南省、甘肃省、宁夏回族自治区、青海省、西藏自治区。

《“浙江制造”评价规范》地方标准，完成《电除尘器》《衬衫》《吸油烟机》3个产品标准在省质监局的标准备案；11月国家认监委批复关于浙江省以认证联盟形式开展“浙江制造”认证工作的请示，成立“浙江制造”认证联盟。

浙江省在2016年成立了浙江省浙江制造品牌建设促进会，后更名为浙江省品牌建设联合会(简称“品联会”)，承担浙江省“品字标”品牌建设工作，是“浙江制造”标准研制的组织平台。截至2021年年底，品联会共发布“浙江制造”标准2606项，“浙江制造”认证3142项(见图3–6)。

图3-6 “浙江制造”标准与认证

“浙江制造”标准，从标准定位到管理模式均做了以下创新探索。

第一，基于“好企业+好产品+好服务”理念，构建了“A+B+C”“浙江制造”标准体系。A标准为省地方标准《“品字标”品牌管理与评价规范》，提出“质量第一、创新驱动、履责守信”的“好企业”管理要求。B标准为品联会团体标准，聚焦标准关键性能指标，持续研制与国际接轨的“好产品”技术规范。C标准为省地方标准《“品字标浙江制造”品牌服务评价要求》，明确货真价实、质量安全、服务优质、纠纷快处等“好服务”实施要求，推动以“品字标”为形象标识的“浙江制造”公共品牌建设。

第二，形成“标准+认证+品牌”联动模式，增强了“浙江制造”标准的生命力。通过认证方式推广标准应用是国际上的通行做法，浙江省组建浙江制造国际认证联盟，吸纳美国UL公司、SGS等国际认证机构、必维国际检验集团加入，建立认证产品“一次认证、多国通行”的市场化认证机制，实施“企业自主申明+第三方认证+政府监管”模式，促进国际互认。

第三，创新“省品联会+牵头组织单位+标准研制工作组”的标准研制组织模式，把控标准研制质量。由省品联会主导标准立项、审评和发布及过程监督管理，标准牵头组织制定单位负责标准制定过程技术指导，标准研制工作组负责标准具体的制定工作。

第四，明确"国内一流、国际先进"的先进标准定位。"浙江制造"产品标准要体现"精心设计、精良选材、精工制造、精诚服务"的先进性要求，国际上没有同类产品的，应达到国内一流水平；国际上有同类产品的，应达到国际先进水平。"浙江制造"标准经过5年的实践后，于2021年进一步提出"五性并举"原则，即在标准的研制过程中应综合考虑标准内容的合规性、必要性、先进性、经济性及可操作性并协调一致。不断修订完善形成了由《浙江省品牌建设联合会"浙江制造"标准管理办法》《浙江省品牌建设联合会"浙江制造"标准审评和批准发布细则》《浙江省品牌建设联合会"浙江制造"标准立项论证细则》和"浙江制造"标准评审工作观察员制度等构成的制度体系。

2.中关村材料试验技术联盟

2016年，在中国工程院、工业和信息化部、国家标准化管理委员会和中关村管委会的指导下，由中国钢研科技集团有限公司、中国建筑材料科学研究总院、中国计量科学研究院、北京科技大学、中国铝业公司联合发起成立中关村材料试验技术联盟(CSTM)。CSTM的组建是国家的标准发展战略的实践示范、是中国工程院近十年在"标准、表征、评价"的战略研究成果的落地转化，是深化标准化改革以来成立的典型的以推动团体标准发展为根本目标的典型组织。

为了加强组织机构管理，科学公正开展各专业技术领域标准化工作，提高标准制定质量，CSTM出台了《中关村材料试验联盟团体标准管理办法》《中国材料与试验团体标准制修订管理细则(试行)》《中国材料与试验团体标准委员会组织机构管理细则(试行)》。截至2023年7月，中关村材料试验技术联盟下设委员会分为材料属性、材料应用和通用技术3类，目前共有委员会24个，并有3个委员会在筹备中(见表3-8)。

表3-8 中关村材料试验技术联盟委员会成立情况

组织维度	已成立委员会	筹备中委员会
材料属性	FC01 钢铁材料领域委员会、FC03 建筑材料领域委员会、FC04 无机非金属材料领域委员会、FC09 复合材料领域委员会、FC15 稀土材料领域委员会、FC12 纺织材料及纺织品领域委员会、FC16 含能材料领域委员会、FC20 钒钛综合利用领域委员会	有色金属材料领域委员会
材料应用	FC51 电子材料领域委员会、FC53 航空材料领域委员会、FC55 特种设备领域委员会、FC59 电池及其相关材料领域委员会、FC60 光电材料领域委员会、FC66 民机材料领域委员会	无
通用技术	FC92 金属腐蚀与防护领域委员会、FC94 无损检测技术领域委员会、FC96 材料服役安全领域委员会、FC99 综合标准领域委员会、FC00 基础与共性技术领域委员会	科学试验领域委员会

CSTM中现有186家会员，其中包括中国计量科学研究院等67家科研机构，中国钢研科技集团有限公司等101家企业、北京科技大学等10所高校。累计已发布标准143项，在研216项(见表3–9)。

表3–9　中关村材料试验技术联盟标准立项、发布和在研情况

领域	标准立项	标准发布	在研
钢铁材料领域	28	24	4
建筑材料领域	127	19	108
化工材料领域	119	70	49
复合材料领域	5	5	2
石油石化工程及装备材料领域	29	4	25
电池及其相关材料领域	8	4	4
无损检测技术及设备领域	35	7	20
基础与共性技术领域	14	10	4
合计	365	143	216

CSTM积极参与国际化工作，2020年1月7日，CSTM/FC05/TC05涂料和颜料技术委员会秘书处所在中海油常州涂料化工研究院有限公司主导制定的国际标准《色漆和清漆—内墙涂料涂层质量评定现场试验方案》(ISO 23169：2020)获得正式批准发布，成为继《色漆和清漆—水分含量的测定—气相色谱法》(ISO 23168：2019)之后，涂料院在我国涂料领域主导制定并发布的第二项国际标准。该国际标准的正式发布，标志着我国涂料领域国际标准化工作的持续有效推进。此外，在光电材料及产品领域，已形成ISO国际标准提案标准1项，航空材料领域可形成ISO/IEC等国际标准提案的标准1项。

3.5　快速发展中我国团体标准化存在的问题

在团体标准数量规模快速发展的同时，一些问题与现象尤其值得关注。

3.5.1　标准组织注册数量多，但低活跃度组织占比高

截至2022年5月底，在全国团体标准信息平台上注册的社会团体(共6213个)中有2235个尚未发布团体标准，约占36%。为了系统呈现团体的标准化活动开展情况、制定发布团体标准的综合情况，本书提出标准制定团体“活跃度”概念。

标准组织"活跃度"是指标准组织开展团体标准制定、修订活动的活跃程度。本书将其区分为僵尸型、低活跃度、中等活跃度和高活跃度4个层次(见表3–10)。为了更清晰地揭示标准组织活跃度问题，本书以2020年全国新注册的社会团体为对象进行了深入研究。

表3–10　标准组织活跃度界定

活跃度	定义
高活跃度	组织成立2年内，发布团体标准数量 > 前10%组织的平均数量
中等活跃度	组织成立2年内，前10%组织的平均数量 > 发布团体标准数量>同期组织的团体标准平均发布数量
低活跃度	组织成立2年内，发布团体标准数量 < 同期组织的团体标准平均发布数量
僵尸型	组织成立2年内，尚未发布过团体标准

2020年，民政部及各地区共新增社会团体1292个。其中，新增民政部注册社会团体101个；全国共有9个地区的新增社会团体数在50个以上，广东和山东新增团体数量突破100个，其中广东新增社会团体163个，山东新增108个、浙江新增88个。民政部注册组织及新增标准组织最多的10个地区新增团体887个，共发布标准2881项，平均每个团体发布标准3.25项(见表3–11)。

表3–11　2020年民政部及各地区(前十)新增社会团体及发布标准情况(TOP10)

地区	2020年新增社会团体数量	发布团体标准总量	平均发布团体标准数量
民政部	101	441	4
山西	69	221	3
安徽	45	113	3
湖北	51	133	3
河北	64	142	2
上海	54	293	5
四川	74	160	2
江苏	70	211	3
山东	108	370	3
广东	163	493	3
浙江	88	304	3

根据上述标准组织活跃度定义，形成以下标准组织活跃度计算规则（见表3–12）。

表3–12　2020年标准组织活跃度计算规则

活跃度	定义
高活跃度	截至2022年，发布团体标准数量 > 10项的组织
中等活跃度	截至2022年，10 > 发布团体标准数量 > 3项的组织
低活跃度	截至2022年，发布团体标准数量 < 3项的组织
僵尸型	截至2022年，发布团体标准为0的组织

结果显示，2020年新增的标准组织中，截至2022年5月，没有制定过团体标准的僵尸型组织占29.31%、低活跃度组织占48.26%、中等活跃度组织占15.87%、高活跃度组织仅占6.56%（见图3–7）。

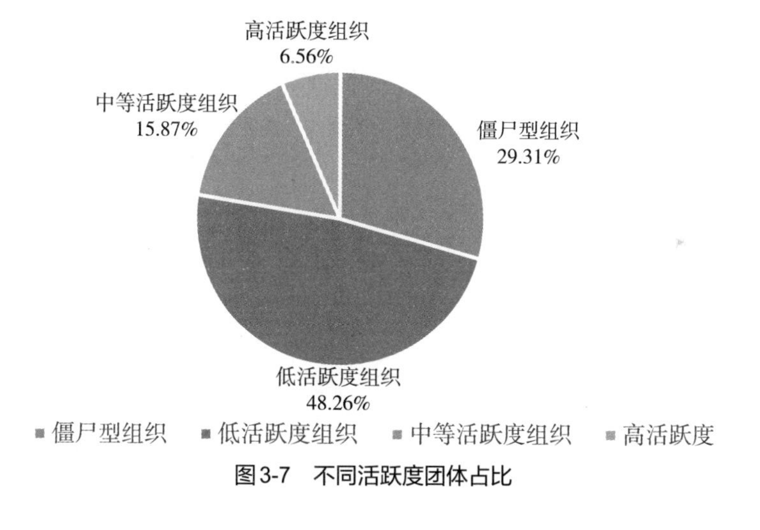

图3-7　不同活跃度团体占比

民政部及新增标准组织最多的10个地区截至2022年5月的标准发布情况见表3–13。可以看到，民政部新增的101家团体中约有47.52%至2022年5月尚未发布过团体标准，上海新增的54家团体中约有40.74%尚未发布过团体标准；另外，安徽、河北、江苏、山东、山东、浙江新增社团中到2022年5月为止尚未发布团体标准的组织均超出了25%。在上述普遍认为团体标准化发展比较快的这些地区，依然有如此高比例的社会团体是僵尸型组织，标准组织的活跃度问题值得高度重视。

表3-13 民政部及各地区(前十)不同活跃度组织数量

地区	高活跃度组织	中等活跃度组织	低活跃度组织	僵尸型组织	总计
民政部	9	15	29	48	101
广东	12	32	72	47	163
山东	10	20	46	32	108
浙江	3	15	47	23	88
四川	1	8	55	10	74
江苏	3	12	33	22	70
山西	6	11	37	15	69
河北	3	5	40	16	64
上海	4	8	20	22	54
湖北	2	7	36	6	51
安徽	2	7	22	14	45

从新增标准组织的平均制定团体标准数量看，最高的是上海(5项)，最低的是四川(2项)，多数为3项，70%以上的组织累计发布标准在3项以内。这意味着这些组织注册近3年来，平均发布标准每年1项左右，标准研制能力整体不容乐观。以四川为例，2020年新增的社会团体74个，位居全国前四；但新增团体的标准化能力不足，参与市场标准化的活力与积极性不高，仅发布了160项团体标准，位居全国第七，各社会团体平均发布团体标准数量不足2项，87.83%的社会团体发布团体标准数量不足3项，其中未发布团体标准的社会团体有10个，占比13.51%(见图3-8)。

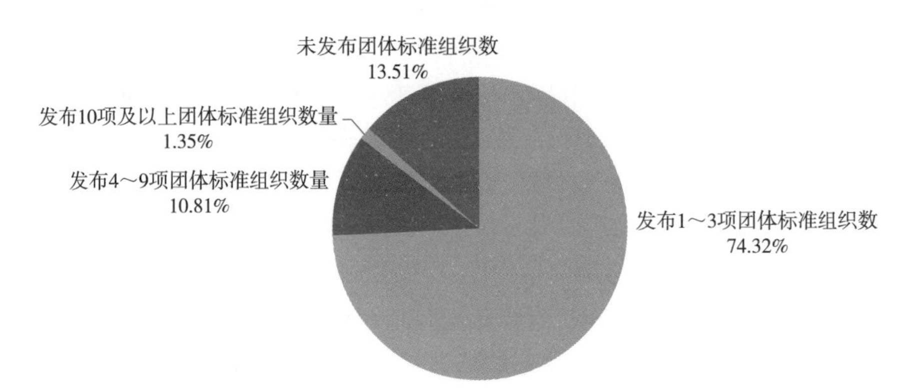

图3-8 2020年四川省新增社会团体标准发布数量情况

而且，不活跃团体的规模有扩大的趋势。例如，湖北省尽管未发布团体标准的2020年新增社会团体较少，仅有6个，占比约为11.76%，但却约有82.35%的社会团体发布团体标准在3项及以下(见图3–9)。延长观测区间，湖北省2019年新增的社会团体中，仍约有26.32%的组织在成立以来没有发布过任何团体标准，约有84.21%的社会团体仅发布3项团体标准甚至不足3项，这意味着很多标准组织并未随着发展时间的延长而提升其标准化活动的活跃度，自我发展的驱动力比较薄弱。

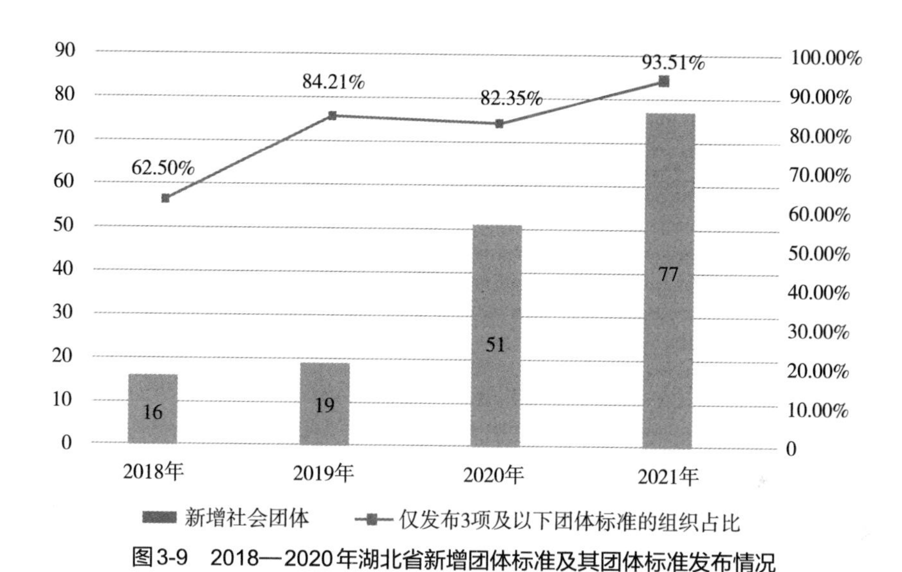

图3-9 2018—2020年湖北省新增团体标准及其团体标准发布情况

3.5.2 团体标准规模扩张快，但高创新性标准占比不高

我国团体标准的规模发展可以说是日新月异。据全国团体标准信息平台数据，我国发布的团体标准在2017年5月27日突破了1000项，在2018年11月22日突破了5000项，在2019年11月23日突破10000项，目前每年的增幅均达10000多项。但是，在如此快速的规模化增长背后，团体标准是否体现了其重要目标—满足创新需求？本书从2020年新增的8226项团体标准中按15%的比例随机抽样了1215项标准根据标准标题、制定范围进行了分析，发现大约56%的标准不属于“新技术、新业态、新产业、新模式”领域(见表3–14)。

表3-14　2020年不同行业团体标准新增及抽样数量

行业	数量	抽样数量
制造业	3652	534
农、林、牧、渔业	1473	220
信息传输、软件和信息技术服务业	557	84
科学研究和技术服务业	455	67
卫生和社会工作	611	90
建筑业	497	74
住宿和餐饮业	298	44
教育	80	12
电力、热力、燃气及水生产和供应业	302	45
公共管理、社会保障和社会组织	301	45
合计	8226	1215

3.5.3　团体标准定位不够清晰，标准文本整体质量不高

尽管团体标准设立的初衷和发展方向是要及时响应市场及创新的需要，要提升我国标准的国际竞争力，但从发展初期的现状看，团体标准质量不高的现实值得关注。

第一，团体标准与协会内部管理文件混淆。部分标准组织发布的团体标准实质上是协会内部的管理制度或工作标准，如在表3-15中，《朔州市家政服务协会内部管理规范》等6项类似标准是由《团体标准管理规定》转化来的管理文件；《朔州市家政服务协会内部管理规范》《会员大会管理规范》《电子商务协会会员管理规范》《电子商务协会讲师培训管理规范》等14项均为协会的工作标准；《甘肃省陇菜协会 甘肃餐饮业"十四五"发展规划 实施方案》《甘肃省陇菜协会 关于开展标准化工作的报告》《银川互联网＋医疗健康协会给全国同行们的倡议书》等5项由相关政府文件转化而来，这些文件既不具备"重复使用和共同使用"的标准特征，更不符合团体标准定位，均不应作为标准发布。

表3-15　团体标准与团体内部管理要求混淆示例

序号	团体名称	标准编号	标准名称	公布日期
1	甘肃省陇菜协会	T/GSLCA 042—2021	甘肃省陇菜协会 甘肃餐饮业"十四五"发展规划 实施方案	2022/5/6

续表

序号	团体名称	标准编号	标准名称	公布日期
2	甘肃省陇菜协会	T/GSLCA 037—2021	甘肃省陇菜协会 关于开展标准化工作的报告	2022/5/6
3	定州市饭店烹饪餐饮行业协会	T/DPX 001—2021	定州市饭店烹饪餐饮行业协会 厉行节约、反对浪费行为规范	2021/6/28
4	银川互联网+医疗健康协会	T/YAIMH 001—2018	银川互联网+医疗健康协会给全国同行们的倡议书	2019/10/8
5	银川互联网+医疗健康协会	T/YAIMH 002—2018	银川互联网+医疗健康协会患者隐私保护公约	2019/10/8
6	福建省民用无人飞机协会	T/UAV 1—2021	福建省民用无人飞机协会标准管理办法	2021/9/18
7	裕安区工商联韩摆渡手工挂面协会	T/YAQGX 1—2020	裕安区工商联韩摆渡手工挂面协会团体标准管理办法	2020/12/30
8	浙江省饮料工业协会	T/ZJYLGYXH 001—2020	浙江省饮料工业协会团体标准管理办法(修订版)	2020/3/16
9	中国交通企业管理协会	T/CACEM 00003—2019	中国交通企业管理协会团体标准管理办法	2019/4/24
10	中国支付清算协会	T/PCAC 1—2018	中国支付清算协会团体标准管理办法	2018/7/17
11	中国颗粒学会	T/CSP 001—2018	中国颗粒学会团体标准管理办法	2018/4/4
12	景德镇市陶瓷电子商务协会	T/JCECA 10102—2022	陶瓷电子商务协会服务指南	2022/5/3
13	青岛市现代服务业联合会	T/QDSF 007—2021	现代服务业行业协会信息管理规范	2021/1/6
14	柳林县弹弓协会	T/LDGXH 001—2020	弹弓协会管理要求	2020/11/10
15	朔州市家政服务协会	T/SZSJZFW 001—2020	朔州市家政服务协会内部管理规范	2020/10/28
16	浙江省文化艺术品投资行业协会	T/ZJCAIU 10102—2020	文化艺术品投资行业协会服务指南	2020/8/28
17	潮州市烹调协会	T/CZSPTXH CX001—2018	潮州市烹调协会团体标准制定程序(试行)	2020/1/15
18	洪洞县电子商务协会	T/HDDS 0005—2020	会员大会管理规范	2020/12/14
19	洪洞县电子商务协会	T/HDDS 0004—2020	电子商务协会会员管理规范	2020/12/1

续表

序号	团体名称	标准编号	标准名称	公布日期
20	洪洞县电子商务协会	T/HDDS 0003—2020	电子商务协会讲师培训管理规范	2020/12/1
21	中国颗粒学会	T/CSP 002—2018	中国颗粒学会团体标准工作程序	2018/4/4
22	临海市农民合作经济组织联合会	T/LHSNHL 0001—2021	产业农合联党建联盟管理规范	2021/9/6
23	北京市朝阳区养老服务行业协会	T/BCPEIA 02—2020	亚运村街道区域为老服务联盟管理规范	2020/12/23
24	深圳市智慧城市研究会	T/SCSS 001—2017	智慧城市团体标准联盟工作指南	2020/10/26
25	广州开发区检验检测联盟	T/GITU 001—2016	广州开发区检验检测联盟服务规范	2018/5/15

第二，盲目跟热点，重复制定标准现象严重。团体标准是市场自主制定的标准，确实需要及时响应市场需求，但盲目扎堆可能会导致标准内容粗糙。例如新冠疫情暴发后，使用公筷成为餐桌文明的新倡导，很快标准组织也积极响应，类似标准发布了10项(见表3-16)，这些标准的内容较为雷同，基本主要包括作要求、配置要求、服务要求、使用要求、消毒和宣传引导等内容。新冠疫情暴发以来，各团体制定与口罩相关的团体标准106项、复工复产相关的团体标准10项。

表3-16　团体标准盲目扎堆发布示例

序号	团体名称	标准编号	标准名称	公布日期
1	肇庆餐饮酒店协会	T/ZQCYJDXH 01—2021	公筷公勺服务规范	2021/11/23
2	乐亭县餐饮烹饪行业协会	T/TLTCYPR 01—2021	餐饮服务单位公筷公勺服务规范	2021/8/30
3	海南省标准化协会	T/HNBX 101—2020	公筷公勺服务规范	2020/9/14
4	海南省酒店与餐饮行业协会	T/HNJC 003—2020	公筷公勺服务规范	2020/9/3
5	邳州市烹饪协会	T/PZSPRXH 001—2020	公勺公筷使用规范	2020/7/31
6	泉州风味小吃同业公会	T/QZFS 007—2020	泉州特色小吃　公筷公勺服务规范	2020/7/22

续表

序号	团体名称	标准编号	标准名称	公布日期
7	大连市美食文化协会	T/DLMSWH 021—2020	餐饮服务单位公筷公勺使用规范	2020/6/4
8	汕头市餐饮业协会	T/STCY 1—2020	公筷公勺使用规范	2020/4/29
9	中国国际贸易促进委员会商业行业委员会	T/CCPITCSC 101—2020	中餐分餐制、公筷制、双筷制服务规范	2020/3/18
10	扬州市烹饪餐饮行业协会	T/YMCA 005—2019	扬州公筷服务规范	2019/12/30

另外，尽管在我国团体标准相关的管理制度中并未禁止团体标准的重复制定，但短期内不同标准组织针对同一产品、同一对象制定团体标准，在扩大标准供给的同时，也存在一些问题，如与“口罩用聚丙烯熔喷专用料”标准有4项(见表3-17)。根据可搜索的标准内容，针对同一产品的团体标准在技术要求上不一致(见表3-18)，在要求所覆盖的范围上也有差异，如T/NBSL 003—2021给出了有害物质限量要求，其他2项标准未提及有关要求。类似标准的技术要求不同，必然会导致执行不同标准的产品质量不同，甚至可能导致质量参差不齐。

表3-17　“口罩用聚丙烯熔喷专用料”相关团体标准

团体名称	标准编号	标准名称	公布日期
中国石油和化学工业联合会	T/CPCIF 0147—2021	口罩用聚丙烯(PP)熔喷专用料	2021/11/15
中国合成树脂供销协会	T/CSRA 8—2021	口罩用聚丙烯熔喷专用料	2021/7/13
广东省塑料工业协会	T/GDPIA 13—2020	口罩用聚丙烯(PP)熔喷专用料	2020/6/16
宁波市塑料行业协会	T/NBSL 003—2021	塑料　聚丙烯(PP)熔喷口罩专用料	2021/9/9
深圳市高分子行业协会	T/SGX 008—2020	医用口罩熔喷专用聚丙烯(PP)料	2020/5/15

表3-18　不同口罩标准的技术要求对比

标准代号	T/CPCIF 0147—2021	T/NBSL 003—2021	T/SGX 008—2020
标准内容	要求、试验方法、检验规则、标志和随行文件、包装、运输、贮存	聚丙烯(PP)熔喷口罩专用料的要求、有害物质限量要求	技术要求、试验方法、检验规则、标志及包装、运输和贮存

续表

大粒和小粒/(g/kg)	≤10	≤30	≤30
灰分(质量分数)	≤0.025%	≤0.03%	≤0.02%
挥发分(质量分数)	≤0.2%	≤0.2%	≤0.15%
分子量分布	2.0～3.5	2.0～4.0	2.0～3.5
熔体质量流动速率(MFR)/(g/10 min)	1000±60 1200±70 1500±80	1100±100 1300±100 1500±100 1700±100 1900±100	1500±100

第三，标准内容质量不高较为普遍。有学者从全国团体标准信息平台上随机抽取182项已公开文本的团体标准文本(截至2018年4月)进行了评估(万雨龙等，2018)，涉及制造业、农林牧渔、信息技术、建筑业等10个产业，发现的问题见表3–19。

表3–19 基于182项团体标准文本的评估①

问题	标准文本数
标准封面格式不规范	152(83.52%)
不符合GB/T 1.1的要求	99(54.40%)
规范性引用文件有误	72(39.56%)
标准内容不合理	72(39.56%)
标准编号不规范	27(14.84%)
与强制性标准要求不符	12(6.59%)
其他	4(2.20%)

抽样标准中6.59%技术指标低于国家强制性标准要求，这不仅违反了《标准化法》及《团体标准管理规定》的要求，而且与团体标准“技术先进”的总体定位也完全相悖。80%以上的标准存在封面格式不规范、页码编排不规范、引用的文件编号或名称错误、不符合GB/T 1.1的要求等问题。近40%的标准存在名称不严谨、技术要求与试验方法不对应、检验规则不完善等标准内容质量问题，说明团体标准研制队伍的工作标准化能力有待提升，标准组织的标准化管理能力也有待提升。

① 数据来自万雨龙、欧慧敏、魏静琼《基于全国团体标准信息平台数据的团体标准发展现状与对策研究》,《标准科学》2018年第007期第73–77页。

3.5.4　政府支持依赖性较强，标准组织竞争力尚未建立

标准组织是团体标准的“生产车间”，标准组织的能力是影响团体标准质量的重要因素。目前，政府对团体标准发展的支持较多，包括通过给予资金支持、项目资助、奖励等方式，在标准组织的设立、团体标准的制定及推广应用等方面给予支撑，使得我国标准组织中政府主导、半政府—半市场(方放，2016)类型较多。而且，我国的标准组织大多是介于政府、企业之间，商品生产者与经营者之间的组织，制定标准、推广标准的经验不足。单纯对政府的依赖，会出现团体为了追随政策或暂时的需求而出现被动参与或不可持续性参与的情况，标准组织的市场属性弱化，不利于形成对市场的响应及服务能力。

国外的标准组织具备成熟的标准管理经验及资源，制定了大量具有权威性的标准，甚至成为国家标准、国际标准，并在全世界被广泛采用，形成了品牌影响力。我国目前的标准组织中，部分是原来的行业协会、标准化协会、学会，有一定的发展基础和标准化工作能力，组织机构相对健全，这些组织大都设有会员大会、理事会、常务理事会、秘书处等基础机构，如国家半导体照明工程研发及产业联盟(CSA)、北京市闪联信息产业协会(IGRS)等还设有标准化委员会(或技术委员会)、指导委员会、培训部门、知识产权管理部门、法律事务部门及其他相关的业务部门。

但更多的组织，尤其是一些新成立的团体，人员不多，组织机构也更为简单，官网信息较少、较滞后，也未公开相关管理制度。从经费来源来看，部分团体的经费来自服务收入、赞助和捐款、政府资助、会费、利息等，但尚未有组织公开财务状况；从标准制定流程来看，基本明确了团体标准的立项、起草、制定与修订、审查、批准与发布、复审等流程，相对于国家标准、行业标准有所简化。部分扩张迅速的组织成员数量较多，但因缺乏成员管理能力、管理方法及自律意识，调动成员参与积极性、整合成员技术资源的能力尚且不足，如部分快速并大量形成团体标准的组织，存在多个团体标准均由相同成员制定的现象，如重庆市云计算和大数据产业协会。总体来看，我国的标准组织尽管发展很快，但发展历史短、经验少、能力弱，可以说尚未形成具有国际竞争力和影响力的标准组织，而且这一目标任重道远。

3.5.5　地方性团体积极性高，但难以突破行政区划局限

我国目前各地的地方性社会团体在参与团体标准化活动方面的积极性不断提升，截至2021年年底，地方性团体标准组织约占85.3%。但是，不同

地方的团体标准组织相互独立，缺乏信息交流，合作也较为匮乏。前文所提及的重复制定标准的现象并非个例，如表3-20呈现了“儿童口罩”标准、“养老机构膳食服务”标准等在各地的重复制定现象，这些标准的研制单位均以标准组织所在区域企业为主，协商一致的范围可能仅限于本地区行业内企业，甚至仅限于参与标准制定的企业，多数地方性标准组织所制定的标准难以突破行政区划限制而走向全国，这样的团体标准本质上仍然是“地方标准”或者单纯服务于区域块状经济的联盟标准，这不仅不利于团体标准的推广应用，而且从团体标准长远健康优质发展来看，不利于培养真正具有竞争力的标准组织。

表3-20 重复制定标准示例

团体名称	标准编号	标准名称	公布日期
湖北省纺织工程学会	T/HTES 004—2020	中小学生一次性使用口罩	2020/6/16
柳州市纺织服装协会	T/LZFZ 001—2020	儿童口罩	2020/5/8
浙江省纺织工程学会	T/ZFB 0004—2020	儿童口罩	2020/3/13
安徽省质量品牌促进会	T/AQB 1—2020	一次性使用儿童口罩	2020/4/2
广东省医疗器械管理学会	T/GDMDMA0005—2020	一次性使用儿童口罩	2020/3/19
四川省机械工程学会	T/SCMES 4—2020	一次性儿童用防护口罩	2020/3/10
眉山市家政服务行业协会	T/MSJZ 2—2021	家政服务 居家养老护理服务规范	2022/1/25
佛山南海区养老服务业协会	T/FNASS 41—2021	居家养老护理培训规范	2021/8/18
安徽省家庭服务业协会	T/AHSA 005—2020	居家养老护理服务规范	2020/3/19
临沂市养老服务协会	T/LYYLXH006—2021	养老机构膳食服务规范	2021/12/31
佛山南海区养老服务业协会	T/FNASS 03—2021	养老机构膳食服务规范	2021/8/18
江苏省老年学学会	T/JSAG 001—2020	养老机构膳食服务基本规范	2020/1/23

第4章

市场自主制定标准研究综述

4.1　标准化理论概览

标准化是一个新兴的应用性的多学科交叉学科，已有研究涉及经济学(Blind，2004)、社会学(Timmermans & Epstein，2010)、政治学(Kerwer，2005)、(信息)技术(Jakobs，2006)、历史学(Russell，2005)和法学(Karmel & Kelly，2009)等不同学科和视角，在发展过程中较为侧重于方法运用和实践效果总结，理论研究并不丰富，系统性也不强。在标准化理论探索历程中，较早的研究是20世纪30年代美国工程师约翰·盖拉德(John Gaillard)发表的专著《工业标准化：原理与应用》，遗憾的是所传不广。约翰·盖拉德曾经担任荷兰标准组织的主管，并曾就职于美国标准化协会(de Vries，1999)，《工业标准化：原理与应用》源于他的博士论文。其他相关研究包括1946年马伊利撰写了一本法文著作《标准化》；第二次世界大战后不久，杰西·V.科尔斯(Jessic V.Coles)出版了《消费品的标准与标签》。

1952年，ISO成立了标准化原理研究常设委员会(STACO)，推动了标准化理论研究的发展。随后，逐步涌现了一些研究成果，如1953年，麦克尼斯的《工业规格》、梅尔尼茨基的《工业标准化的利益》，以及1955年佩利的《标准的故事》，1956年列克的《现代经济中的国家标准》等。

20世纪70年代，魏尔曼(Verman L.C.)、桑德斯(Sanders T.R.B.)和松浦四郎(Matsuura Shiro)对标准化理论进行了相对系统的研究并形成了学术成果。魏尔曼曾在印度工业研究局与印度物理实验室担任研究人员，并于1947年担任印度标准化机构的第一任主任，为印度的工业标准化、质量管理、合格评定等事业做出了重要贡献，曾担任ISO两届副主席。魏尔曼1972年出版的著作《标准化是一门新学科》界定了标准及标准化相关术语，讨论了标准化的目的和作用、标准化的领域、不同级别的标准、标准化组织、标准化的经济效果等内容。魏尔曼的著作反映了印度的经验，也因此为发展中国家的标准化工作提供了借鉴。魏尔曼对标准化知识的一些梳理和认识也很有价值，如提出古代自觉的标准化发展大多与计量有关、零件的互换性对于近代工业标准化的发展非常重要、在制定标准的过程中遵循协商一致的原则确保了标准成为有效的工具等观点至今适用。

桑德斯曾担任剑桥大学工程学讲师、英国陆军军官、萨里郡的公务员和高级治安官及ISO的标准化原理研究委员会(STACO)主席，并于1972年发表《标准化的目的和原理》(ISO，1972)。这部著作在对20世纪60年代以前英、法两国标准化工作经验进行总结的基础上，提出标准化的6个目的，即简化、传达、全面经济、安全和健康、保护消费者利益和公共利益、消除贸易壁垒，同时也提出了著名的标准化七原理。桑德斯认为，标准是在生产者和购买者之间提供信息传达的手段，通过标准沟通物品的大小和性能，以增强购买者的信任。

松浦四郎是日本法政大学教授，也是ISO/STACO和日本规则协会JSA/STACO的成员，其代表作《工业标准化原理》，是对其在ISO/STACO工作期间研究成果的总结，提出了标准化的19条原理。松浦四郎基于标准化现象及其本质，以及热力学定律的社会学意义，将"负熵"概念引入标准化。他认为"标准化活动，基本上可以看成是人们为创造负熵所作的努力"，有意识地努力简化就是标准化的开端。松浦四郎的这个观点对于理解标准系统的基本原理起到基础作用。

20世纪80年代以后，标准化相关理论研究丰富起来，尤其是从经济学视角，使用工具主义的分析方法来确定网络外部性、供应商锁定、临界点和转换成本对市场协调的影响。20世纪90年代，标准开始引起多学科的关注，其中一个重要原因是学术界希望了解技术标准对技术开发和使用的影响，即信息技术所需的技术标准要求(Laakso M., 2012)。

我国关于标准化原理的研究，贡献最大的是李春田先生。他不仅是我国第一位标准化专业研究生，编写了我国第一部高校标准化教材《标准化概论》，而且为我国培育了一大批高素质的标准化专业工作者，是标准化界公认的中国标准化理论研究的拓荒者、标准化教育的奠基人。1982年，李春田主编的《标准化概论》出版，提出了"简化、统一、协调、最优化"四原理；1987年，李春田提出系统效应原理、结构优化原理、有序原理和反馈控制原理。

4.2 标准形成问题研究综述

标准的生命周期包括标准的研制、编写、发布、实施、扩散等环节。标准形成主要是指从标准研制到发布的过程，这个过程是标准生命周期的基础，是优质标准产生的前提。针对性研究标准形成问题的中文文献比较匮乏，国外研究相对丰富。为了分析标准形成和问题研究的焦点及变化趋势，本书以"standardsetting""standards setting""standard develop""standards develop"为关键词，选择经济学、管理学、国际关系、商业、公共管理、社会科学跨学科、计算机科学、人工智能、多学科科学等24个领域，在WOS核心数据库库中进行文献检索，检索时间跨度为1966—2022年，删除涉及会计准则等无关文献及重复文献后共获得845篇。

4.2.1　研究趋势分析

文献年度量可以反映研究人员对特定领域的关注程度。1966—2022年对标准形成问题的研究文献数量变化见图4-1，整体看来文献发文数呈明显上升态势，其中1990年之前每年发文量不足5篇，标准形成问题研究很少，关注度较低；1992—2004年为中位升温节点，每年发文量在10篇以上；此后相关研究数量大幅增加，发文量在30～70篇；2016年达到峰值，之后基本保持每年65篇以上的文献数量，标准形成问题得到持续关注。

本书进一步运用CiteSpace对标准形成领域相关研究的通过关键词词频、关键词聚类、关键文献分析等对关注焦点、发展趋势进行可视化数据分析。

图4-1　1966—2022年相关研究文献数量

4.2.2　研究主题分布

845篇文献的网络密度为0.0037，节点数680，按出现时间排序的主要关键词及词频见表4-1。可以看到，创新、竞争、市场、组织、治理、绩效等关键词均为高频词。其中，“innovation”排名第一，频次为45次；“competition”和“perfomance”频次为34次，排名第二；“market”频次为31次，排名第三。

表4-1 845篇文献中Top35的关键词

时间	关键词	频次	时间	关键词	频次
1992年	Innovation	45	2006年	Technology	11
1992年	Performance	34	2007年	Corporate social responsibility	9
1992年	Competition	34	2008年	Diffusion	11
1992年	Information	25	2008年	Research and development	11
1992年	Standard	24	2009年	Policy	29
1992年	Compatibility	14	2009年	Certification	18
1992年	Network externality	8	2009年	Power	17
1993年	Standard setting	27	2011年	Governance	30
1994年	Industry	8	2011年	Patent	16
1995年	Market	31	2012年	Intellectual property right	11
1995年	Cooperation	11	2013年	Rule	15
1998年	Organization	17	2013年	Global governance	8
2000年	Network	9	2014年	Standard setting organization	9
2002年	Firm	12	2015年	Politics	20
2003年	Impact	22	2016年	Legitimacy	12
2003年	Management	12	2017年	State	9

通过生成的标准形成相关研究关键词聚类、关键词时间区图(Timezone View，见图4-2)和时间线图(Timeline View，见图4-3)可以考察关键词及聚类在时间维度上的发展规律及研究关注焦点的迁移。关键词共现网络的网络密度为0.0037，聚类模块值0.7076，聚类平均轮廓值0.9276。整体来看，网络模块化结构较为显著，聚类结果的可信度较高。

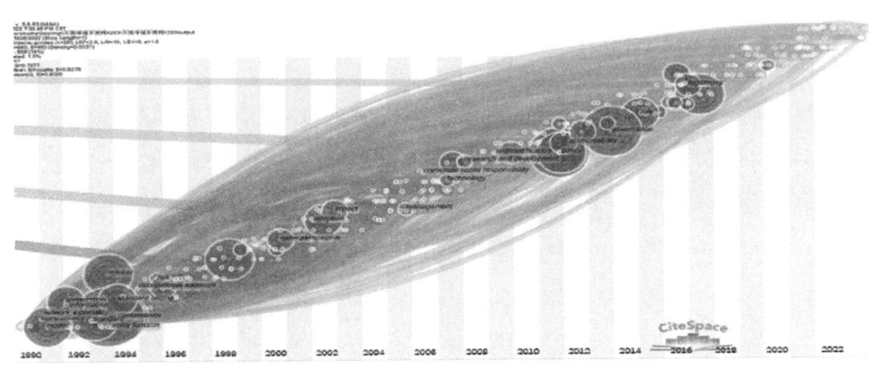

图4-2 标准形成相关研究时间区图

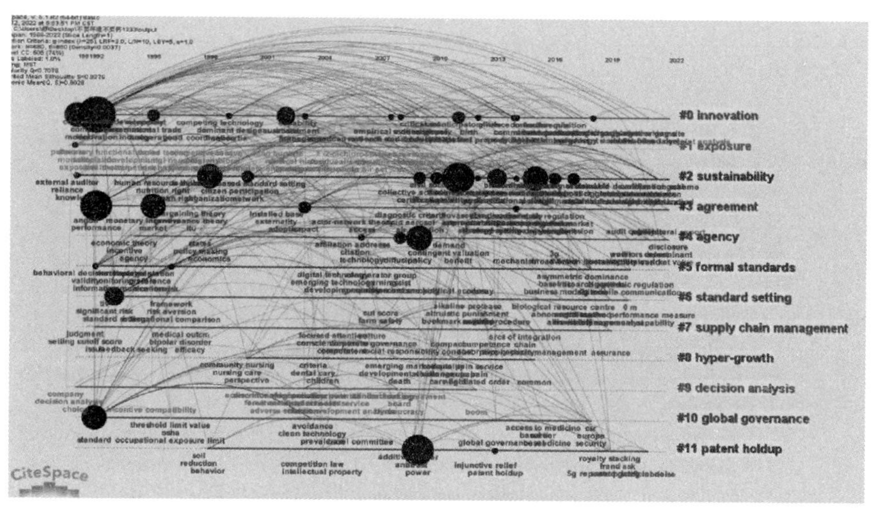

图4-3　标准形成相关研究时间区图

进一步使用Citespace分析各关键词聚类下文献的具体内容，并选取各聚类中心度最高的代表性例句(见表4-2)，综合分析标准形成领域的研究发展脉络及关注焦点的变迁。

表4-2　代表性例句汇总表

聚类名称	代表性例句
innovation	*among the manifold sources of strain on the old structure, those which seem at once most fundamental and potentially most threatening are the recently heightened industrial perceptions of the potential strategic value of standards as tools of business competition and national policy, and the incentives for 'institutional by-pass' that have been created by the rapid proliferation of technological possibilities, the paper considers some alternative organizational models for negotiated standard-setting that might be able to withstand, and better harness these forces for the continued production of standards as public goods *purpose - the purpose of this paper is to explore the core elements and their constitutive activities of innovation of high-technology enterprises (htes) in the context of china to embrace effective management processes for dealing with standards setting *the curvilinear relationship suggests that firms should balance their patent portfolio by holding a share of patents, which are essential for standards, and by holding a share of patents on technologies that are not standardized

续表

聚类名称	代表性例句
sus-tanability	*asymmetric influence and regulatory capture in setting such standards can undermine the regulation of economic activity, with negative externalities for the society *it explores how actors assess the interaction of the meta-governance efforts of the international social and environmental accreditation and labelling (iseal) alliance (mainly in the form of their three codes of good practice) and the alliance for water stewardship's efforts when setting and implementing their international water stewardship standard *the case studies make use of 'global value chain' and 'global production network' approaches to analyse two examples of global local interactions: utz certified rooibos tea in south africa and aquaculture stewardship council certified shrimp in indonesia *in an attempt to curb the monopoly power that they create, most standard-setting organizations require the owners of patents covered by the standard to make a loose commitment to grant licenses on reasonable terms
standard setting	*practical implications – instead of reinventing the wheel with every new multi-stakeholder partnership, meta-governance frameworks should be used to enable partnership staff and members, policymakers and stakeholders to learn from experience *it explores how actors assess the interaction of the meta-governance efforts of the international social and environmental accreditation and labelling (iseal) alliance (mainly in the form of their three codes of good practice) and the alliance for water stewardship's efforts when setting and implementing their international water stewardship standard *in this context, they confirm the relevance of three success factors mentioned in the literature on voluntary standards: an inclusive process, a locally adapted design of the standard and institutionalized compliance management
supply chain manage-ment	*cooperative standard setting can help allied firms to gain access to external knowledge and technologies, but it is unclear how the configuration of a standardization alliance can result in improving a firm's performance in new product development *though criteria-formulating organizations (cfos)-organizations in which business and community stakeholders cooperate to formulate standards for ethical issues – play an important role in the relationship between firms and society, they receive scant attention from csr researchers *results from the case study on rspo highlight strengths and weaknesses of its standard setting process in the light of increasing market demand for palm oil *the potential of transnational private governance initiatives to constitute effective alternatives to state-led regulation of global value chains rests on their ability to scale up and become institutionalized in a given sector
hyper-grownth	*however, the evidence implies latecomers must address a few issues related to standards in order to sustain their rates of learning and continued growth in the ict industry, namely: 1)clarity of focus on over-arching industry and standards policy and their timely integration, 2) managing the balance between targeted and generic projects to gain both technological and non-technological capabilities for standards-settings, especially implementation, and finally 3) embedding necessary institutional flexibility within a national system catering to multiple standards-setting strategies and processes

续表

聚类名称	代表性例句
global gover-nance	*based on the results of a four years research project on coffee and palm oil smallholders and certifications in indonesia, this paper questions the transformative capacity of the standards and certifications regarding a more sustainable agricultural production *both us and scandinavian contexts demonstrate a weakness of firm-led agenda-setting for sustainable development in that schemes may be optimized for a particular business concern-in this case quality-rather than to achieve sustainable development goals *in this paper, we contend that most studies on the sustainability of these certifications take the objectives of voluntary standard-setting and certifying arrangements as the reference point, thereby implicitly accepting a problem definition that is not necessarily aligned with the needs, interests and preferences of the smallholder producers in a developing context
patent holdup	*for pools centered on technologies that result from a standard-setting process, in contrast, we are able to identify a relatively unambiguous population of patents eligible for inclusion but that have not been included in the pool *we find that vertically integrated firms, with patents and downstream operations, are more likely to join a patent pool and among those firms that do join, those with relatively symmetric patent contributions (in terms of value) to a standard appear more likely to accept numeric patent share rules for dividing royalty earnings *in an attempt to curb the monopoly power that they create, most standard-setting organizations require the owners of patents covered by the standard to make a loose commitment to grant licenses on reasonable terms *voluntary standard setting organizations (SSOs) typically require participants to disclose their patents during the standard-setting process, and will endorse a standard only if patent holders commit to license them on reasonable and non-discriminatory or rand terms

1966年以来，标准形成问题的研究可以分为以下3个阶段。

(1)需求驱动阶段(技术标准形成问题)。标准形成问题的研究源于市场竞争和技术创新的动力，尤其在1990—2000年，“innovation”“competition”“mode”“market”等为这一时期的高频词，形成的聚类包括“innovation”“standard setting”“agreement”等，并且这些关键词持续得到关注，至今仍是研究热点。标准的形成满足创新和市场需求是全球共识，这确实也是标准的本质所在。尤其是标准与技术创新之间的关系关注度最高，“innovation”连续20年成为研究标准形成问题的核心词，并逐步扩展到兼容性、技术、研发、知识产权、标准必要专利等方面，移动通信技术、纳米科技等新兴产业领域的标准研制问题成为研究热点。可见，标准形成中的技术问题确实是核心问题。从关键例句中可以看出，学者们对于标准在商业竞争中价值、技术扩散驱动标准形成、高科技企业对参与标准制定的积极性、标准与专利的关系及标准如何才能获得成功等问题进行了探讨。

(2)管理驱动阶段(管理标准形成问题)。2001—2011年,以2003年出现的高频关键词“management”为明显的节点,“policy”“power”“governance”等高频关键词随之出现,标准的管理属性得到更多关注,并开始大量出现在相关文献中。从这一阶段全球化发展速度、文献的研究视角来看,基本是基于企业发展的视角,而且学者对标准的关注已不仅仅是技术标准,开始快速拓展到管理标准领域,包括企业社会责任(CSR)、会计准则、环境管理、质量管理体系标准等。其中,国际标准化组织ISO的系列国际标准的制定及应用研究较多。ISO不仅制定了大量的技术标准,而且从20世纪80年代开始,陆续推动了标准在企业管理、环境治理、社会责任、安全管理、知识产权管理、能源管理等方面的作用,质量管理体系9000族标准、环境管理体系14001、信息安全27000族标准等成为ISO最有价值的标准。其中,ISO 9000族标准由英国BS 5750标准转化而来的,1994年、2000年、2008年、2015年分别进行了修订改版以满足全球发展的需要。目前,ISO 9000族标准已在全球170多个国家(地区)得到采用,仅我国截至2022年2月,已颁发质量管理体系认证证书近76万张。

(3)治理驱动阶段(全球治理视野下的标准形成问题)。2012年以后,以高频关键词“global governance”“state”为明显节点,标准在全球治理中的作用被提升到国家战略的高度。这一阶段的研究呈现几个特点:第一,可持续发展站上新高度。与可持续发展相关的标准研究从20世纪80年代开始就被关注,但早期主要侧重于环境污染、职业健康安全、疾病防治等具体领域的标准形成问题,近年来则侧重于标准从环境保护、海洋问题、专利保护等多元化视角理解标准与可持续发展的关系。从标准化实践来看,ISO、IEC等近年来均把标准如何服务于可持续发展纳入自身的战略发展。第二,全球治理视域下的国家战略驱动标准形成日益明显,随着全球产业链的变化,标准与全球价值链重构之间开始显现,国家战略参与标准制定在ICT等新兴产业领域的表现引起关注,尤其是中国、印度、韩国的一些做法。第三,标准组织的作用日益重要,无论是在技术标准还是在管理标准的形成与扩散过程中,标准组织(SSO)越来越活跃,这些组织不仅包括三大国际标准组织——ISO、IEC和ITU,而且包括发达国家主导的在各产业领域里发挥着引领作用的标准化组织,如美国的ASTM、UL、IEEE、3GPP等实质上也成为国际性的标准组织。

4.2.3 核心文献分析

1.高影响因子文献分析

期刊影响因子对文献影响力大小具有较强的作用。本文从845篇文献中选取了发表在*Research Policy*(9.473)、*The American Economic Review*(11.49)、

Technological Forecasting & Social Change(10.884)、*Technovation*(11.373)等高影响因子期刊上的10篇论文进行主要内容分析(见表4-3)。

表4-3　高影响因子期刊代表性文献分析

序号	文献名称	作者	被引量	期刊/影响因子	发表时间	主要内容
1	Filing behaviour regarding essential patents in industry standards	Florian Berger	48	Research Policy/9.473	2012	作者认为标准必要专利具有战略作用，将专利纳入标准是企业参与标准制定的主要目标，标准制定进程与专利申请行为之间存在交互作用。成为“标准必要专利”的目的放大了企业专利申请的动机。标准组织应解决好“专利伏击”问题
2	The impact of the timing of patents on innovation performance	Bongsun Kim	30		2016	文献探讨了行业标准制定背景下，企业专利时机的选择与创新绩效的关系。研究结果表明，在高不确定性下，专利的时机越晚，创新绩效就越高，而在低不确定性下，存在早动优势
3	The impact of including standards-related documentation in patent prior art: Evidence from an EPO policy change	Rudi Bekkers	2		2020	文献以欧洲专利局政策变化为研究对象，发现把技术标准化过程中的标准草案、谅解备忘录(MOU)、技术协议等文件纳入数据库后，对专利授予过程的质量形成了积极影响。这些影响体现于显著提高拒绝不值得申请的专利的能力，而不是细化授权专利的法律保护范围
4	Effects of catch-up and incumbent firms' SEP strategic manoeuvres	Dong-hyu Kim	0		2022	文献提出企业参与技术标准化是战略驱动的。通过对发达国家和后发国家SEP战略差异的研究，发现在适应了标准必要专利SEP规则后，追赶企业的影响力呈指数增加；追赶通过对短周期技术的内化来打破现有企业形成的标准知识库，而现有企业将SEP战略作为一种催化剂，深化符合预期标准化方向的自主技术轨迹的发展。还提出了标准组织对追赶型企业的双重作用(即知识学习和知识扩散空间)

续表

序号	文献名称	作者	被引量	期刊/影响因子	发表时间	主要内容
5	The Generalized War of Attrition	JEREMY BULOW	96	The American Econom-ic Re-view/11.49	1999	文献分析了美国3个移动通信技术标准同时应用带来的问题，通过建立模型模拟关于制定标准和建立投票多数权的斗争，表明任何一方都是战略独立的，不受其他竞争对手数量及其行动的影响，文献进一步分析了会导致参与方退出的原因
6	Licensing technology to shape standards: Examining the influence of the industry context	Ulrich Lichten-thaler	15	Techno-logical Forecasting & Social Change/ 10.884	2012	文献从技术标准的动态性出发，梳理了标准的“供给侧”和“需求侧”间的相互作用，即通过积极的技术许可影响基于其自身技术的标准出现的“供应面”，随后通过成功地将基于标准技术的新产品商业化，从“需求方面”获利。实证研究表明，技术许可是企业制定标准的动机，企业可以通过成功地商业化基于标准技术的新产品，获得显著创新绩效
7	Do the really bind? The effect of knowledge and commercializa-tion networks on opposition to standards	RAM RANGA-NATHAN	43	Academy of Manage-ment Jour-nal/10.979	2014	文献以INCITS为例研究了知识网络和商业网络对技术标准制定委员会中企业投票行为的影响，探索了组织间关系的多样性如何影响战略行为。研究结果表明虽然知识网络中的中心定位企业对标准的反对程度较低，但商业化网络中的中心定位企业对标准的反对程度较高
8	Partnerships in-tervening in glob-al food chains: the emergence of co-creation in standard-setting and certification	Sietze Vellema	33	Journal of Cleaner Produc-tion/11.072	2014	文献探讨了多利益相关者合作是否及如何使国际构建的标准适合地方机构。利用“全球价值链”和“全球生产网络”方法分析了南非Utz认证的Rooibos茶和印度尼西亚水产养殖管理委员会认证的虾两个全球—本地互动的案例，发现当供应链对自然资源的商业开发威胁到长期采购时，当在资源环境保护方面经验丰富的当地伙伴关系参与实施时，以及当全球和地方伙伴关系不仅通过分层组织的价值链进行互动时，标准制定和认证中的共同创造可能发生

续表

序号	文献名称	作者	被引量	期刊/影响因子	发表时间	主要内容
9	How interface formats gain market acceptance: The role of developers and format characteristics in the development of de facto standards	Sujan M. Dan	8	Technovation/11.373	2018	文献以消费电子行业的事实标准(接口标准)为研究对象,考察标准制定企业的特征与企业开发和推广的界面格式的市场接受度之间的关系。结果表明,企业的规模与市场对接口格式的接受度之间的关系呈倒U形,拥有广泛合作经验的公司更善于开发在市场上得到广泛接受的标准;标准的适用性越广,其市场接受度越高,并且在开发标准之前几年的营销强度是其市场接受度的重要决定因素
10	Standardization Alliance Networks, Standard-Setting Influence, and New Product Outcomes	Jinyan Wen	12	J PROD INNOV MANAG/9.885	2020	文献研究了标准化联盟基于网络的资源优势如何在企业的网络位置和企业影响行业标准制定和新产品成果的能力之间变化。基于1999—2013年来自170家中国汽车制造商的档案数据的实证分析表明,跨越标准化联盟网络结构漏洞的企业在专注于早期新产品推出时获得优势,但在专注于更具创新性的产品时则处于劣势;相反,在标准化联盟网络中占据中心地位与公司将新产品推向市场的速度呈负相关,但与公司的新产品推出率呈正相关。此外,标准制定在网络位置对公司新产品上市速度的影响上起到中介作用

2.标准形成的方式

国外学者认为标准形成的方式主要有3种(Lee & Oh, 2006; Viardot et al., 2016)。第一种是技术委员会方式,这是自愿性标准形成的主要方式。尽管标准形成的程序不同标准化组织有所不同,但委员会模式下各利益相关方聚焦于某一技术方案,通过协商一致形成标准。某些具有较强执行权力的委员会可以将该标准强加于市场(Weiss & Cargill, 1992; Wiegmann et al., 2017)。从实践来看,一些国际标准组织(如ISO、IEC和ITU制定的标准),多数国家的国家标准及我国团体标准的形成均属于这种模式。第二种是政府强制方式,这是技术法规、强制性标准形成的主要方式。政府或政府组织利用其等级地位,对行业参与者强制性要求采用某些标准(Wiegmann et al.,

2017)，如军事标准、安全标准等，国外的技术法规及我国强制性标准属于这一机制。第三种是市场机制选择，这种方式主要形成事实标准。这种标准的形成过程并没有规范性制度安排和官方标准制定机构的批准(Wiegmann et al., 2017; Narayanan & Chen, 2012)，但由于某种技术在竞争中战胜了对手并获得了广泛的市场认可而成为事实上的标准。

3.标准形成的影响因素

(1)市场因素。

大量研究证明了安装基础(Installed Base)是影响标准形成的重要影响因素。这一因素随着ICT领域标准对全球经济社会发展的重要性被日益重视而得到研究关注。安装基础实际上是指标准内含的技术已经拥有的用户规模，因此其本质是市场因素，是以网络外部性理论为基础的。关于网络外部性与标准的关系，现有研究呈现出两种不同的观点。部分研究认为，网络效应对技术标准化具有负面影响，如Kristiansen(1998)指出，企业都想利用技术标准锁定效应，而网络效应的存在将促使更多的企业在早期引入不兼容的标准，导致研发成本增加并阻碍标准化。但大多数研究认为，网络效应对技术标准化具有正面影响，是标准形成、发展的动力之一(van de Kaa G. et al., 2011)。网络外部性在行业竞争和市场结构中扮演着重要的角色，是影响标准化的关键因素，标准的互联和兼容性是其重点(Shin et al., 2015)。因此，将网络外部性理论引入标准竞争力的市场维度分析具有一定的理论意义。

基于网络外部性理论，市场维度下关于标准竞争力、标准扩散问题和标准市场准入条件的研究主要从安装基础、从众效应、消费者预期等角度展开(Shin, 2015; Farrell, 1986; Cenamor , 2013; 陆正丰等, 2021)。de Vries(1999)、van de Kaa G. et al.(2011)等认为，依据市场中的从众效应，当一些用户针对某个问题选择了某个解决方案时，其他用户为了获得信息，会更倾向于选择相同的解决方案，从众效应正面影响了一项标准在市场上占据主导地位的可能性。Gallagher(2012) 和den Uijl & de Vries(2013) 在蓝光和HD-DVD的案例研究中发现，蓝光在劣势阶段通过建立联盟、开发符合联盟伙伴标准的技术和互补产品，进而反超对手获得安装基础优势，最终取得标准竞争的胜利。Kate & Shapiro(1985) 开发了一个模型来捕捉在市场中的重要竞争因素，证实了在存在网络外部性的市场中，消费者预期的重要性。Farrell & Saloner(1986) 和den Uijl & de Vries(2013) 的研究中均指出，充分利用市场营销和公关来管理预期并刺激市场，会改变消费者的采用决策，有利于标准获得更多的消费者支持。

标准的网络外部性说明，当多种不兼容的技术在市场中竞争时，网络的初始特征会影响结果(Farrell & Saloner，1988；Katz & Shapiro，1986)。例如在蓝光标准之争案例中，“PlayStation3迅速增加了蓝光的安装基础，这成为索尼及其合作伙伴的一个关键优势”(den Uijl，2015)，从而导致索尼战胜了飞利浦。因此，具有大量安装基础的技术标准对潜在的采用者更有吸引力，其吸引力反过来又增加了该标准在新采用者中的受欢迎程度(Techatassanasoontorn & Suo，2011)。

(2)标准组织的能力。

Wiegmann、de Vries和Blind(2017)认为能够进行标准开发的组织包括标准化机构、学会、技术联盟和商业联盟等多种性质的社会团体，这些社会团体为标准开发提供环境，为参与方提供平台并促进标准化合作。自愿性标准组织的目标是帮助参与标准开发的相关方对标准内容达成共识并发布，提供给其他企业或组织，使其能够自主采用(Murphy，2015)。大多数SSO都是一种建立基于协商一致的共识机构，其决策是通过某种投票程序做出的(Baron & Spulber，2018；Chiao，Lerner & Tirole，2007；Simcoe，2012)。许多技术标准是SSO、市场和政府活动的某种组合的结果(Baron，2018)，SSO在制定标准过程中发挥了关键作用(Anton & Yao，1995；Baron & Spulber，2018)，尤其是在确立并标准制定流程(Baron & Spulber，2018)、知识产权政策(Chiao et al.，2007；Layne-Farrar，2007)、协调标准参与者(Farrell & Saloner，1988；Llanes，2014)、搭建共享技术平台(Simcoe，2014)等方面。

作为掌握标准开发流程和规则并引导所有参与者共同合作、协商一致的关键主体，部分案例研究文献围绕具体案例背景阐述了标准的相关方活动和作用，对标准组织的标准化工作开展方式和对标准的影响作用做了详细的阐释(Richardson，2009；Gao & Liu，2012)。例如，Blind(2001)在分析ODF标准和OOXML标准竞争关系的研究中认为，标准组织可以帮助中小企业更有效地参与标准化过程；van den Ende 等(2012)和den Uijl 等(2013)指出，标准组织能够协调组织内的标准开发网络、扩大标准扩散范围；Gao & Liu(2012)在对TD-SCDMA标准的案例分析中强调，标准组织能够协同利于组织标准开发的外部资源。但是，目前仍然缺少以标准组织为主体视角的研究，影响标准组织标准化成果输出的内部因素及组织的内部机制等问题值得进一步地挖掘。

(3)政策制度。

标准不仅是技术的表达，而且是政治的表达(Lemley，2007)，这个问题在近几年尤其得到关注。Shapiro & Varian(1999)将标准制定过程描述为“政治和经济的狂野混合”，也就是说，标准竞争既是技术竞争和市场竞争的过程，又是政策竞争的过程。政府决策在很大程度上决定了国家技术标准化的“兴衰”（Shin et al., 2015）。政府作为标准化的重要参与者(Gao, 2007; Li et al., 2019)，在新兴领域技术标准化的积极行动包括出台政策和活动、建立国家科技园和制定国家战略计划以促进技术标准的发展和扩散(Blind & Thumm, 2004; Moon & Lee, 2021; Funk & Methe, 2001)。政府可以利用其层级地位，在标准制定和扩散阶段通过监管干预标准化(Khemani, 1993)，干预标准规定中的搭便车和寻租(David, 1990)等问题。政府也可以通过发布政策法规来塑造市场环境，进而影响技术标准化相关行为主体的行为(Blind, 2012)。与发达国家相比，发展中国家由于经济、人力和创新能力相对较弱，政府在标准化创新动力方面往往发挥更广泛的作用(Gao, 2014; Zoo et al., 2017; Dubé et al., 2012)，换句话说，政府不仅直接投资于标准制定和实施政策激励，而且在标准利益相关者中充当协调者，以满足各方的需求(Gao, 2014; Kshetri et al., 2011)。

根据Funk & Methe(2001)通过多案例研究得到的模型，政府能够通过对产品需求的影响改变用户的关注点，进而影响标准市场的预测和实际安装基础。一些研究也指出，政府参与标准化的合作或竞争的程度在不同的国家有很大差异(Wiegmann, 2017; Tate, 2001; Büthe, 2001)。Chuang(2016)和Gao(2014)等人的研究表明，在中国的标准化活动中，政府起着关键性的作用。一般而言，政府可以对影响标准竞争的相关因素进行干预，如安装基础、互补产品和用户需求等。Spulber(2013)认为面向技术标准的公共政策尤为重要，在适合的政策下，不断发展的标准并没有阻碍技术发展，而是提供了技术变化的重要指示；相反，如果政策设置过于严苛，则可能会限制技术标准、竞争行为和经济效率之间的相互作用。从战略高度审视标准是近20年来各国的通行做法，发展中国家的政府引导作用更得到学界的关注。Kang et al.(2014)通过对中韩两国ICT全球标准化企业的实证发现中韩两国标准战略方面的差异，中国重视自主技术创新来发展国内标准化，而韩国则是基于本土技术建立的国际标准来发展全球标准化。

(4)技术先进性及兼容性。

在标准与技术的研究中，标准内含技术的先进性和兼容性是谈及的主要问题(Suarez, 2004; Cenamor, 2013; Lerner, 2015; Lee, 2018; Eisenmann, 2007; Baron, 2011)。在其他条件相同的情况下，一项技术在与其他技术的竞争中表现得越好，它占据主导地位的可能性就越高。Suarez(2004)指出，当一项技术与其竞争对手之间存在较大的性能差异时，技术的先进性将发挥更大的作用，且技术先进性对标准市场竞争结果的影响很可能是由技术的独占性来调节的，因为强大的技术独占性将有利于形成优势技术的标准。Baron & Blind(2011)等多项研究认为技术创新是技术发展的决定因素，也是标准采用的重要决定因素。没有技术创新成果的标准是空洞的，而技术创新与标准化高度耦合协调对企业竞争力的正向影响非常显著(Yang et al., 2023)。

当标准化由市场力量决定时，通常会有一段时间的不确定性，其间不兼容标准之间的竞争可能会让一些早期的采用者放弃不兼容的产品。在某些情况下，不兼容标准之间的竞争所产生的这种不确定性可能会导致全部技术的失败(Gandal, 2002)。Spulber(2013)指出标准的竞争并不具有排他性，相反有助于促进市场的进入和竞争，如在信息技术领域，企业通常通过在标准组织中共同采用全行业的技术标准来实现产品之间的互操作性(FED, 2011)。虽然对兼容性是否促进整体社会福利的观点并不一致，但大多数学者认为在标准竞争中技术的兼容性是重要的(Lerner, 2015; Lee, 2018)。Gandal(2002)、Eisenmann(2007)等在标准和兼容性之间关系的分析中认为"标准化"与"兼容性"密不可分，标准是实现技术兼容性重要的应用手段，它定义了平台的技术规范，并确保架构组件之间的技术兼容性和互操作性(Suarez, 2005)。Shin, Kim & Hwang(2015)认为对一个由多家公司生产的不同零部件组成的系统而言，零部件之间的兼容性或互操作性对公司的生存至关重要，尤其在严重依赖技术的信息通信领域。Lee & Sohn(2018)在探讨ICT产业标准化与技术演进之间的关系时指出，标准化可以使技术兼容，兼容技术之间的相互作用将推动技术进化。Chen & Forman(2006)在分析路由器和交换机市场的研究中进一步提出，产品的兼容性包括竞争产品之间的水平兼容性和互补产品之间的垂直兼容性。

(5)产业环境。

标准，尤其是技术标准，本身就是产业发展的产物。产业规模、商业化及竞争性均会对标准形成产生影响。Timothy Simcoe(2010)针对美国互联网工程任务组(Internet Engineering Task Force, IETF)的研究发现，在1993—2003年，互联网的快速商业化造成的分配冲突可能导致标准形成数量的下降。在标准扩散过程中，竞争是协调基于市场的标准化行为主体的驱动力(Büthe & Mattli, 2010)。Lichtenthaler(2012)指出，相对稳定的产业技术环境会降低对标准的需求，而产业的竞争环境越动荡，组织越能在不确定的环境中实现自我更新和再生，将自身的资源和能力与外部环境进行匹配，实现组织利益最大化(Eisingerich et al., 2010)。从全球范围来看，在信息与通信技术、新能源汽车产业、移动通信产业、高铁等领域技术标准化活动非常活跃，其相关研究也较为热门。王博等人(2020)基于技术范式视角，采用专利计量方法研究了技术标准在汽车产业技术变革周期内从技术规范到标准体系的演变，认为技术标准在新能源汽车产业发展中具有连接与转化作用。

4.企业参与标准制定的动机

企业是标准制定的主体，尤其是技术标准。Boström(2006)、Partzsch(2007)及Hemmati(2002)等人对标准开发参与者的行为进行分析，认为参与者的开放性、参与性和包容性是标准开发合作中最突出的问题(Vallejo & Hauselmann, 2005; Bendell, 2000)。参与标准化活动需要投入大量时间和成本，企业之所以具有投入意愿，很可能是由战略动机驱动的(Shapiro & Varian, 1999; Kim, 2022)。Fransen(2007)认为，多利益相关方标准的制定不仅受到利益相关方的类型、数量、质量和性质的影响，而且受到其他相关方与企业相互作用程度的影响。

德国标准化专家Blind(2016)认为，企业参与标准制定最主要的动机有3个方面：其一是通过标准强制执行公司的特定技术，其二是根据自身利益确立未来标准的方向，其三是通过技术领先优势获得竞争优势。总体而言，这一观点体现了企业出于对技术轨迹发展的参与甚至控制，以及由此产生的市场利益而参与标准制定。企业参与标准制定的动机最被引起关注的是基于标准与知识产权融合的竞争战略，即标准必要专利问题。标准必要专利(SEP)作为战略资产影响企业的知识地位和议价能力(Bekkers et al., 2002)，将专利技术纳入标准是促进公司专有技术和增加其技术影响力的有效途径，因而成为企业参与标准化的重要目的。Bekkers等人(2002)研究了SSO成员的专利组合和联盟网络如何随着时间的推移而演变。标准与专利不仅对信息技术产业很重要，而且对包括在石化等在内的产业也很重要。标准制定的本质是一个合作和交流的网络(Gao, 2007)。企业在参与标准化活动是通过外部技术资源、市场力量和社会资本实现技术优势的机会(Leiponen, 2008)。

5.共被引文献分析

当两篇文献被同一篇文献进行了引用时，则称这两篇文献为共被引关系，表4-4列出了一些高共被引文献的情况。可以看出，标准形成领域的高共被引文献主要集中在两个领域：一是标准必要专利问题，二是移动通信技术领域的技术标准形成问题。

表4-4　高共被引文献表

序号	频率	作者	年份	标题	来源	卷册	页码
1	12	Lerner J	2015	Standard-Essential Patents	JPOLIT ECON	123	547
2	12	Simcoe T	2012	Standard Setting Committees: Consensus Governance for Shared Technology Platforms	AM ECON REV	102	305
3	11	Rysman M	2008	Patents and the Performance of Voluntary Standard-Setting Organizations	MANAGE SCI	54	1920
4	11	Farrell J	2007	Standard setting, patents, and hold-up	ANTITRUST LAW J	74	603
5	8	Baron J	2018	Mapping standards to patents using declarations of stan-dard-essential patents	J ECON MAN-AGE STRAT	27	504
6	8	Layne-Farrar A	2011	To join or not to join: Exam-ining patent pool participation and rent sharing rules	INT J IND OR-GAN	29	294
7	7	Leiponen AE	2008	Competing Through Coop-eration: The Organization of Standard Setting in Wireless Telecommunications	MANAGE SCI	54	1904
8	7	Llanes G	2014	EX-ANTE AGREEMENTS IN STANDARD SETTING AND PATENT POOL FORMATION	J ECON MAN-AGE STRAT	23	50
9	7	Chiao B	2007	The rules of standard-setting organizations: an empirical analysis	RAND J ECON	38	905
10	7	Delcamp H	2014	Innovating standards through informal consortia: The case of wireless telecommunica-tions	INT J IND OR-GAN	36	36

4.3　我国团体标准化研究综述

“团体标准”是我国标准机制发展过程中出现的市场型标准，对团体标准的研究也具有中国场景。为此，本书以团体标准化为核心梳理相关中文文献，以分析整体研究脉络、主题变迁及核心观点。

4.3.1 LDA主题模型分析

从实践层面看我国市场自主制定标准是协会标准、联盟标准的延续，从研究层面看属于自愿性标准领域。鉴于此，本书以中国知网(CNKI)的核心期刊为文献源、以2002—2022年为研究区间，检索主题为“团体标准”“自愿性标准”“协会标准”“联盟标准”；另外，补充了发表在我国标准化领域专业期刊《标准科学》与《中国标准化》的相关文献，筛除带有“召开”“解读”“审查会”“编制说明”“发布”“立项”“印发”“正式实施”“启动”“通过”“征求”“简介”等词汇的非学术文献，在剔除重复文献后共筛选出821篇相关文献，整体呈现上升趋势(见图4–4)。

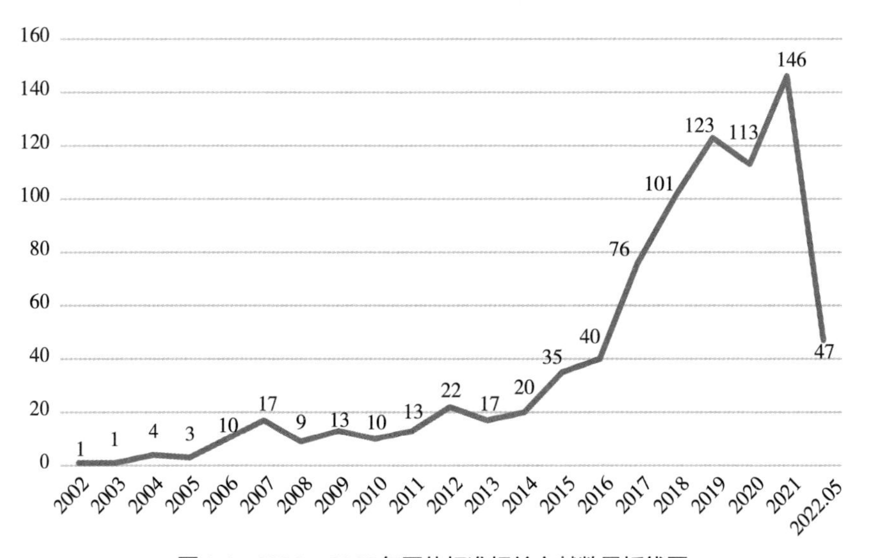

图4-4 2002—2022年团体标准相关文献数量折线图

LDA主题模型，是由Blei D.M.等于2003年提出的一种基于概率模型的主题模型算法，这是一种基于词袋模型的无监督机器学习的文本挖掘方法，也是一种生成联合概率分布的生成式概率主题模型。一般认为，LDA主题模型可以减少文献分析过程中的主观偏见，有利于发现潜在主题。LDAvis于2014年由Sievert C.等提出，以特征词和主题的关联程度选择表示主题的特征词，并且LDAvis可视化图可以帮助人们从整体的视角观察各个主题之间的关系。

本书选取标题、关键词、摘要信息作为LDA模型的语料来源。利用Python编程，结合中文专用停用词表去除数字、英文和无意义的高频词汇，如“建立”“完善”“加强”等词汇。在文本处理阶段，通过合并词义相近词，如将“学会”“协会”统一为“学协会”，将“学会标准”“团体标准”统一为“团体标准”，将“TC”“SC”“技术委员会”统一为“标技委”；与同义词转化，如将“团标”统一为“团体标准”，将“国标”统一为“国家标准”，将“地标”统一为“地方标准”等。

借助 Python工具中Sklearn包构建 LDA模型，并结合困惑度模型来确定模型的最优主题数。首先，将主题数区间设为[0, 20]，步长设为1，α、β设为默认值，选取困惑度最低的主题数作为最优主题数，主题数为5时困惑度最低，得到LDA五大主题及其词项分布结果(见表4–5)，并通过LDAvis工具得到LDA主题分布可视化结果(见图4–5)。

表4–5 “团体标准”研究LDA主题分布

主题1(22.3%)		主题2(21.2%)		主题3(20.4%)		主题4(18.4%)		主题5(17.7%)	
联盟	0.129	标准	0.159	团体标准	0.072	标准化	0.109	标准	0.043
技术标准	0.083	团体标准	0.043	标准化	0.054	标准	0.053	产业	0.041
企业	0.053	标准体系	0.036	中国	0.018	团体标准	0.046	创新	0.032
专利	0.031	评价	0.02	团体	0.014	国家标准	0.016	团体标准	0.032
战略	0.019	美国	0.014	社会团体	0.013	政府	0.015	中国	0.031
知识	0.018	质量	0.013	高质量发展	0.011	市场	0.014	标准化	0.028
产业	0.012	制度	0.013	标准	0.011	体系	0.011	学协会	0.015
组织	0.012	标准化	0.012	制造	0.01	政策	0.011	国际标准	0.014
团体标准	0.012	国家标准	0.012	委员会	0.01	组织	0.01	集群	0.012
标准	0.012	领域	0.011	协会	0.01	检测	0.007	国家标准	0.011
成员	0.009	市场	0.01	科技	0.009	服务	0.007	体系	0.009
经济	0.008	行业标准	0.01	学协会	0.009	改革	0.007	国际化	0.008
网络	0.007	改革	0.009	中药	0.008	监管	0.006	铁路	0.007
实验	0.007	专业	0.008	制造业	0.008	信用	0.006	铸造	0.006
伙伴	0.006	市场主体	0.008	农业	0.008	质量	0.006	修订	0.006
高技术	0.006	教育	0.007	中医药	0.008	领域	0.006	技术创新	0.006
标准化	0.005	平台	0.006	服务	0.008	团体	0.006	服务	0.005
质量	0.005	健康	0.006	国家标准	0.007	试点	0.005	品牌	0.005
共享	0.005	养老	0.006	组织	0.007	地方标准	0.004	委	0.005
形式	0.004	认证	0.006	领域	0.006	智能	0.004	工程	0.005

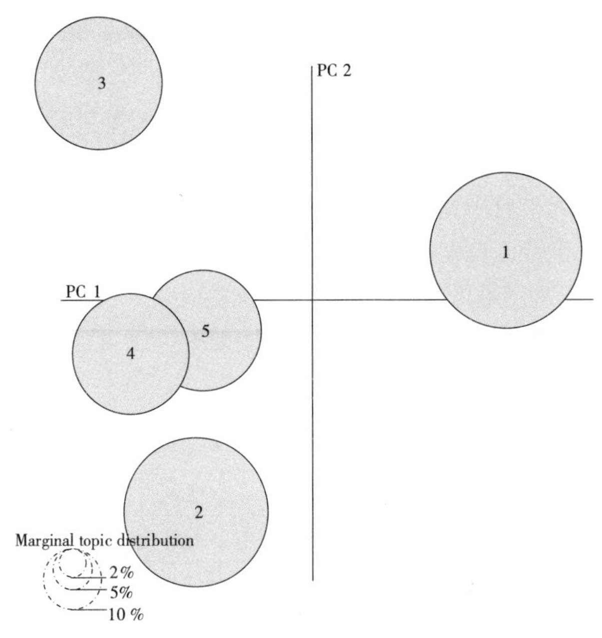

图4-5 LDAvis可视化主题图

本书获得了联盟标准、标准体系、标准组织、标准化活动和产业应用5个主题。

1.联盟标准

联盟标准的研究主要围绕技术标准联盟的技术标准化活动展开，这是一个独立的研究主题。技术标准联盟源于技术联盟、研发联盟(王道平，2015)、战略联盟(周青，2021)，是产业集群尤其是高技术产业发展的结果，是“技术+标准+战略”发展路径的产物，研究成果最为丰富。这一主题下的研究问题包括：①技术标准的生命周期问题，多数研究认为技术标准的发展过程具有生命周期特征，包括研发阶段、产业化阶段、市场化阶段。②标准与专利问题，尽管专利属于私权，而标准具有公共物品属性，两者之间具有相互排斥性，但更多的研究支持专利与标准之间的互相促进作用(张米尔，2013；刘珊，2016)，因而很多企业从战略高度看待这个问题。产业技术标准联盟的专利协同进程及水平是提升标准竞争力的重要因素，往往通过“专利池”来实现(王珊珊，2015；刘珊，2016)。③技术标准联盟影响因素及绩效问题，内部的影响因素包括竞争战略、成员间的伙伴关系、网络结构(李冬梅，2017)、知识产权管理、知识整合能力(姜红，2019；文金艳，2020)等，外部影响因素包括政府支持等(李薇、李天赋，2013；谭劲松、林润辉，2006)。④技术标准联盟发展存在的问题，包括基于全球视野的协商一致机制、知识产权管理机制、联盟成员选择机制等技术标准联盟的治理问题(陈菲琼、范良聪，2007；王珊珊，2015)，针对我国技术标准联盟发展过程中存在的市场失灵、政府介入问题(李薇、李天赋，2013)等。⑤企业参与技术标准联盟的动因问题，如形成“专利池”(曾德明、王媛、徐露允，2019)，获得技术话语权、确立主导地位(周青、吴童祯、杨伟等，2021)等。

2.标准体系

我国团体标准的形成与发展是我国标准机制改革、标准体系优化的结果。这一主题的研究在2015年《深化标准化改革方案》及2017年新《标准化法》发布前后较为集中。我国的标准体系根植于苏联的模式，不同层级的标准之间具有等级差异和效力差异(柳经纬，2021)，而团体标准的正式产生，无疑是我国标准化体系的大变革，开始与国际惯例接轨。从如何推动我国团体标准健康发展的角度，围绕发达国家，尤其是美国、德国、英国等国家的自愿性标准体系的研究较多(刘三江，2015)。另外，关于团体标准与国家标准、行业标准、地方标准之间的关系团体标准与市场及创新之间的关系、团体标准与专利(张勇，2019)、团体标准发展存在的问题(周立军等，2023)、团体标准网络特征(邵吕深、周立军等，2020)、团体标准扩散策略(方放，2022)等也得到较多关注。

3.标准组织

团体标准是中国标准化发展过程中形成的专有术语，其与国外的自愿性标准在发展定位、功能作用上相近，但在管理机制、发展模式上也有显著差异，团体标准的研究离不开中国场景。团体标准组织是指承担团体标准制定工作且具有法人资格和相应的专业技术能力、组织管理能力和标准化工作能力的社会团体，是团体标准的重要主体。作为一个落实各方行动主体合作制定并扩散标准的第三方平台(田博文、田志龙，2016)，它通过整合组织自身、标准参与主体和政府等相关方提供的资源，在标准开发过程中协调参与者的行动并提供一系列标准相关的产品和服务，达到制定高质量标准和扩大本组织标准影响力的目的。在新《标准化法》颁布之前，我国学者就我国团体标准的参与主体等问题已展开了讨论，如康俊生和晏绍庆(2015)认为，在专业领域内具有影响力且具备相应标准化能力的产业联盟、协会、学会等组织是团体标准的制定和发布者，并在一定程度上接受标准化及其他行业主管部门、地方政府或行业协会的支持。王平和梁正(2016)指出，进行标准化工作的社会团体具有民间性、组织性、无利益分配、自治性和志愿性的特征。标准是标准组织的产品，标准组织的标准化工作围绕标准开发的全过程展开。2017年之后，相关研究更为丰富，如团体标准的公共治理模式(方放等，2017)、标准组织内部治理及能力评价问题(邵吕深、周立军等，2021)等。

4.标准化活动

标准化活动是多主体参与的结果，是包含标准研制、标准扩散等过程的全生命周期管理的结果。国际化渠道不畅是团体标准研制主体的共性阻碍，应吸纳国际组织参与编制热点产业与涉及核心技术的团体标准，建立标准研制主体国际化、多元化机制。我国团体标准目前仍处于发展初期，团体标准发展政策不可或缺，虞舒文和周立军(2021)通过PMC指数分析了我国2015年以来团体标准化政策的效力；方放围绕团体标准治理进行了系列研究，认为团体标准的监督管理包括多个责任主体，且形成了共生关系(方放，2021)，在开展标准监督管理活动时各个责任主体应尽可能做到部门间与机构间的监管信息开放共享，以提高信息使用效率，减少信息收集成本(方放，2017)，探讨了团体标准的“元治理”机制(方放，2018)。

5.产业应用

从国外的协会标准发展看，自愿性标准是产业发展的需要，我国团体标准也不例外。团体标准应定位于创新发展和市场发展的需要，这是新《标准化法》基于的团体标准发展要求，也是理论研究的依据。团体标准支撑产业发展得到研究关注，在部分领域，如铁路(龙艺璇，2022)、新冠疫情下的社会治理领域的团体标准不仅很好地体现了这一定位，而且快速实现了国际化，团体标准的价值逐步体现出来。一些典型领域的应用被案例研究重视，如ICT产业的长风联盟团体标准(方放，2021)、“浙江制造”标准(祝鑫梅，2018；金陈飞，2021)等。

4.3.2 研究热度分析

以团体标准发展过程中代表性事件为关键节点，将我国团体标准化相关文献划分为2002—2010年、2011—2015年、2016—2018年、2019—2022年4个阶段。其中，2010年是国家“十一五”规划、步入“十二五”征程的交接点，2015年不仅是“十三五”发展新起点，而且国务院颁发《深化标准化工作改革方案》引发了我国标准化体制的重大改革；2018年新《标准化法》施行，“团体标准”正式成为我国标准体系的重要类型，担负着我国市场自主制定标准与国际接轨、激活市场创新活力等责任，具有里程碑意义。

结合上述阶段划分及联盟标准、标准体系、标准组织、标准化活动、产业应用5个研究主题进行初步分析后，选取各主题中的核心关键词汇绘制热力图(见图4-6)。该热力图能够直观展示关键词在各年度的变化趋势，其中

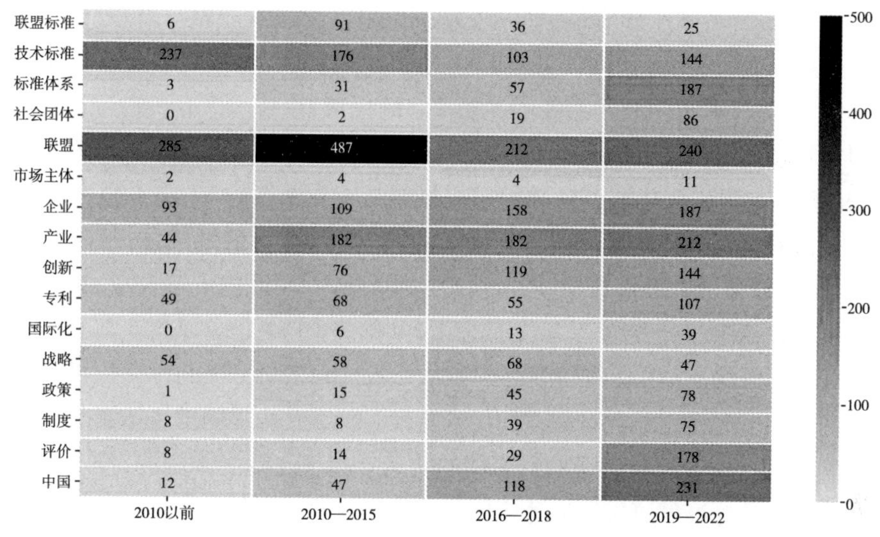

图4-6 “团体标准”研究中重要关键词的各阶段热力分布图

颜色越深代表关键词词频越大，相关词汇在该阶段出现频率高、研究丰富。

从关键词的热度变化可以看出我国学者在该领域研究关注焦点的变化，主要特征包括：第一，“联盟”始终是热度最高的研究主题，尤其在2010—2015年，词频高达487次。在这一时期，我国学者尤其是一些研究技术创新的学者，受国外关于技术标准联盟相关研究的影响，开始在产业联盟发展的相关研究中关注技术标准问题，一方面跟踪国外研究，另一方面对中国企业实践开展研究。“联盟”这一主题在2016—2018年有所减弱，近年来又有所回升，这与全球新一轮技术竞争中对技术标准的关注再次上升有关，如5G技术、新能源汽车技术、区块链、人工智能技术等。第二，我国学者对市场型标准的关注是从技术标准开始的，“技术标准”在2010年之前的热度仅次于“联盟”，远远高于其他关键词的词频并一直保持相对较高的水平。技术标准既是标准的主要类型，又是标准化研究的主要对象。尽管从热力图上看“技术标准”的热度并没有持续增加，但“创新”和“专利”呈现明显的增长趋势，技术标准与创新、标准必要专利之间的关系是近20年来中外学者研究的重点领域。标准的应用领域非常广泛，已有研究多基于某一产业展开，因而“产业”的词频越来越高，在2019—2022年已排名第三位。第三，围绕参与主体的研究越来越多，市场主体、社会团体、企业、政策、制度等关键词的词频不断增长，尤其是对企业的关注越来越高，到2019—2022年这一阶段词频已达187次。第四，团体标准是中国标准化实践中形成的专有概念，由热力图可以看出，2015年以后“中国”词频迅速增加，到第四阶段已位列第二，关于中国实践、中国政策、中国案例的研究不断丰富。

从已有研究看，国内外关于标准的形成机制研究均侧重于技术标准的形成，并基于标准与技术创新的互动关系的视角，以技术标准联盟为对象的研究较多。国外关于市场自主制定的标准发展历史较长，经验丰富，效果显著，但新工业革命背景下标准的形成机制是个新课题，尚未有系统性的研究。而我国长期以来以政府主导制定的标准是标准体系的主体，尽管在协会标准、联盟标准方面有了一些探索性的尝试，但实践仍不够丰富，相关研究也多以案例剖析、呼吁其重要性为主，基础理论研究非常匮乏。新工业革命带来的智能化、生态化、互联化、定制化发展趋势对标准的市场化提出怎样的要求？利益相关方对标准的需求特性是什么？标准制定主体参与标准制定和标准的动机是怎样的？怎样的政策有利于发挥主体作用、推动市场自主制定的标准健康发展以适应国家治理的需要？这些问题是厘清我国标准市场化形成机制的关键问题，也是亟待系统研究的重要问题。

第5章

标准形成问题理论框架

5.1 标准的内涵、属性及特征

5.1.1 标准的内涵

自工业革命以来，标准与标准化成为推动经济社会发展的重要力量(周立军、郑素丽，2019)。美国工程师约翰·盖拉德在其著作《工业标准化：原理与应用》中阐述了标准化的定义、原理，这是最早的关于标准化的学术探讨。后来美国、德国、印度、英国等国的学者陆续对标准化进行了研究，逐步形成了横跨技术与工程、管理、工业工程、制造工程、心理学、行为学、社会学、经济学、法学、政治学等多种学科的学科体系。20世纪20年代以来，各国家纷纷建立国家标准化组织，推动了标准化实践的快速发展；1947年后，ISO进一步在约翰·盖拉德对标准及标准化的定义基础上推动了标准和标准化定义的全球共识，提出“标准化是为了所有有关方面的利益，特别是为了促进最佳的全面经济效果，并适当考虑产品使用条件与安全要求，在所有有关方面的协作下，进行有秩序的特定活动所制定并实施各项规则的过程”，这一定义中所揭示的标准化本质内涵被广泛采用。

ISO和IEC联合发布的ISO/IEC 指南中对标准的定义是：“为了在一定的范围内获得最佳秩序，经协商一致制定并由公认机构批准，共同使用和重复使用的一种规范性文件。”这为各种与标准有关的实践活动和理论研究提供了权威的认知和判定基础。20世纪90年代以来，学者们对标准的定义多从技术标准的角度进行界定，表5-1归纳了一些典型的观点。

表5-1 标准的典型定义

学者及提出时间	定义
David & Greenstein, 1990	技术标准可以定义为通信或执行操作的方式的一致认可的规范
Utterback, 1994	主导设计是指产品类别中获得普遍认可的产品，作为其他市场参与者若想获得显著的市场份额必须遵循的技术特征标准
Hawkins, 1995	技术标准提供了商定的外部参考点，可以将当前或未来技术的物理和性能特征进行比较
Spivak & Brenner, 2001	标准定义了双方(买方—用户、制造商—用户、政府—行业或政府管理等)之间的一套统一的措施、协议、条件或规范
Nadvi & Waltring, 2004	标准是“可以评估产品或服务的性能、其技术和物理特性，以及/或其生产或交付的工艺和条件的外部参考点”

续表

学者及提出时间	定义
Jain, Brunsson et al., 2012	技术标准是用来规范产品或技术必须具备的特征，以便与其他组件相互兼容，顺利地集成到更大的技术系统中去
Srinivasan, 2016	标准是由于几个组件之间的相互依赖而导致的产品技术规格的必然要求，标准主要在工业规范中实施
Ram Ranganathan, Anindya Ghosh, and Lori Rosenkopf, 2018	"标准"是定义组成系统的不同互补技术之间交互规则的技术规范

我国基于国际上关于标准化内涵的共识，根据自身标准化工作的发展，在《标准化工作指南第1部分：标准化和相关活动的通用术语》(GB/T 20000.1—2014)中对标准及标准化进行了定义："标准"是"通过标准化活动，按照规定的程序经协商一致制定，为各种活动或其结果提供规则、指南或特性，是共同使用和重复使用的一种文件"；"标准化"是"为在一定的范围内获得最佳秩序，对实际的或潜在的问题制定共同的和重复使用的规则的活动"。从本质上看，我国对标准及标准化的定义与ISO的定义极为相近，均强调了"协商一致""共同使用""重复使用""规则""最佳秩序"等关键词。

但无论在研究层面还是在实践层面，对标准的理解均比较多元化，或过于狭隘，认为标准就是技术标准或产品标准；或过于宽泛，认为标准可涵盖所有的规则和制度。随着经济全球化的深入发展，标准化活动已发生了巨大变化：第一，标准化活动不仅是工程师驱动的产品规格协商一致，而且已成为全球利益相关方参与形成的制度要素，并上升到战略高度，受到发达国家及重要国际组织的高度重视；第二，标准的应用范围已从工业拓展到农业、服务业、社会管理、公共服务、政务管理等社会经济活动的各个领域，并成为参与全球治理的重要工具；第三，标准化活动不仅是一个国家内部的活动，而且已成为跨越国界、跨越区域的活动，并深度参与到全球价值链重构中的重要因素；第四，标准化活动影响社会进步的方式，不仅体现于技术层面，而且已随着参与主体、应用领域、形成过程、扩散方式的变化，扩展到管理模式、主体行为、价值理念等更深的层次。

5.1.2 标准的属性

本书提出，标准的属性包括技术属性、治理属性和准公共品属性，这些性质使得标准在技术活动、贸易活动、社会治理活动乃至理念意识方面均发挥越来越重要的作用。

1.技术属性

标准的本质是技术性制度工具，是通用的技术语言。标准的技术属性要求标准的内容是科学的。任何一个标准，无论是技术标准还是管理标准，无论来自最佳实践还是来自研究成果，其内容、条款都需要有科学支撑，科学性是标准的首要要求。标准的技术属性要求标准的形成过程是"研制"过程，而并非"进行编写"的过程。标准的形成过程在很长一段时间重视标准的编写胜于研发，实际上需要从标准的技术性制度工具的本质出发，不仅要用格式规范、语言符合标准的表达惯例，而且要从相关方需求出发，充分考虑条款的逻辑性、系统性、合理性。标准也影响着技术发展的未来，尤其是在市场需求显著、互操作性要求高的领域(Rudi Bekkers et al., 2020)，如ICT、视频技术、智能化等领域，标准的技术属性要求标准与创新形成互动，在技术融合趋势下通过标准解决兼容性、接口等问题(Ulrich Lichtenthaler, 2012)。标准是创新成果的固化，同时在标准的实施过程中对创新成果进行验证、发现改进的新方向，标准与创新之间的耦合协调发展(杨静等, 2021)是充分发挥标准作用的重要方面。

2.治理属性

任何一个标准，无论是技术标准还是管理标准，其制定、扩散和应用均包含管理的目标，如降低成本、提高效率、确保质量、技术推广等，标准本身是一种管理工具，甚至是治理工具，因此从标准发挥作用的方式上看，其具有治理属性。标准化理论与实践家魏尔曼在其著作《标准化是一门新学科》中指出，"最好不要把标准化视作与物理、化学之类的自然科学相提并论的一门科学，可将其视作与社会学、政治学之类的社会科学相仿的一种科学，并涉及心理学与经营管理等方面的内容"。可见，研究标准化的管理科学基础具有更为普适的意义和实践指导价值。不少学者认为，标准基于规则的特征而成为监管个人行为、组织行为及实现社会秩序的重要工具(Kerwer, 2005; Seidl, 2007)，标准进而成为当代社会的重要治理机制(Nils Brunsson, Andreas Rasche, and David Seidl, 2012)，在碳排放(Kolk, Levy, and Pinkse, 2008)、人力和劳动权利(Clapham, 2006)、反贿赂等方面已经发挥了不可替代的重要作用。"标准是同战略、规划、政策同等重要的国家治理手段"(国家标准化管理委员会，2017)已达成共识。

3.准公共物品属性

公共物品具有非竞争性和非排他性两个重要特征。标准是可重复使用的，其作用呈现了公共利益(李保红, 2005)，在发布之后增加对标准消费的边际成本为零(安佰生, 2004)，也就是说标准消费具有非竞争性。另外，标准制定的目的就是被广泛采用，公开的标准无法阻滞非付费的相关方获取和实施，标准消费具有非排他性。因而，标准是一种节约交易成本的制度安排(David, 1990)，是促进市场功能的公共产品，也是由个人或企业一致实施的、代表一定质量和可信度的市场公共产品(Casella, 2001)。正是标准的公共物品特性，使得某些相关方在参与标准制定的过程中存在“搭便车”行为。但相对于纯公共物品而言，标准的制定者获得的私利极小。然而，标准的网络外部性、信息不对称、企业的战略性安排等因素使得市场机制下并不能总是有效保障优质标准胜出，次优技术的锁定问题并不少见，也就是说存在标准的市场失灵(安佰生，2004；李宝红，2005；张三保，2008)，如技术标准必要专利、管理标准的认证等均使得标准具有了消费的排他性，因而标准并非纯粹的公共物品。有制度经济学家认为，排他性是一种社会选择或制度安排，因而通过政府干预而形成市场机制的补充，激励标准的有效形成。

5.1.3 标准的特征

尽管标准类型多、内容复杂、应用场景多样，实践层面、研究层面对标准的定义也存在差异，但任何标准从其本质上看，主要具有两方面的特征：协商一致和多主体参与。

1.协商一致

标准最重要的特征是协商一致(Schmidt & Werle, 1998; Farrell & Saloner, 1988; de Vries, 1999)。Murphy & Yates (2009) 对ISO中的协商一致过程及专家在其中的作用等进行了深入讨论。标准是概念、技术及产品特性的技术性表达手段(Sanders, 1972)。Blind & Mangelsdorf (2016) 以德国的电子工程和机械行业中利益相关方的标准化动机为研究目标进行实证，结果显示利益相关方在标准战略联盟中对工业友好型设计的规制有着强烈兴趣。协商一致过程是基于相关方利益的考虑而实现的。

2.多主体参与

标准尤其是技术标准是标准组织、市场和政府活动组合的结果(Baron, 2018)。Maze在对欧盟标准的研究中指出，零售商、政府间组织、全国农民或专业组织、官方标准、政府监管、公共监管等均为标准的利益相关方(Maze, 2017)。即使是发达国家，基本上也是以企业(私营部门)为主体、协会(第三部门)为核心、政府参与监督的标准化体制，并较好地满足了市场的需要(廖丽、程虹等，2015；刘辉，2014；王平，2015；王忠敏，2017)。

5.2 标准的类别及作用空间

5.2.1 标准的类别

标准的分类有多种维度，如级别、内容、对象、法律约束性等。从标准的对象视角，标准可以分为技术标准、管理标准和工作标准；从约束强度的视角，标准可以分为强制性标准和推荐性标准；根据标准形成的机制，标准可以分为正式标准和事实标准；根据标准的适用范围或者级别，标准可以分为国际标准、区域标准、国家标准等。

1.国外标准分类

国外学者对标准的研究主要聚焦于自愿性标准，根据标准的形成来源将标准分为3种类型：由政府主导制定的标准、由跨国大企业形成的事实标准和由标准组织开发的标准(Wiegmann，2017；Funk，2001)。其中，由政府主导制定的标准是通过政府相关部门组织协调展开标准化工作，政府可以干预标准的开发或强制使用某个现行标准，制定标准和执行标准的政府机构是主要的参与者(Farina，2005)。由跨国大企业形成的事实标准一般由大型企业制定，在市场上的不同标准方案间通过竞争、协调，进而在标准的传播过程中，在市场主体的选择下形成事实上的标准(den Uijl，2015；Schilling，2002)。由标准组织开发的标准是指在标准化组织(如ISO、ASTM)、联盟、专业协会(如IEEE)、贸易协会或促进会等社会团体的标准技术委员会中形成的标准(Tamm，2010；Leiponen，2008)。

国外认可的由标准组织开发的自愿性标准与我国团体标准组织制定的团体标准具有相似性：均由标准组织根据严格的、公认的标准开发流程进行标准制定工作；均由利益相关者在标准组织提供的平台上，通过合作的方式决定标准的内容，并达成协商一致，最终以文件的形式输出标准。

2.我国标准分类

2018年1月我国施行的新《标准化法》明确将我国现行标准体系分为国家标准、行业标准、地方标准、团体标准和企业标准。其中，国家标准分为强制性国家标准和推荐性国家标准。强制性国家标准是指由国务院有关行政主管部门依据职责负责项目提出、组织起草、征求意见和技术审查的标准。推荐性国家标准是指由国务院标准化行政主管部门负责制定，与强制性国家标准配套，且对各有关行业起引领作用等需要的技术要求进行规定的标准。行业标准是指在没有推荐性国家标准可以使用时，用以统一全国某个行业范围内技术要求的标准。地方标准则是指满足地方特殊技术要求的标准。行业标准和地方标准均属于推荐性标准。

在我国目前的标准体系中，国家标准、行业标准和地方标准由政府主导制定，而团体标准和企业标准则是由市场自主制定。团体标准法律地位的确立，推动我国标准化机制由一元机制向二元机制转变。

5.2.2 标准的作用空间

标准的类别划分具有多维度属性，从不同角度获得的结果不同。魏尔曼、桑德斯、松浦四郎在20世纪70年代就提出了标准的作用空间概念，认为标准化的作用从标准化主题、标准化内容和标准化级别3个维度来体现(Sanders，1972)，当涉及多个国家的标准时，第四个维度，即标准的多样性(Verman，1973)将变得重要。尽管随着时代的变迁，标准的应用场景越来越广泛，但本书认为，从上述3个维度进行标准作用空间的刻画仍是有意义的，需要改进的是“标准化主题”用“标准化领域”来刻画更为符合现实，并且对领域的划分也需要更符合实际，由此给出标准的作用空间改进模型(见图5–1)。

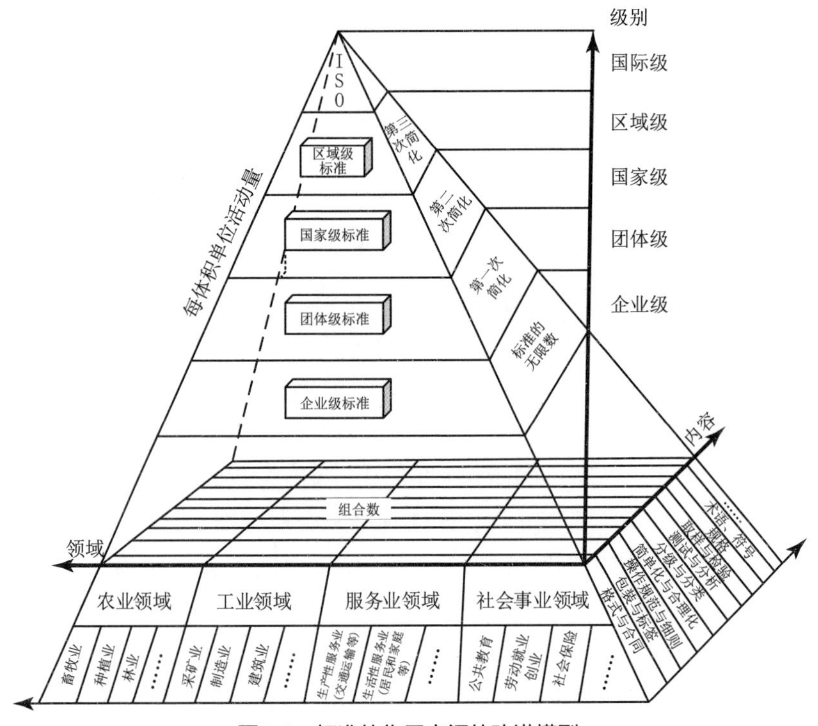

图5-1 标准的作用空间的改进模型

5.3　市场自主制定标准的形成过程

5.3.1　市场自主制定标准的特征

从标准供给视角，我国的标准主导制定可以分为由政府主导和由市场自主制定的标准。政府主导制定的标准包括国家标准、行业标准和地方标准，市场自主制定的标准包括团体标准和企业标准，但是鉴于企业标准具有“私标准”的属性，我国市场自主制定标准主要就是团体标准。

团体标准是我国市场自主标准的核心，其产生与发展一方面要借鉴国际模式，另一方面由于我国与发达国家在经济发展阶段、政治体制、社会治理机制、市场成熟度等方面的差异，也必然会具有中国特色。根据《标准化法》《团体标准管理规定》《国家标准化发展纲要》，团体标准是“依法成立的社会团体为满足市场和创新需要，协调相关市场主体共同制定的标准”，具有以下特征。

(1) 自愿性。团体标准是自愿性标准。可由本团体成员约定采用或者按照本团体的规定供社会自愿采用。

(2) 开放性。IEEE、ETSI和ANSI均定义了开放性。开放性指的是：第一，由非营利性组织采用和维护，其持续的发展发生在对所有相关方都可获得的公开决策程序的基础上；第二，标准已经发布，标准规范文件可以免费或名义收费；第三，知识产权在免版税的基础上不可撤销；第四，对该标准的使用没有任何限制(Krechmer，2006)。

(3) 市场性。制定团体标准应当以满足市场需要为目标。制定团体标准应当遵循开放、透明、公平的原则，吸纳生产者、经营者、使用者、消费者、教育科研机构、检测及认证机构、政府部门等相关方代表参与，充分反映各方的共同需求。支持消费者和中小企业代表参与团体标准制定。

(4) 先进性。制定团体标准应当以满足创新需要为目标，聚焦新技术、新产业、新业态和新模式，填补标准空白。推广科学技术成果，增强产品的安全性、通用性、可替换性，提高经济效益、社会效益、生态效益，做到技术上先进、经济上合理。制定团体标准应当在科学技术研究成果和社会实践经验总结的基础上，深入调查分析，进行实验、论证，做到科学有效、技术指标先进，体现技术创新和产业化，形成标准与创新的良性互动。

5.3.2 市场自主制定标准的形成过程

标准的发展过程可分为开发、实施、推广等阶段，在不同阶段标准制定主体不断与外部进行信息和物质的交换，标准在上述过程中会被不断循环、完善和优化；标准的形成及扩散也会因内外部环境的改变而变化。同时，某个具体标准可能会因技术迭代、方法更新而不再满足需求，因此被废止，生命周期全过程结束。但在大多数情况下，标准在修订完善中实现生命周期的延续。

由于标准本身符合“生命”的特征，因此生命周期理论同样被运用在以标准为对象的研究问题中。标准生命周期模型最早由Isoller等人提出，包括4个阶段：标准的定义、标准的执行、标准的许可、标准的安装和使用；Ollner(1988)围绕标准开发提出的标准生命周期模型包括3个主要阶段：前标准化、标准化和后标准化；Bonino & Spring(1991)提出了标准化的3个阶段，分别是参考阶段、设计阶段和实施阶段，并指出每个阶段的问题和行动不同，需要不同的人共同参与(Bonino M.J., 1991)；Mansell & Hawkins(1992)提出了计划、协商和实现阶段(Jakobs K., 1999)；Cargill(1995)和Burrows(1999)提出包括初始需求、标准开发、产品开发、测试及用户反馈五阶段标准生命周期模型，也是被引用最多的标准生命周期模型。Eva Soderström(2004)进行了更细化的研究，他提出标准生命周期模型应包括准备、标准开发、产品开发、执行、使用、反馈等阶段。Reimers(2005)提出了协商和扩散两阶段(Reimers K., 2005)；Markus(2006)在研究垂直信息系统(VIS)标准化时，将标准化过程分为开发和扩散两个过程(Markus M.L., 2006)。Klein(2011)在Markus的基础上，将标准化过程分为启动阶段、标准开发阶段和扩散阶段(Klein S., 2011)。

国内学者的观点基本上与国外学者一致，将标准生命周期的概念用以分析标准不同阶段的知识创新、知识传播、竞争力影响因素和标准化战略等问题(胡培战，2006；严清清、胡建绩，2007；杜玫玫，2010；姜红等，2018)。多数学者认为标准化过程可划分为3个阶段，标准形成、实现和扩散阶段(李保红，2005；张研，2010；李庆满，2019)；或者技术选择、技术标准制定和技术标准推广(曾德明，2005)，或者标准形成、标准产业化和标准市场化(王珊珊，2012)，或者开发、实施和推广(李帅，2011；姜红，2018)。舒辉(2014)和刘芸(2015)从专利与标准的结合出发，将标准生命周期划分为萌芽期、成长期、成熟期和衰退期4个阶段。

ISO与IEC共同于2021年5月更新了《ISO/IEC指令第一部分技术工作程序》，在该文件中明确指出国际标准的开发过程包括从初步阶段到出版阶段的七大过程(见图5-2)。其中，初步阶段和提案阶段属于标准研制活动，通

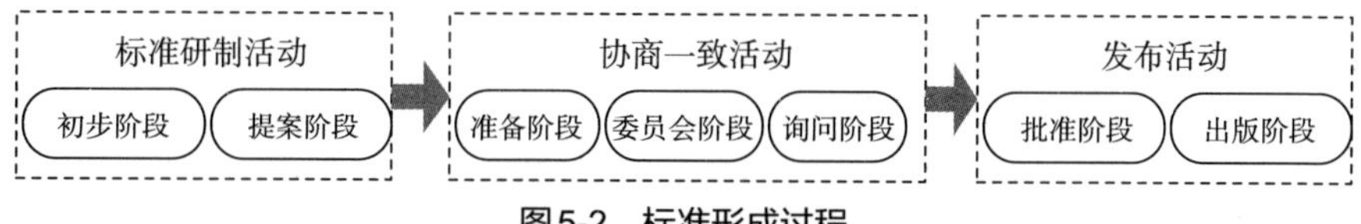

图5-2　标准形成过程

过提案提出者、委员会专家、国家团体代表等共同讨论，进行可行性分析，从而明确一项技术是否可以成为标准化的对象。标准是讨论或协商的产物，技术标准协商过程是在技术标准形成需求下，各相关方以利益为纽带对所需解决的技术标准问题进行界定，并在委员会制度下进行协商，就最终的解决方案，各相关方达成一致(Egyedi T.M.，2012；毕勋磊，2013)。准备阶段、委员会阶段和询问阶段是相关方基于不同的动机和利益聚集一起，依赖各自拥有的经济资源和技术知识进行合作和协商，围绕标准草案的具体条款不断讨论、征询意见和达成协商一致的过程。批准阶段和出版阶段是标准文本最终确立并公开发布的过程，形成阶段的输出是公开发布的标准文本。

5.4　市场自主制定标准形成问题理论框架

根据市场自主制定标准的特征及形成过程，本书认为市场自主制定标准的形成过程实际上已经构建起了一个生态系统(见图5–3)，在这个框架下应回答以下问题。

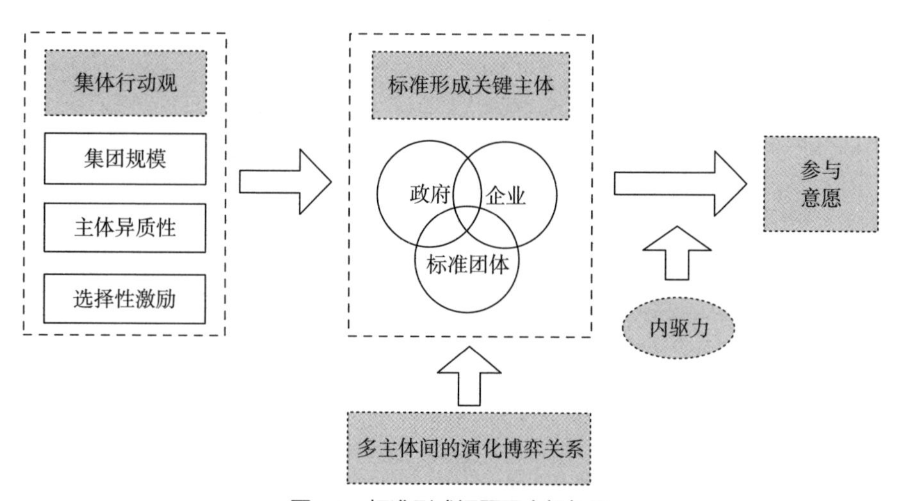

图5-3　标准形成问题研究框架图

(1) 市场自主制定标准的关键相关方，企业、标准组织及政府之间是什么关系？该问题将是第6章的核心内容。

(2) 企业作为核心主体，其实质性参与标准制定的意愿受到哪些因素的影响？这些因素之间是什么关系？该问题将是第7章、第8章的核心内容。

(3) 如何通过政策引导以提升各类主体参与市场自主制定标准的意愿？该问题将是第8章的核心内容。

第6章

博弈论视角下的市场自主制定标准的形成机制

6.1 演化博弈概述

6.1.1 经典博弈论

经典博弈论(Game Theory)最初是一个数学学科理论，是对于通过数学规划方法来寻找参与者在博弈过程中选择策略最优解的过程的描述，即分析在同一系统中的不同参与人在有利益冲突的情况下如何选择合适的策略来达到自身利益最大化。博弈论源于1928年数学家约翰·冯·诺依曼(John von Neumann)对双人零和博弈问题的研究。1950年，梅里尔·弗拉德(Merrill Flood)和梅尔文·德雷希尔(Melvin Dresher)提出了“囚徒困境”问题。约翰·纳什(John Nash)于1950年提出了著名的“纳什均衡”，并于1994年与约翰·海萨尼(John Harsanyi)和莱茵哈德·泽尔腾(Reinhard Selten)一起因在非合作博弈方面的研究而获得诺贝尔经济学奖。随后，有关博弈论的方法改进和应用研究不断丰富，现在已成为一种经典研究范式和研究方法，广泛地应用于政治学、经济学、社会学、信息安全等学科领域。

博弈分析目的是使用博弈规则决定均衡(张维迎，2012)，基本概念包括参与者、行动、结果、均衡等。参与者是决策主体，通常称为参与人或局中人，目的是通过合理选择自己的行为，以期获取最大化的收益；行动是参与者的决策变量，是指博弈的参与者在某个决策时点选择的行动方案；结果是指博弈分析者感兴趣的要素的集合；均衡是所有参与者的最优战略或行动的组合。

6.1.2 演化博弈论

经典博弈论假定参与者是完全理性的，具备判别、分析推理和对策略的准确执行能力，对于对手的策略集合及使用每个策略的概率都完全了解，而现实中的参与者并非完全理性的，传统博弈论以行为主体的“完全理性”为出发点，使得其对于经济和社会现象的解释不强，研究成果的现实意义受到限制(宋彪等，2018)，因此在假设、方法及实证方面均存在缺陷。

约翰·M.史密斯(John M.Smith)和G.R.普赖斯(G.R.Price)在1973年弥补了传统博弈论假设参与人完全理性和完全信息等缺陷，提出了演化博弈论(Evolutionary Game Theory)。一般的演化博弈模型应包含3个基本标准

(Friedman D., 1998)：高收益策略长期必将代替低收益策略、博弈过程中存在惯性及单一博弈方的策略不能系统性地影响其他博弈方的行动。演化博弈以参与者群体作为研究对象，分析群体决策的动态的演化过程，解释群体为何达到及如何达到这一状态。在实际的博弈过程中，“有限理性”参与者通常在一次博弈中无法选择出最优的策略，而需要进行多次博弈，在博弈过程中不断学习和适应，调整和改进自身的策略，即博弈的均衡结果并非一次选择的结果，而是不断调整的过程。由于博弈参与者的策略相关影响，博弈的均衡结果会发生改变，其均衡结果可能是稳定的，也可能是不稳定的，演化博弈的均衡是现实中真正实现的均衡，而不一定是帕累托最优的均衡。

通常演化博弈论的基本概念主要包括以下内容。

(1) 有限理性。约翰·M.史密斯和G.R.普赖斯在研究群体的博弈行为时最早是以有限理性假设为基础的。完全理性意味着各博弈参与者都具有超强的推理能力，能够对未来进行精准预测，有限理性意味着参与博弈的群体是具有局限性的，显然这更符合现实情况。在有限理性条件下，博弈参与群体在进行各自的策略选择时，没有办法通过一次选择就找到最优策略，而是需要各方博弈主体通过不断的学习，进行多次博弈而找到最优策略。

(2) 演化稳定策略(Evolutionarily Stable Strategy, ESS)。约翰·M.史密斯和G.R.普赖斯在1973年进行研究时将生物进化理论与博弈论进行了结合，首次提出了演化博弈论中演化稳定策略。ESS指的是演化系统处于“锁定”状态，此时系统自身能够抵抗一些外部的冲击，除非有非常强烈的外部冲击，不然系统会一直保持演化的稳定状态，而不会发生偏离。演化稳定策略是绝大多数参与方共同选择的一个策略，选择非稳定策略的个体会逐渐消失。对于这个概念的解释，可以看出演化稳定策略是一个静态的概念，但通过引入突变者及侵入边界使之能够更好地描述系统的局部动态性质。

(3) 复制者动态(Replicator Dynamics, RD)。D.泰勒(D.Taylor) 和L.琼克(L.Jonker) 在20世纪80年代研究生态演化过程时首次对复制者动态的概念进行了阐释，并且对群体行为的变化趋势进行了解释和预测，这是演化博弈论的又一次突破性发展。演化稳定策略与复制者动态一起构成了演化博弈的两个最核心的基本概念。RD 表示向稳定状态动态收敛的过程，ESS 表示演化博弈的稳定状态。一般来说，演化包括选择机制和突变机制。选择机制是指在一次博弈中使自身能够获得较高收益的策略，在下一轮博弈中会有更大的概率被更多的参与者选择；突变机制则是指参与者选择策略的方式是随机的，其选择突变策略获得的收益是不确定的，一般很少发生。新的突变必须经过选择，并且只有获得的收益较高的策略才能生存。复制者动态实际上是描述某一特定策略在一个种群中被采用的频数或频度的动态微分方程，其基本思想是当某一种特定的策略在群体中的适应度高于群体的平均适应度时，往往这种策略就会在群体中发展，即这种策略的增加率会大于零，体现了适者生存的道理。

本书通过模型基本假设、模型构建、演化均衡分析、数值仿真分析等过程进行标准形成过程中的多主体演化博弈分析。

(1) 模型基本假设。在不影响结论的情况下，结合技术标准化的实际情况，对参与群体做出基本假设，如有限理性假设，群体博弈策略假设，群体的收益、成本、损失假设等。

(2) 模型构建。基于模型的基本假设，构建演化博弈模型，对不同情境下参与群体之间的要素博弈进行分析。演化博弈的研究是以演化博弈的支付矩阵为基础展开的，支付矩阵是指从支付表中抽象出来由损益值组成的矩阵，是各参与群体的利润组合。支付矩阵中的各个参数可以理解为能够刺激参与者采取某种策略或改变原有策略的诱因，参数的变化可以使群体策略发生改变。

(3) 演化均衡分析。首先根据复制动态方程求出局部稳定解，然后根据演化稳定策略的均衡解的判定条件，求出不同情形下的演化稳定均衡解及其该点为均衡点需要满足的条件。对博弈参与者来说，收益是一个非常重要的激励因素。当参与者计算自己的收益并观测对方的策略和收益时，可能会受到外部噪声因素的影响(Zhang G.Q., 2016; Alarn M., 2018)，无法精确自己和他人的具体收益。但处于博弈中的参与者可能对自己在和其他博弈对象博弈时获得的回报有一个期望值(Wu T., 2018)，如果期望得到满足，他们将继续保持原策略；否则，他们会改变自己的策略。

(4) 数值仿真分析。分析不同情境下满足不同初始状态时，参与群体的演化博弈稳定均衡解。通过对影响群体策略均衡解的因素进行研究，发现影响群体策略选择的关键因素，并针对关键因素提出对策建议。

6.2 标准形成的多主体演化博弈

标准背后是规则、技术和要求。以技术标准为例，标准关联着不同群体的利益，这些利益甚至是长远的。因此，技术标准的形成问题是政府、企业管理者和理论研究人员关注的关键问题。技术标准化活动过程长、要素复杂且具有动态性，需要投入大量资源，而资源的异质性使单方主体难以有效开展工作，且不同参与主体行为策略和利益需求具有明显差异，这意味着技术标准化过程存在多主体损益均衡问题，如BD与HD-DVD之争(Zouhaier M'Chirgui，2015)、5G技术标准竞争(杜传忠，2019)等均是多主体博弈的过程。技术标准是标准组织(SSO)、市场主体和政府活动的某种组合的结果(Baron，2018)，因此技术标准化过程中企业、标准组织和政府是最主要的相关方。对企业来说，技术标准是话语权，具有战略意义(Narayanan V.K.，2012)，一项新技术成为标准并被市场广泛采用会给企业带来巨大的经济利益(李艳华，2018)，但技术标准竞争往往伴随着技术锁定效应与研发投入打水漂的巨大风险(吴玉浩，2022)，使企业面临技术转化困境。激烈的市场竞争、不确定的风险及技术迭代速度的加快(姜红，2018)往往使企业要在技术标准化收益与知识产权成本之间进行衡量，只有当收益大于成本时，企业才会有动力去进行技术转化，且不同规模的企业会根据自身发展采取相应策略(Marc Rysman，2008)。

标准组织在技术标准化过程中扮演着活动组织者、资源整合者、利益协调者的角色，其主要职责是组织各相关方有效开发标准并促进标准应用推广。标准组织在成员、技术专家、标准化专家等方面拥有资源优势，在技术标准化过程中，通过进一步整合机构内部各方成员所拥有的资源，以更好地把握市场动态、快速响应相关方要求、制定出更优标准甚至形成标准机构的品牌效应。由于标准组织成员往往来自企业、政府、高校和社会等(田博文，2016)，类型多、规模大，且彼此之间的利益关系复杂，标准组织需要担当起协调者的角色，推动实现高效“协商一致”，因此制定一项技术标准必然是其内部各类成员博弈和妥协的结果(刘鑫，2020)。如5G国际标准制定，ITU和3GPP两大组织发挥了重要作用，2014年 WP5D制定了标准化工作整体计划，并向各外部标准化组织发送联络函，推动了真正完整意义的国际5G标准正式出炉(孙韶辉，2018)。

政府在技术标准化活动中发挥着不同程度、不同形式的作用(王珊珊，2016)。作为政策制定者，政府掌握国家经济活动主导权，其行为直接影响技术标准竞争结果(李晓娣，2020)。一方面，政府在参与技术标准化的过程中，可能会通过规制手段防止市场竞争被抑制，影响技术标准竞争(高俊光，2012)；同时，由于技术风险和市场不确定性，政府在技术标准开发初期的投入更为必要。在产业技术标准发展过程中，政府的支持可避免市场垄断和资源浪费现象，防止市场失灵(曹虹剑，2016)。另一方面，政府的干预可能会导致标准服务于少数利益群体，占据资源优势的利益主体则会凭借其资源优势影响政府决策和标准的制定，使得政府被“管制俘获”(李岱松，2009)。

现有文献对不同主体在技术标准化中的重要性、影响程度、发展现状等进行了探索。但是，已有研究大多仅局限于企业(吴菲菲，2019)、政府等单一主体或政府与企业(Fangyu Chen，2020)、企业与标准组织(Ranganathan Ram，2018)等两个主体之间互动联系层面；也有学者开始关注技术标准化中多主体作用机理问题，如姜红发现企业、政府及标准化组织等社会参与机制的形成对技术标准制定具有促进作用(姜红，2010)，认为政府政策、标准化组织制度环境等因素会影响企业参与技术标准的积极性，田博文基于不同的利益立场，用行动者网络理论研究了政府、企业、学研机构和标准组织之间的协作关系(田博文，2017)等，但均未对技术标准化多主体之间互动关系进行深入探索。

运用演化博弈论分析标准制定主体的决策是适宜的、有效的。将博弈论方法用于解释和研究标准化问题也取得了一些研究成果。例如，Simcoe(2012)构建了标准制定的完全信息随机讨价还价博弈模型，研究证明协调延迟会随着参与者通过采用特定技术(如专利)获得的私人利益而增加。Daemyeong Cho(2021)将专利视为参与者，用演化博弈论研究了WiMAX和LTE在电信行业标准竞争的动态过程，发现在标准竞争中，适合环境的技术标准比不适合环境的技术标准更有可能获胜。尽管没有把政府影响纳入研究，但也指出了政府能够影响标准化进程这一重要结论。Sun Xiao-hong(2009)以演化博弈论为分析工具，对技术标准产品竞争机制进行了分析，表明在网络效应的作用下，产品之间的微小差异可能会在竞争过程中迅速放大，使优势标准产品很快达到市场自主地位，并获得强大的市场控制权和巨大的商业利益。Junjun Hou(2022)从政府规制角度出发，运用演化博弈模型对参与标准制定的企业的专利战略进行了分析，结果表明事前管制和事后惩罚对均衡有关键影响。相关部门的监督和处罚力度越大，参与标准制定的企业提前披露相关专利就越有利，参与国家标准制定的公司对专利申请有机会主义动机。Hong Jiang(2018)从博弈论的角度，将标准开发和技术进步看作参与者，探讨了标准开发与技术进步之间的耦合关系，并表明在技术标准化方面，政府作为制度设计者需要创造和促进一个支持技术进步的环境。

表6-1展示了一些用博弈论来研究标准问题的文献情况。

表6-1 用博弈论研究标准化问题的典型文献

序号	文献名称	作者	被引率	期刊	时间	影响因子
1	The coupling relationship between standard development and technology advancement: A game theoretical perspective	Jiang H, Zhao SK	7	Technological Forecasting & Social Change	2017	10.884
2	The recently chosen digital video standard: playing the game within the game	Lint O, Pennings E	10	Technovation	2003	11.373
3	Technical standard competition: An ecosystem-view analysis based on stochastic evolutionary game theory	Yuntong Zhao, Yushen Du	1	Technology in Society	2021	6.879
4	Patent disclosure strategies of companies participating in standard setting: Based on government regulation perspective	Junjun Hou, Ya Hou, Zijin Li	—	MANAGERIAL AND DECISION ECONOMICS	2022	1.379
5	Technology Standard Competition Analysis in the 4th Wireless Telecommunication Industry Using Evolutionary Game Theory	Daemyeong Cho	1	WIRELESS PERSONAL COMMUNICATIONS	2021	2.017
6	Standard Setting Committees: Consensus Governance for Shared Technology Platforms	Simcoe T	71	AMERICAN ECONOMIC REVIEW	2012	11.49
7	The Analysis of Competition Mechanism of Technology Standard Based on Evolutionary Game	Sun Xiaohong	—	2009年管理科学与工程国际会议(第16届)	2009	—

已有研究对企业行为、政府行为已有关注，但对标准组织在技术标准化活动中的作用研究尚不充分。本书将标准组织纳入博弈主体，采用演化博弈理论分析企业、标准组织和政府的技术标准化行为，通过对演化过程和仿真结果进行分析，以期提升多主体参与技术标准的积极性，为推动市场标准的优质发展和政府政策的有效落实提供理论支撑。

6.3 模型假设和构建

6.3.1 模型基本假设

为了分析技术标准化过程中参与主体的策略均衡情况，作如下假设。

假设1：博弈的参与主体均是有限理性的，参与主体具体包括企业、标准组织和政府，且各主体相互之间信息交流不完全，策略选择交互影响。

假设2：参与者的策略选择相关假设。在技术标准化过程中，企业的策略选择为{投入，不投1入}；标准组织的策略为{高意愿，低意愿}；政府为{激励，不激励}。企业投入、标准组织高意愿、政府激励的概率分别为x、y和z，x、y、$z\in[0, 1]$且均为时间t的函数。

假设3：企业相关假设。企业选择不投入标准形成的基本收益为R_e，投入的成本为C_e，企业选择投入策略不仅能促使企业技术升级、减少研发费用支出(熊文，2022)，而且可以获得与标准必要专利、知识产权等相关的收益R_l且收益具有延后性(So Young Shhn，2011)，企业投入时寻租成本为M，企业不投入技术标准化活动面临机会成本、隐性的知识产权费用等损失B_e。在标准组织高意愿策略下，企业不投入获得标准形成的溢出收益R_2，投入获得溢出收益R_3。

假设4：标准组织相关假设。标准制定组高意愿时技术标准化收益为R_s，低意愿时收益减少为$\omega R_s\left(0<\omega<1\right)$。标准组织技术标准化成本为$C_s$，低意愿时成本减少为$\delta C_s\left(0<\delta<1\right)$。标准组织和企业获得政府提供的科技项目计划支持等其他激励收益R_m并进行分配，标准组织为$\gamma R_m\left(0<\gamma<0.5\right)$。在企业投入策略下，团体高意愿获得技术标准化能力提升的收益D_1，低意愿获得D_2。

假设5：政府相关假设。技术标准化过程中政府监管成本为C_g，政府采取“激励”策略时，企业投入获得补贴S_e，不投入获得补贴S；标准组织获得补贴S_s，采取“低意愿”策略补贴为$\varepsilon S_s\left(0<\varepsilon<1\right)$。政府激励策略带来的基本收益为$R_g$，企业投入将不断优化技术标准的产业链条，丰富产业结构带来政府收益G，标准组织高意愿策略下政府可优化其资源配置，减少资源整合成本的收益L。

6.3.2　模型构建

基于以上构建企业、标准组织和政府三方演化博弈支付矩阵(见表6–2)。

表6-2 三方博弈支付矩阵

		政府	
		激励 z	不激励 $1-z$
企业投入 x	标准组织高意愿 y	$R_l - C_e + S_e + (1-\gamma)R_m - M + R_3$	$R_l - C_e - M + R_3$
		$R_s - C_s + S_s + \gamma R_m + M + D_1$	$R_s - C_s + M + D_1$
		$R_g + L + G - C_g - S_e - S_s$	$L + G - C_g$
	标准组织低意愿 $1-y$	$R_l - C_e + S_e + (1-\gamma)R_m - M$	$R_l - C_e - M$
		$\omega R_s - \delta C_s + \varepsilon S_s + \gamma R_m + M + D_2$	$\omega R_s - \delta C_s + M + D_2$
		$R_g + G - C_g - S_e - S_s$	$G - C_g$
企业不投入 $1-x$	标准组织高意愿 y	$R_e - B_e + R_2 + S$	$R_e - B_e + R_2$
		$R_s - C_s + S_s + \gamma R_m$	$R_s - C_S$
		$R_g + L - C_g - S - S_s$	$L - C_g$
	标准组织低意愿 $1-y$	$R_e - B_e + S$	$R_e - B_e$
		$\omega R_s - \delta C_s + \varepsilon S_s + \gamma R_m$	$\omega R_s - \delta C_s$
		$R_g - C_g - S - S_s$	0

6.4 模型分析

6.4.1 收益期望函数与复制动态方程构建

据表6-2可知，企业在进行动态博弈时选择“投入”和“不投入”策略的期望收益函数分别是E_x和E_{1-x}，平均收益函数为$\overline{E}$，收益函数分别为

$$E_x = yz[R_l - C_e + S_e + (1-\gamma)R_m - M + R_3] + y(1-z)(R_l - C_e - M + R_3) \\ +z(1-y)[R_l - C_e + S_e + (1-\gamma)R_m - M] + (1-y)(1-z)(R_l - C_e - M) \tag{1}$$

$$E_{1-x} = yz(R_e - B_e + R_2 + S) + y(1-z)(R_e - B_e + R_2) + (1-y)z \\ (R_e - B_e + S) + (1-y)(1-z)(R_e - B_e) \tag{2}$$

$$\overline{E} = xE_x + (1-x)E_{1-x} \tag{3}$$

对上式进行计算得出企业的复制动态方程为

$$F(x) = \frac{\mathrm{d}x}{\mathrm{d}t} = x(1-x)[zS_e + z(1-\gamma)R_m + R_l - C_e - M - R_e + B_e \\ -zS + yR_3 - yR_2] \tag{4}$$

标准组织在进行动态博弈时选择“高意愿”和“低意愿”策略的期望收

益函数分别是E_y和E_{1-y}，平均收益函数为$\overline{E}$，收益函数分别为

$$E_y = xz(R_s - C_s + S_s + \gamma R_m + M + D_1) + x(1-z)(R_s - C_s + M + D_1) + (1-x)z (R_s - C_s + S_s + \gamma R_m) + (1-x)(1-z)(R_s - C_s) \quad (5)$$

$$E_{1-y} = xz(\omega R_s - \delta C_s + \varepsilon S_s + \gamma R_m + M + D_2) + x(1-z)(\omega R_s - \delta C_s + M + D_2) + (1-x)z(\omega R_s - \delta C_s + \varepsilon S_s + \gamma R_m) + (1-x)(1-z)(\omega R_s - \delta C_s) \quad (6)$$

$$\overline{E} = yE_y + (1-y)E_{1-y} \quad (7)$$

通过计算得出标准组织的复制动态方程为

$$F(y) = \frac{\mathrm{d}y}{\mathrm{d}t} = y(1-y)[(1-\omega)R_s - (1-\delta)C_s + x(D_1 - D_2) + z(1-\varepsilon)S_s] \quad (8)$$

政府在动态博弈过程中选择“激励”和“不激励”策略的期望收益函数分别是E_z和E_{1-z}，平均收益函数为$\overline{E}$，收益函数分别为

$$E_z = xy(R_g + L + G - C_g - S_e - S_s) + (1-x)y(R_g + L - C_g - S - S_s) + x(1-y)(R_g + G - C_g - S_e - S_s) + (1-x)(1-y)(R_g - C_g - S - S_s) \quad (9)$$

$$E_{1-z} = xy(L + G - C_g) + (1-x)y(L - C_g) + x(1-y)(G - C_g) + 0 \quad (10)$$

$$\overline{E} = zE_z + (1-z)E_{1-z} \quad (11)$$

计算得出政府的复制动态方程为

$$F(z) = \frac{\mathrm{d}z}{\mathrm{d}t} = z(1-z)[-xS_e - S + xS - S_s + R_g - (x + y - xy - 1)C_g] \quad (12)$$

6.4.2 三方演化稳定策略分析

令$\frac{\mathrm{d}x}{\mathrm{d}t}=0, \frac{\mathrm{d}y}{\mathrm{d}t}=0, \frac{\mathrm{d}z}{\mathrm{d}t}=0$可以得到该方程有23即8个纯策略均衡解，分别为$E1(0,0,0)$、$E2(0,0,1)$、$E3(0,1,0)$、$E4(0,1,1)$、$E5(1,0,0)$、$E6(1,0,1)$、$E7(1,1,0)$、$E8(1,1,1)$。

$$\begin{cases} F(x) = \frac{\mathrm{d}x}{\mathrm{d}t} = x(1-x)[zS_e + z(1-\gamma)R_m + R_l - C_e - M - R_e + B_e \\ \qquad -zS + yR_3 - yR_2] = 0 \\ F(y) = \frac{\mathrm{d}y}{\mathrm{d}t} = y(1-y)[(1-\omega)R_s - (1-\delta)C_s + x(D_1 - D_2) + z(1-\varepsilon)S_s] = 0 \\ F(z) = \frac{\mathrm{d}z}{\mathrm{d}t} = z(1-z)[-xS_e - S + xS - S_s + R_g - (x+y-xy-1)C_g] = 0 \end{cases} \quad (13)$$

其中，$E9(x^*, y^*, z^*)$作为混合均衡点需要满足以下条件。

$$\begin{cases} zS_e + z(1-\gamma)R_m + R_l - C_e - M - R_e + B_e - zS + yR_3 - yR_2 = 0 \\ (1-\omega)R_s - (1-\delta)C_s + x(D_1 - D_2) + z(1-\varepsilon)S_s = 0 \\ -xS_e - S + xS - S_s + R_g - (x+y-xy-1)C_g = 0 \end{cases} \quad (14)$$

通过对上式的求解可确定混合策略均衡点$E9(x^*,y^*,z^*)$，若求得x^*、y^*、z^*的值均在0～1，则该均衡点在解域内，否则不存在均衡解。

接下来探讨$E1(0, 0, 0)$、$E2(0, 0, 1)$、$E3(0, 1, 0)$、$E4(0, 1, 1)$、$E5(1, 0, 0)$、$E6(1, 0, 1)$、$E7(1, 1, 0)$、$E8(1, 1, 1)$这8个均衡点的稳定性。技术标准化过程中三方演化博弈的雅克比矩阵计算公式为

$$J=\begin{pmatrix} \frac{\partial F(x)}{\partial x} & \frac{\partial F(x)}{\partial y} & \frac{\partial F(x)}{\partial z} \\ \frac{\partial F(y)}{\partial x} & \frac{\partial F(y)}{\partial y} & \frac{\partial F(y)}{\partial z} \\ \frac{\partial F(z)}{\partial x} & \frac{\partial F(z)}{\partial y} & \frac{\partial F(z)}{\partial z} \end{pmatrix} \tag{15}$$

通过上式能够计算得出雅克比矩阵每一个值为

$$F_{11}=\frac{\partial F(x)}{\partial x}=(1-2x)[zS_e+z(1-\gamma)R_m+R_l-C_e-M-R_e+B_e-zS+yR_3-yR_2] \tag{16}$$

$$F_{12}=\frac{\partial F(x)}{\partial y}=x(1-x)(R_3-R_2) \tag{17}$$

$$F_{13}=\frac{\partial F(x)}{\partial z}=x(1-x)[S_e+(1-\gamma)R_m-S] \tag{18}$$

$$F_{21}=\frac{\partial F(y)}{\partial x}=y(1-y)(D_1-D_2) \tag{19}$$

$$F_{22}=\frac{\partial F(y)}{\partial y}=(1-2y)[(1-\omega)R_s-(1-\delta)C_s+x(D_1-D_2)+z(1-\varepsilon)S_s] \tag{20}$$

$$F_{23}=\frac{\partial F(y)}{\partial z}=y(1-y)(1-\varepsilon)S_s \tag{21}$$

$$F_{31}=\frac{\partial F(z)}{\partial x}=z(1-z)[-S_e+S-(1-y)C_g] \tag{22}$$

$$F_{32}=\frac{\partial F(z)}{\partial y}=z(1-z)(x-1)C_g \tag{23}$$

$$F_{33}=\frac{\partial F(z)}{\partial z}=(1-2z)[-xS_e-S+xS-S_s+R_g-(y+x-xy-1)C_g] \tag{24}$$

根据 Friedman方法，由雅克比矩阵的稳定性分析可以得出系统的演化稳定策略(ESS)。将上述8个均衡点分别代入雅克比矩阵，得到的特征值和稳定性分析(见表6-3)。

表6-3　均衡点分析

均衡点	Jacobian 矩阵的特征值			稳定性结论	条件
	λ_1	λ_2	λ_3		
$E1(0,0,0)$	$R_l-C_e-R_e+B_e-M$	$(1-\omega)R_s-(1-\delta)C_s$	$R_g+C_g-S_s-S$	不稳定点	—
$E2(0,0,1)$	$S_e+(1-\gamma)R_m+R_l-C_e-R_e+B_e-S-M$	$(1-\omega)R_s-(1-\delta)C_s+(1-\varepsilon)S_s$	$-R_g-C_g+S_s+S$	不稳定点	—
$E3(0,1,0)$	$R_l-C_e-R_e+B_e-M+R_3-R_2$	$-(1-\omega)R_s+(1-\delta)C_s$	R_g-S_s-S	不稳定点	—
$E4(0,1,1)$	$S_e+(1-\gamma)R_m+R_l-C_e-M-R_e+B_e-S+R_3-R_2$	$-(1-\omega)R_s+(1-\delta)C_s-(1-\varepsilon)S_s$	$-R_g+S_s+S$	不稳定点	—
$E5(1,0,0)$	$-R_l+C_e+R_e-B_e+M$	$(1-\omega)R_s-(1-\delta)C_s+D_1-D_2$	$-S_e+R_g-S_s$	不稳定点	—
$E6(1,0,1)$	$-S_e-(1-\gamma)R_m-R_l+C_e+M+R_e-B_e+S$	$(1-\omega)R_s-(1-\delta)C_s+D_1-D_2+(1-\varepsilon)S_s$	$S_e-R_g+S_s+2S$	不稳定点	—
$E7(1,1,0)$	$-R_l+C_e+R_e-B_e+M-R_3+R_2$	$-(1-\omega)R_s+(1-\delta)C_s-(D_1-D_2)$	$-S_e+R_g-S_s$	ESS	A
$E8(1,1,1)$	$-S_e-(1-\gamma)R_m-R_l+C_e+M+R_e-B_e+S-R_3+R_2$	$-(1-\omega)R_s+(1-\delta)C_s-(D_1-D_2)-(1-\varepsilon)S_s$	$S_e-R_g+S_s$	ESS	B

A: $R_l+B_e+R_3>C_e+R_e+M+R_2, (1-\omega)R_s+D_1>(1-\delta)C_s+D_2, S_e+S_s>R_g$

B: $S_e+(1-\gamma)R_m+R_l+B_e+R_3>C_e+M+R_e+S+R_2, (1-\omega)R_s+D_1+(1-\varepsilon)S_s>(1-\delta)C_s+D_2, R_g>S_e+S_s$

根据表6-3，技术标准化过程中多主体行为演化博弈模型至多有两个演化稳定策略，即均衡点$E7(1, 1, 0)$和$E8(1, 1, 1)$，但其达到稳定的条件不同。稳定点$E7(1, 1, 0)$表示{企业投入，标准组织高意愿，政府不激励}，稳定条件为$R_l - M + R_3 > C_e + R_e + R_2 - B_e$，$(1-\omega)R_s + D_1 > (1-\delta)C_s + D_2$，$S_e + S_s > R_g$。此时，标准组织高意愿给企业带来的标准溢出收益与企业投入技术标准化活动的收益和寻租成本之差大于其技术标准化成本、不投入的收益、标准组织低意愿的溢出收益与不投入的损失之差，即企业投入相对净收益大于0，增强了企业的投入意愿投入是企业的最优策略。标准组织高低意愿进行技术标准化活动的收益之差与企业投入下高意愿的收益之和大于其高低意愿的成本之差与低意愿的收益之和，高意愿是标准组织的最优选择。当政府对企业和标准组织的补贴之和大于其采取激励策略的收益时，政府采取不激励策略。

稳定点$E8(1, 1, 1)$表示{企业投入，标准组织高意愿，政府激励}，稳定条件为$S_e + (1-\gamma)R_m + R_l + R_3 - M > C_e + R_e + S + R_2 - B_e$，$(1-\omega)R_s + (1-\varepsilon)S_s + D_1 > (1-\delta)C_s + D_2$，$R_g > S_e + S_s$。与均衡点$E7(1, 1, 0)$相比，政府采取积极的激励策略，企业还需要考虑其投入与不投入下政府的补贴对企业总收益的变化，标准组织选择高意愿策略下获得政府补贴收益。对于政府来说，在其激励策略的收益大于对企业和标准组织的补贴时，政府选择激励策略。

6.5 数值仿真分析

为验证演化稳定分析的有效性，分析各个参数的敏感性，根据复制动态方程及约束条件，结合实际情况，基于MATLAB 2016a软件对相关参数进行仿真模拟，模拟结果如下所述。

企业是技术标准的主体，其在标准化方面的投入非常重要。优质的技术标准在形成过程中需要更好地满足市场需求，在扩散过程需要得到广泛的推广作用。标准组织既掌握丰富的市场信息，又兼顾国家和社会利益，当标准组织以较高的意愿进行技术标准化加快技术标准化进程时能推动更优标准的制定和推广。在企业投入、标准组织高意愿下，政府补贴增加了政府的财政支出，因此$E7(1, 1, 0)$是技术标准化多主体博弈的最佳策略组合选择，即企业“投入”、标准组织“高意愿”、政府“不激励”。

本书探讨$E7(1, 1, 0)$均衡策略下一些参数的敏感性。在分析某一参数敏感性时，其他参数保持初始值不变。假设初始时，企业、标准组织和政府选择不同策略概率均为0.5。相关参数初始赋值为：S_e=0.5，S_s=0.2，C_e=1.5，R_m=0.5，R_s=1.5，C_s=0.8，R_g=0.5，C_g=0.7，M=0.3，R_l=3，R_e=1.5，B_e=1，S=0.1，R_2=0.1，R_3=0.3，D_1=0.2，D_2=0.1。图6–1所示为按照初始赋值从不同初始策略组合出发随时间演化50次的结果。结果显示在此组数据下，随着时间的推移，系统演化稳定结果朝(1，1，0)方向演进，符合系统演化稳定点分析结果。

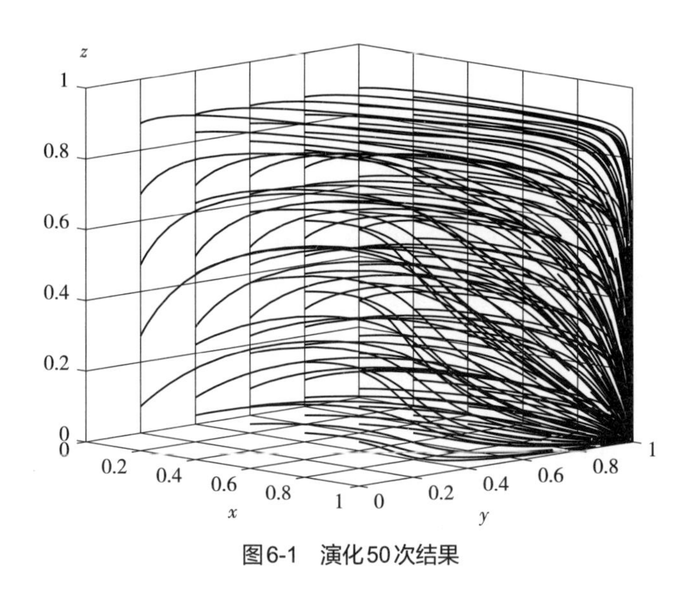

图6-1　演化50次结果

6.5.1　企业投入技术标准化获得的收益R_l分析

为了进一步比对R_l对各主体策略选择的影响，对R_l进行赋值，R_l=1，2，3，4，仿真结果见图6–2：当R_l较低时，系统演化稳定结果朝(0，1，1)方向演进。企业投入技术标准化的动力取决于其对投入技术标准化的预期收益和不投入的实际收益的比较，对不同的收益差企业采取不同的策略。图6–2(a)表明，R_l较低时，企业趋向于选择不投入策略并在很短的时间内达到稳定状态；R_l继续增加，考虑投入后收益的延后性和自身技术标准化行为的成本，企业会在投入和不投入策略之间结合实际情况进行选择；当R_l超过阈值时，企业会选择投入策略，R_l越快收敛到稳定解。图6–2(b)表明，随着R_l的增加，标准组织选择高意愿策略的速度越快。图6–2(c)表明，当企业投入意愿较低时，政府倾向于选择激励策略提高企业的投入意愿并在相对短的时间内达到稳定解，随着企业投入意愿的增强，政府会逐渐减少激励意愿直至不激励。

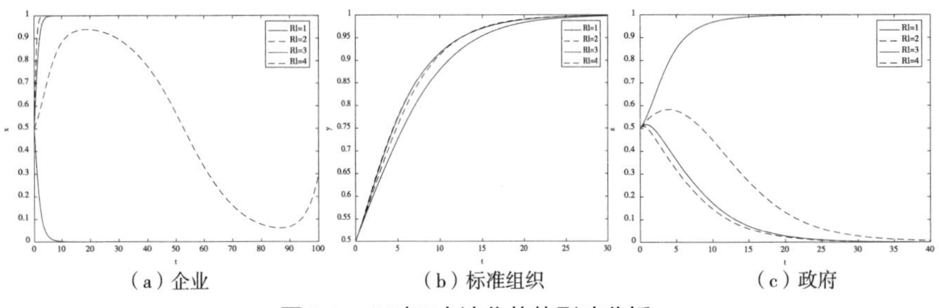

（a）企业　（b）标准组织　（c）政府

图6-2　R_l对三方演化趋势影响分析

6.5.2　企业投入技术标准化的成本C_e分析

对C_e进行赋值，C_e=0.5，1.5，2.5，3.5，仿真结果见图6–3：当C_e较低时，系统演化稳定结果朝(1，1，0)方向演进，随着C_e的增加，演化结果逐渐朝(0，1，1)方向演进。图6–3(a)表明，与R_l相反，在技术标准化过程中企业需要耗费沟通协调成本，随着成本的增加，企业选择投入策略获得的总收益逐渐减少，成本越高企业选择投入策略的意愿就越低。图6–3(b)表明，随着C_e的增加，标准组织选择高意愿策略的概率会降低。图6–3(c)表明，政府采取激励或不激励策略的概率受到企业的影响，企业策略的波动会导致政府策略的波动，企业投入意愿增强使政府采取不激励策略的概率逐渐升高，企业投入意愿的减少使政府采取激励策略的概率逐渐升高。但当C_e继续增加时，政府策略概率变化较小，这是由于企业此时已经能够自发开展技术标准化，政府策略不再受到C_e影响。

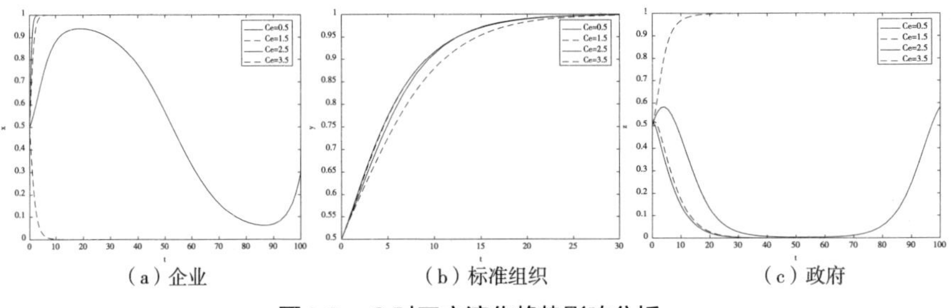

（a）企业　（b）标准组织　（c）政府

图6-3　C_e对三方演化趋势影响分析

6.5.3　企业不投入技术标准化的收益R_e分析

对R_e进行赋值，R_e=1，1.5，2，2.5，仿真结果见图6–4：图6–4(a)表明R_e，增加使企业选择不投入策略的总收益增加，考虑企业投入技术标准化的成本，企业的策略选择会出现波动。图 6–4(b) 表明，R_e 对标准组织策略影响不显著。图 6–4(c) 表明，R_e 增加使政府选择激励策略的概率逐渐增加，政府倾向于采取激励策略以提升企业投入技术标准化的积极性。

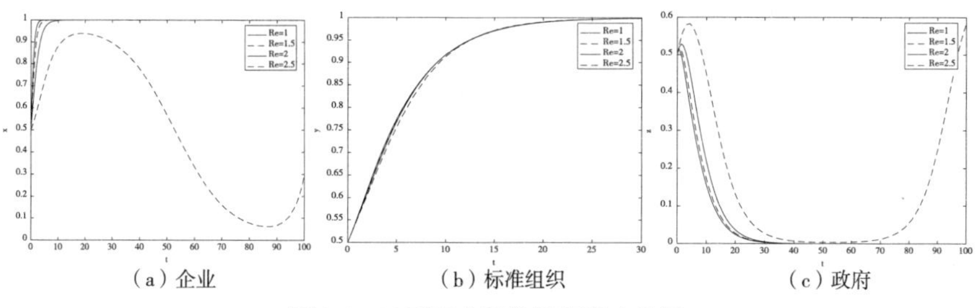

（a）企业　（b）标准组织　（c）政府

图6-4　R_e对三方演化趋势影响分析

6.5.4　企业不投入技术标准化的损失B_e分析

对 B_e 进行赋值，B_e=1，1.5，2，2.5，仿真结果见图 6–5：图 6–5(a) 表明，企业不投入技术标准化导致企业面临标准必要专利许可费和机会成本增加等损失。当 B_e 较低时，企业会根据自身总收益的高低进行策略选择，随着演化的进行，企业会在投入与不投入之间进行选择；当 B_e 逐渐增加时，企业选择不投入策略时面临的损失增加，企业选择投入策略的意愿会越来越强，演化达到稳定点的速度逐渐加快。图 6–5(b) 表明，B_e 对标准组织策略影响不显著。图 6–5(c) 表明，当 B_e 增加较低时，政府采取激励策略还是不激励策略受到企业策略的影响。当企业倾向于选择投入策略时，政府倾向于采取不激励策略；当企业采取投入意愿策略的概率减弱时，政府采取激励策略的意愿会提高。随着 B_e 的增加，企业会倾向于选择投入策略，则政府选择激励策略的概率会逐渐降低。

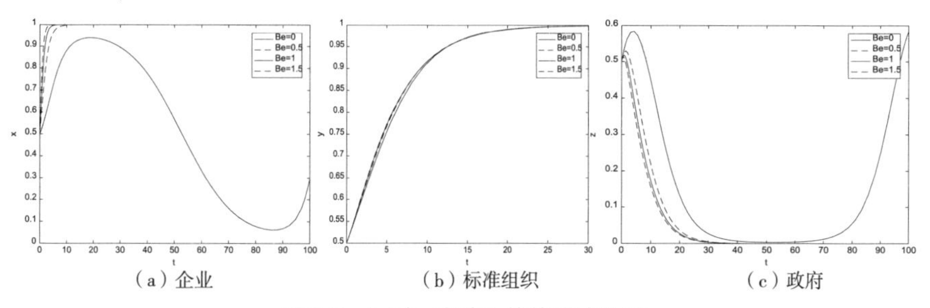

（a）企业　（b）标准组织　（c）政府

图6-5　B_e对三方演化趋势影响分析

6.5.5 政府激励政策的基本收益R_g分析

对R_g进行赋值，R_g=0.2，0.5，0.8，1.1，仿真结果见图6-6：图6-6(a)表明，政府选择激励策略获得的基本收益越高，企业获得补贴的概率越高，选择投入策略的意愿越强烈。图6-6(b)表明，政府策略对标准组织的影响更为显著，R_g越高，标准组织就越倾向于选择高意愿策略，且到达稳定点的时间会越来越短。图6-6(c)表明，当R_g高于政府采取激励策略对企业和标准组织的补贴成本之和时，政府倾向于采取激励策略，且R_g越高，收敛到稳定解的速度就越快。随着R_g的逐渐减少，政府采取激励策略的意愿也逐渐降低，当R_g低于临界值时，政府会逐渐倾向于采取不激励策略。

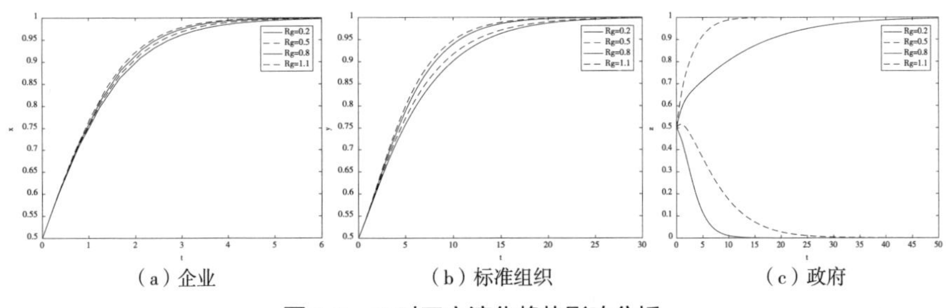

（a）企业　（b）标准组织　（c）政府

图6-6　R_g对三方演化趋势影响分析

6.5.6 政府对企业的补贴S_e分析

将S_e分别赋以S_e=0，0.3，0.5，0.7，仿真结果见图6-7：图6-7(a)表明，随着S_e的增加，企业选择投入策略的概率会逐渐提升。图6-7(b)表明，S_e在前期对标准组织的影响不显著，随着技术标准化过程的进行，S_e的增加会导致标准组织选择高意愿策略的概率逐渐降低。图6-7(c)表明，当S_e较小时，随

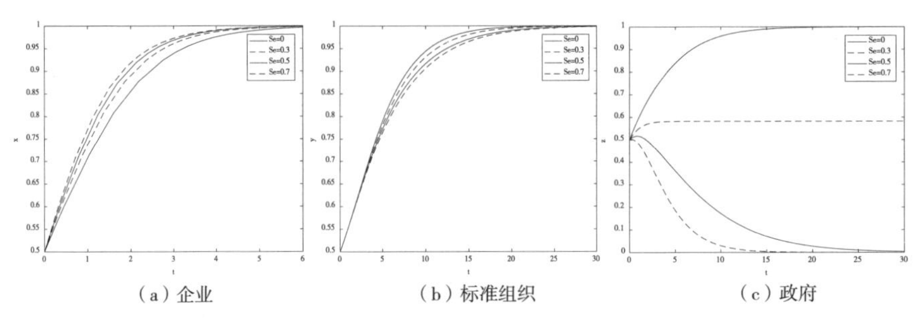

（a）企业　（b）标准组织　（c）政府

图6-7　S_e对三方演化趋势影响分析

着演化的进行，政府选择激励策略的概率趋向于1，S_e增加使政府收益与补贴成本相同时，政府选择激励策略的概率会先上升后保持不变；S_e继续增加使政府选择不激励策略的概率逐渐升高并最终趋于0，且S_e越高，政府决策趋于稳定解的时间就越短。

6.5.7　政府对标准组织的补贴S_s分析

将S_s分别赋以S_s=0, 0.2, 0.4, 0.6，仿真结果见图6–8：图6–8(a)表明，在前期S_s对企业的策略没有显著的影响，随着技术标准化过程的进行，S_s增加使企业在技术标准化中期选择投入策略的概率有所降低。图6–8(b)表明，S_s越高，标准组织选择高意愿策略的概率就越高。图6–8(c)表明，S_s适当时，政府采取激励策略的概率会上升到0.6后保持不变，S_s的继续增加会使政府采取激励策略的概率逐渐降低并最终收敛于“不激励”策略，且S_s越高政府策略收敛到稳定解的速度就越快。

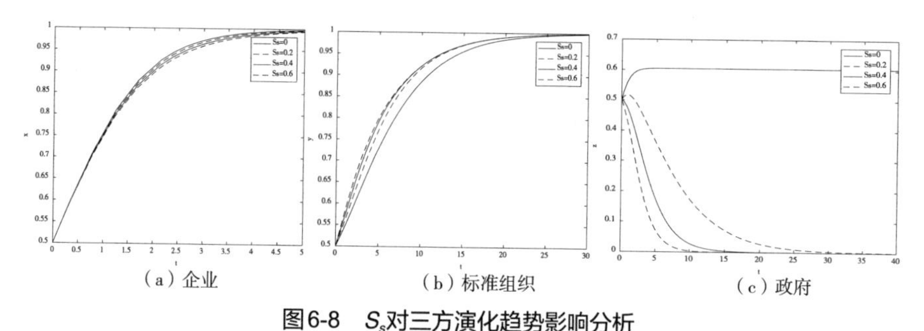

（a）企业　（b）标准组织　（c）政府

图6-8　S_s对三方演化趋势影响分析

本部分运用演化博弈理论构建了企业、标准组织及政府三方主体均衡策略动态演化博弈模型，分析了均衡策略组合的稳定性及不同参数的敏感性，通过赋值仿真进行验证，发现：

企业、标准组织及政府达到演化稳定点的策略组合为{投入，高意愿，不激励}。企业是技术标准化的主体，在演化稳定策略下，企业投入技术标准化的收益、成本和不投入技术标准化的收益、损失均显著影响企业和政府的演化结果，但对标准组织策略影响相对较小；政府激励政策缩短了企业和标准组织选择积极策略的时间，加快了达到稳定点的时间，政府的基本收益和补贴对三方演化博弈结果均有显著影响；当企业投入意愿较低时，政府倾向于采取激励策略提高企业技术标准化的积极性。

从标准化实践来看，企业和标准组织在技术标准化初期意愿较低是一种常见的状态，而政府采取激励策略能有效调动其积极性。随着技术标准化进程的发展，企业和标准组织的参与意愿均较高后，没有政府的激励也能够自发进行技术标准化活动，此时政府可以减少补贴和激励措施。同技术标准竞争弱化了政府补贴的影响，且高额的补贴增加了政府财政负担，政府补贴的作用逐渐减弱，此时政府倾向于逐渐弱化激励，直至完全不激励。

第7章

集体行动视角下的市场自主制定标准形成机制

7.1　集体行动理论

7.1.1　集体行动的逻辑

集体行动(Collective Action)是人类社会中的普遍现象，学术上的研究源于20世纪20年代R.E.帕克(R.E.Park)提出的“集体行为”(Collective Behavior)。集体行动的早期研究聚焦于“抗争政治”(Tilly，2004)及“群体事件”等(王国勤，2007)，关注的中心问题是集团成员如何通过集体选择的方式提供公共物品(付刚，2011)。王亚华梳理了现有理论针对个体理性与集体理性不一致问题形成的3种理论框架(王亚华，2021)：第一是运用博弈论解决因信息不对称而导致的囚徒困境问题；第二是通过“国家”与“市场”解决因个人成本小于社会成本而引起的公地悲剧；第三是运用选择性激励解决因搭便车而形成的集体行动困境问题。

20世纪50年代末至60年代初，经济学家曼瑟·奥尔森基于经济性理论系统提出了集体行动理论，于1965年出版了《集体行动的逻辑》一书，这本书成为公共选择理论的重要著作。1990年，埃莉诺·奥斯特罗姆(Elinor Ostrom)出版了《公共事物的治理之道：集体行动制度的演进》，将集体行动理论做了更为全面的梳理，并由此形成了公共事物治理领域的知识体系(王亚华，2021)。

在集体行动问题研究过程中，“集体”这一概念随着研究客体的改变而有所变化，但其本质性特征——作为利益共同体的集合——是达成共识的。曼瑟·奥尔森认为集体行动有两个方面的特点：第一，实现集体行动的动力是成员有某种预定的目标，而这种目标就是某种共同利益(或称为集体利益)；第二，集体行动是组织内成员为维护或增进其利益而采取的行动(曼瑟·奥尔森，1965；郑小勇，2009)，需要成员同时参与。集体行动的关键属性是“集体性”或“协同性”，并非完全受个人利益驱动的联合行动。

已有对曼瑟·奥尔森集体行动理论的解读，主要关注“搭便车”“小集团”和“选择性激励”3个要素。实际上，《集体行动的逻辑》系统地回答了以下问题。

(1)存在自发的集体行动吗？曼瑟·奥尔森认为，个体在谋求自身利益最大化时，并不必然导致集体理性。自发集体行动的条件是，对于足够小的集团，且在成员的“规模”不等或对公共物品的兴趣不等的集团中，会通过一个或多个成员自发和理性的行动进行公共物品的供给。但是,其前提是公共物品对个体成员产生了足够的吸引力,而这样的条件在现实中是很难满足的。

(2)什么导致了集体行动困境?是“搭便车”行为。一方面,作为理性人的成员缺乏为集体行动承担成本的主动性(Hardin, 1982);另一方面,随着集体规模的增大,集体行动的成本和难度也就越大。当个体利益与集体利益存在冲突时,个体理性将导致集团非理性,“搭便车”问题的客观存在实质上导致了“集团行动的困境”。而且,无论在小集团(存在“少数剥削多数”的倾向)还是在大集团,“搭便车”现象都存在。因此,克服集体行动困境的关键是解决“搭便车”问题。

(3)集团的性质影响集体行动吗?曼瑟·奥尔森认为,各类组织都被“期待”增进其成员的利益。集体利益有相容性的和排他性的两种,排他还是相容的区分取决于集团的目标,而不是成员性质。相容性的利益集团,利益主体之间是正和博弈;排他性的利益集团,利益主体之间是零和博弈。曼瑟·奥尔森认为,相容性集团更有可能实现集体的共同利益。但是,即便是对于同一个集团,这种区分也是动态的。相容性集团或非市场性集团相对而言,更容易导致集团行动。相容性集团或非市场性集团可以分为“特权集团”“中间集团”和“潜在集团”3种类型。“特权集团”和“中间集团”在集体行动上更具有有效性。

(4)为什么“小集团”更容易促成集体行动?曼瑟·奥尔森认为,成员数量多的集团的效率一般要低于成员数目少的集团,原因有3个:第一,集团越大,增进集团利益的个体的回报越少,公共品的提供会减少;第二,集团越大,任一个体或子集获得收益的份额就越小,帮助形成寡头垄断的行为会越少;第三,集团越大,组织成本就越高,获得公共物品的障碍越大。同时,曼瑟·奥尔森也进一步指出,只考虑集团中个体的数量是不够的,每个个体获取的收益占集团收益的份额不仅取决于成员的数量,而且取决于个体成员的“规模”,即其从一定水平的公共物品供给中的获益程度。一般而言,规模越大的个体获得的收益就越大。

(5)如何克服集体行动的困境?曼瑟·奥尔森给出了解决集体行动困境的两条路径:第一是强制性手段;第二是通过“选择性激励”以激发成员形成采取行动的潜在力量,实现“被动员起来”。显然,强制性手段具有较大的局限性,“选择性激励”便成为克服集体行动困境的主要途径,也是后续研究被深化和应用的主要方面。曼瑟·奥尔森指出,选择性激励既包括经济激励,又包括非经济激励,如社会激励等。社会激励往往提供了非集体性利益，如声誉、地位、社会认可、知识等。

7.1.2　集体行动理论的拓展

1.研究对象的扩展

集体行动理论最为广泛的应用是解释社会学问题，如集体抗争、群体性事件、社会运动、工会、农民等问题，以及随着互联网的发展新出现的互联网集体行动问题。随着学者对集体行动理论及应用的拓展，它也被用于解释国际公共品问题，如国际合作(Snidal, 1985; Keohane & Ostrom, 1995)、国际援助(Gibson et al., 2005)、区域性国际组织协作(葛明，2017)等，以及知识、宗教(Lily Tsai, 2007; Warner, 2011)、网络、数字空间等非传统公共事务领域。我国学者应用集体行动理论解释社区治理(何艳玲，2005；田毅鹏，2011；张晨，2016；李东泉，2021)、产业集群的抗争行为(郑小勇，2009)、农村公共事务(宋研，2011；王亚华，2016；张立，2021；江小莉等，2021)、地理标志农产品(黄炳凯，2022)、技术治理(陈瑜等，2020)及信息化技术标准化(Kavanaugh, 2005; GOH, 2016; 张桦，2019)等问题。集体行动理论已受到政治学、公共管理学、社会学、经济学、历史学、心理学、传播学等学科的关注，其内涵已经从狭义走向广义(郑旭涛，2020)。

2.集体行动的影响因素

哪些因素会影响集体行动？这个问题几乎是每个应用集体行动理论的研究都会涉及的，已形成了比较丰富的认识。这些认识主要包括以下几个方面内容。

(1)收益。收益对于集体行动而言的影响是不言而喻的。但需要引起注意的是，对于团体的成员而言，集体行动中的收益既包括集体收益，也包括非集体收益。集体行动作为一种生产活动，需要投入一定的资源才能有所产出。收益越高，则越容易达成集体行动(彭长生、孟令杰，2007)。

(2)集团规模。曼瑟·奥尔森认为集团规模是集体行动的决定性因素，且小集团比大集团更有可能产生集体行动，这一认识被普遍认同。但也有研究学者认为，大规模团体在组织集体行动方面更为有效(Esteban, 2001)。埃莉诺·奥斯特罗姆也挑战了曼瑟·奥尔森的规模原则，她认为规模大小对集体行动并不具有单方面的关系，因为它忽略了这一要素与其他要素间的可能关联，以及由于这种关联所带来的对集体行动结果的影响。

(3)群体异质性。差异会导致占优个体的出现(Olson, 1965)，很多研究发现集团中的“骨干成员”(任大鹏等，2008)和“有影响力的人”(Meinzen-

Dick, 2002)对集体行动的影响。集体行动理论关注的中心问题是集团成员如何通过集体选择的方式提供公共物品(Olson, 1965),个体的决策是导致行动问题的关键。阿伦·阿格拉瓦(Allen Agrawal)提出,为了通过集体行动获得更大的收益,某些个体会首先站出来进行组织与协调等工作,成为领导者,而在后一阶段则群体内其他个体根据自身条件选择跟随参与或者“搭便车”,最终群体内的博弈互动可能实现较多数甚至是一致的参与(朱宪辰, 2007; 龙贺兴, 2017)。也有研究认为异质性对集体行动是不利的,主要原因在于个体的异质性导致价值偏好的不同(李东泉, 2021),目标的一致性被弱化。布姆·阿迪卡里(Bum Adhikari)在2004年基于对尼泊尔森林资源管理的研究,发现社区异质性和集体行动水平之间并没有明显的相关关系。也有观点认为,异质性和集体行动水平之间是一种动态的关系(Bardhan, 1993)。

(4)社会资本。社会资本是近年来在集体行动研究中关注比较多的因素(Francis Fukuyama, 2003; 林南, 2020)。社会资本是通过社会关系获取的资源,包括个体社会资本和集体社会资本。个体社会资本主要是指权力资本(李东泉, 2021),集体社会资本一般包括沟通、信任、声誉、社会网络(帕特南, 2001),以及归属感、身份认同(薄大伟, 2019)等;更多的观点支持将社会资本划分为结构资本、关系资本和认知资本3个维度(Nahapiet & Ghoshal, 1998)。社会资本一方面为组织成员之间的合作及组织行为的整合提供基础,另一方面能降低个体行为选择环境中的不确定性,有利于强化利益主体间的联系(Ostrom, 2000; 赵凌云等, 2008),因而可以有效地降低集体行动的成本,提高行动效率。建构主义学者认为社会资本起到了向集体行动转化的中介作用,如Klandermans(1989)认为社会问题本身并不是集体行动的必然发端,两者中间存在中介机制,即只有当这些问题被人们感知并形成共同意识,才会引发集体行动。

3.打破集体行动困境的路径

基于曼瑟·奥尔森的集体行动理论,通过“选择性激励”以减少“搭便车”行为,促进成员的集体行动是共识路径。制度对于集体行动的影响甚至会起到决定性的作用(王亚华, 2021),很多学者在这一基础上丰富了对选择性激励的研究。Fireman 和Gamson(1979)将选择性激励分为外在选择性激励和内在选择性激励。外在选择性激励包括经济、社会地位等,内在选择性激励包括内心存在的认同感和团结感。曼瑟·奥尔森提出了关系奖励,认为通过加强集体成员间的沟通,使其意识到或确信他们与其他集体成员间具有相互依赖关系,进而增强成员的集体感,以激励成员实现集体目标

(Olson, 2008)。在社会资本理论基础上,选择性激励的方式得到扩展,主要是通过非正式制度,或者称为互惠性规范来实现,包括增进信任关系、网络紧密程度、外部支持(Jenkins, 1977)、认同感(王刚, 2009; 叶芳, 2018)、集体意识(Snow, 1986)、社会奖励(Lupia, 2003)等。

4.从静态到动态

基于曼瑟·奥尔森的集体行动理论,部分学者展开了进一步研究,或提出不同见解,或进行补充完善。Hardin(1982)、Sandler(1992)以博弈论为工具,对集体行动理论进行批判和反思。Axelrod 认为 Olson 对集体行动的研究是静态视角的、一次性博弈的,而真实的集体行动却是动态的、重复博弈的,因此他提出应运用多重均衡博弈模型进行研究。诺贝尔经济学奖获得者埃莉诺·奥斯特罗姆于1990年出版的《公共事物的治理之道:集体行动制度的演进》一书,在批判和总结集体行动理论的基础上,提出了集体行动的三大基石:制度供给、可信承诺和相互监督。社会建构论者强调集体认同感、集体意识、认识解放等因素对集体行动的影响,并且认为集体认同感、集体意识等既不是既有的,又不是固定不变的,而是在集体行动的实践过程中不断地被建构和再生产出来的(Snow, 1986)。

7.2　集体行动框架下的市场自主标准形成机制

7.2.1　市场自主标准形成过程是一种集体行动

集体行动理论被用于解释标准化问题是从典型案例研究开始的。美国抵押贷款行业标准维护组织(MISMO)于1999年成立,聚集了一群在该行业中不同主体的人,其数据标准被IT产品和服务供应商、用户组织等共同开发并采用。在这个过程中,虽然参与者的利益差异较大,但形成了集体行动。而且,标准一经发布,不管是否为标准开发作出过贡献,任何组织都能使用该标准,也就是说存在“搭便车”行为(Weiss & Cargill, 1992),从而造成标准组织缺乏为标准开发投入资源的动力,降低其合作程度。这恰恰是集体行动理论所关心的问题。

市场主导制定的标准是自愿性标准,形成过程并没有强制性手段的存在,各主体是在自愿的基础上参与的,并且是一个多主体参与的复杂、动态过程(den Uijl, 2014)。标准作为一个准公共物品,在形成过程中具有以下特征。

1.参与主体多元性

集体行动理论侧重于实现单个伙伴无法实现的共同目标(de Reuver, 2015),并涉及本质上不同的参与者利益(Markus, 2006)。尽管一些事实标准是独立公司因其在该领域里的独特优势和技术权威,使得其企业标准成为行业内公认的标准,并获得"赢者通吃"的垄断利益,确实属于某一个体独立制定的标准,不需要集体行动,但由联盟或委员会制定的协商一致标准比由占主导地位的企业所制定的标准更能吸引追随者(Greenstein, 1992),价值更大。一方面,技术标准形成的周期较长,且在过程中需消耗大量资源,这是单一主体所无法独立完成的任务;另一方面,技术标准的结果与各参与主体的利益密切相关,因此需要各方集中力量共同参与,以解决过程中出现的种种难题(孙冰、刘晨等, 2021)。而且,随着企业对标准战略意义的认识,各类主体参与标准制定的积极性大幅提升。当然,自愿性标准的制定和实施均是自愿性的。我国团体标准的主体的主要任务就是协调相关市场机构制定出满足市场和创新需求的标准,由市场自愿选择,增加标准的有效供应。

2.目标协同性

标准化的目的包括降低成本、确保质量、保护安全、传达信号等,这些目的相互依存,无法区分(Sanders, 1972)。自愿性标准的形成过程是一个多主体共同参与的过程,实现最佳秩序是参与标准制定各主体的共同目标,这些主体包括产业链上的企业、标准组织、政府相关部门、消费者等。尽管不同标准所要实现的"最佳秩序"的内涵不同,可能是最佳生产秩序、最佳市场秩序、最佳社会秩序(宋明顺等, 2018),但参与主体的根本动机是利用各种资源和战略来促进这些利益(Egyedi, 1996)。这些主体如何通过协作而实现共同目标,这恰恰是集体行动理论所关注的问题。

3.行动过程的协商一致性

协商一致是标准形成过程的关键环节,既有各自拥有的经济和技术资源的合作与协商,又有基于不同动机的博弈,最后就某个技术标准的选择达成一致。标准形成的协商一致过程,是依据一定程序和规则进行的,高质量的标准是相关方共同推动达成的。"协商一致"作为标准形成的关键程序,也成为推动集体行动的一种有效措施。

4."搭便车"现象的普遍性

标准是"准公共物品"。在一个标准形成的相关群体内部,其利益是公开的、公共的,是不具有排他性的。标准形成中的有关主体,无论投入多少、参与程度如何,都可以获得标准形成过程中的技术文件、了解相关信息,而且一旦标准制定出来，任何企业都可以实施，无论其是否对标准形成作出了贡献(Weiss & Cargill，1992)。也就是说，标准制定发布后也可以同等获得标准执行的利益。另外，标准形成的收益有时不明显，且不易测量，为参与成员提供了“搭便车”和提供低质量标准的客观条件。因此，从某一个体角度出发，在标准形成过程中参与度不高、付出少并不影响其利益的获得，存在“搭便车”现象，这就是“奥尔森困境”。例如，Foray 的研究发现，参与标准开发的组织数量过大会导致组织联盟难以有效监管各成员的贡献情况，而监管的缺失会使得有些组织采取“搭便车”行为。因此，在标准形成过程中，“搭便车”将导致标准的有效供给不足，以及高质量标准的供给不足等问题。

以上这些特征符合集体行动理论的逻辑(Narayanan，2012；戴万亮，2016)。BSI认为标准化是一项集体工作，代表了一组专家和其他对该主题感兴趣的人的共识。因此，技术标准的制定也被认为是一种集体行为及选择的结果(毕勋磊，2013)。

7.2.2 市场自主标准形成的集体行动影响因素

标准形成过程中的集体行动，目的在于通过各主体共同、主动、积极地参与，以及时、有效地制定出高质量的标准，增加集体成员的福利，实现帕累托改进。

组织成员集体行动的基本动因是组织内部资源短缺和组织间的资源互补，资源短缺的压力迫使组织采取向外寻求合作的策略，资源互补使组织之间相互吸引并加入集体行动。本书在曼瑟·奥尔森提出的影响集体行动的三大因素，即集团成员非对称性(异质性)、制度设计和集团规模(Olson，1965；Esteban，2001；Sandler，2015)的基础上，结合前文梳理的市场自主制定标准形成过程中的集体行动特征，提出以下主要影响因素。

1.标准形成过程中的集团规模

尽管集团规模对集体行动的影响是正向的还是负向的并未达成完全共识，但集团规模作为集体行动的影响因素是没有异议的。已有研究对“集团规模”的界定主要是指集团中个体的数量，对于标准制定而言，标准制定的参与者规模和标准所在产业的规模都会影响标准形成的成本和相关方的非集体收益，见图7-1。

(1)参与主体数量。集体行动中规模的影响取决于成本。Olson(1965)强调了交易成本随着集团规模的增加而增加，进一步提高了发起集体行动的成本。Timothy Simcoe(2015)对美国互联网工程任务组(Internet

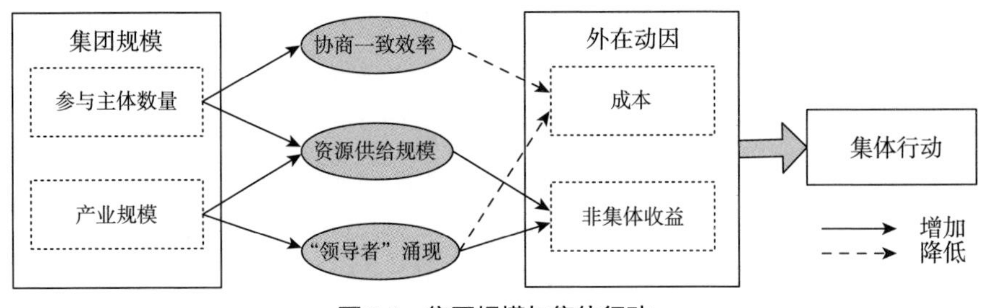

图7-1 集团规模与集体行动

Engineering Task Force, IETF)的实证研究发现,参与者规模每增加1个百分点,标准制定周期将增加7.8天。一方面,在标准制定过程中,参与标准制定的个体规模越大,沟通成本越高,协商一致效率就越低。例如,ISO标准的制定周期就需要36个月,我国的国家标准制定周期需要24个月,《国家标准化发展纲要》提出18个月的目标是极有挑战性的,而多数团体标准的制定周期要求不超过12个月。另一方面,参与者规模越大,资源的供给能力越强,提供的资源越丰富,越容易集结领域内对要制定的标准高度感兴趣和有能力的参与者,因此他们通常更有可能采取成功的集体行动(Olivert Marwell, 1988)而制定出优质标准。

(2)产业规模。经济规模对集体行动的影响是得到证实的,如有研究证明了集体经济对村庄集体行动具有正向的影响(Zang et al., 2019),集体经济实力越强的村庄,集体行动就越容易成功(彭长生、孟令杰, 2007)。在标准形成过程中,经济实力强的产业具备更强的资源投入能力,往往也会有更多的头部企业、知名研究院所等"领导型"个体参与,这些均会降低个体参加标准制定的成本,有利于标准形成过程中的合作,以促进高质量标准的形成,增强合作收益。规模大的产业,协商一致标准影响的经济收益大,个体对这种影响的预期也更大,这也将提升各主体参与标准制定活动的意愿,从而形成集体行动。另外,规模大的产业竞争也更为激烈,动态性相对更强,而动态性强的产业,技术标准更为重要(Shapiro & Varian, 1999; Tassey, 2000; Lichtenthaler, 2012)。

2.标准形成过程中的主体异质性

集团组成结构也是影响集体行动的重要变量,集团之间的非对称性越强,就越容易形成集体行动。异质性的有利性主要体现于充分和丰富的资源供给。Olson(1965)和Hardin(1982)都认为群体异质性对集体行动的前景有积极影响。Sandler(2015)认为异质群体更倾向于达成某种集体行动,但已有研究对于"异质性"的不同类型没有进行细致刻画。本书从标准形成过程中主体异质性的具体内涵出发，提出参与主体的类型异质性及参与主体的规模异质性两种情况，见图7–2。

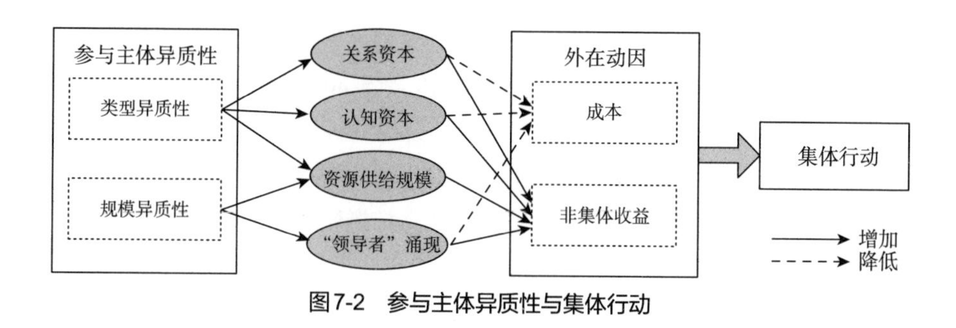

图7-2 参与主体异质性与集体行动

(1)参与主体的类型异质性。参与者的类型多元化是成功制定标准的重要影响因素(Weiss & Cargill, 1992)。标准的形成过程是企业、标准化机构或技术委员会、研究机构、消费者共同参与的过程，这些主体之间的差异较大。即使同为企业，由于所处产业链供应链位置的不同、发展阶段的不同、资源禀赋的不同，多元化也是基本事实，因此主体的类型异质性已成为标准形成的主体特征。由于技术复杂性和不确定性的日益增加，特别是计算机、电信和互联网等行业，企业独立进行技术创新和标准制定与推广的难度与日俱增，故需要多方机构的共同参与(Narayanan, 2012)。合作伙伴可以形成一个重要的资源池，包括物质、资金，也包括知识，以更好地满足市场需求(van de Kaa et al., 2015)。由合作伙伴的多样性所产生的持续的资源异质性已被证明是竞争优势的一个来源(Das & Teng,2000)。不同类型行动者之间拥有差异化的资源，彼此之间可形成互补关系，这种相互依赖(de Reuver, 2015)一方面会增进相互信任，强化共同体定位，获得非集体收益；另一方面，由于信息共享、知识共享产生协同效应，相对于个体单独进行标准制定而言成本更低。

(2)参与主体的规模异质性。成员因其本身规模的不同，所产生的对公共品兴趣和供给能力的不对等关系，这是多数学者界定的集体行动中的"异质性"。一方面，技术标准作为准公共品，会产生显著的技术外溢效应(Tassey, 2000)，技术标准因技术复杂，形成过程有代表性成员的集体参与是更有利的(Markus, 2006)；他们往往具有更强的技术资源、人力资源、专家资源及对技术标准战略作用的认知高度，愿意投入更多，以促进集体行动。另一方面，规模异质性的标准组织，当参与者之间认同度低、缺乏信任时，制定标准的"主导者"，凭借其技术优势、标准化工作的丰富经验及外部资源优势等，可以引领标准形成过程，甚至解决初始的交易成本问题，能够在不依赖合作者之间相互信任的情况下促进集体行动（Raymond，2010）。

3.标准形成过程中的选择性激励

曼瑟·奥尔森将选择性激励制度设计作为大集团解决集体行动困境的一种方式，或者称为实现集体行动的一个因素（Sandler，1992）。选择性激励是有针对性地给予奖励或惩罚，旨在激励成员积极参与集体行动，并承担公共品的供给成本。选择性激励的前提是强有力的组织和充分的资源支持。那么，在标准形成过程中，哪些措施属于选择性激励？这些选择性激励措施为什么会促进集体行动？见图7–3。

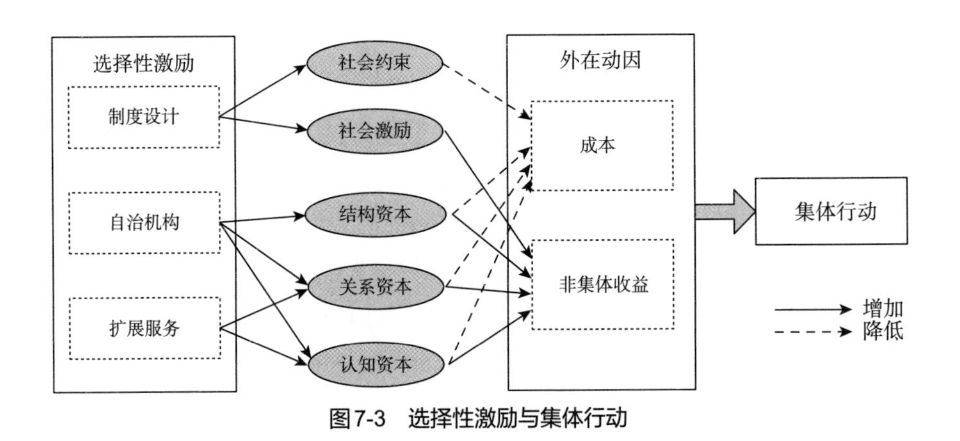

图7-3 选择性激励与集体行动

(1)制度设计。标准制定的网络价值受到制度关系的限制（Ram，2014）。标准竞争过程不仅是技术性竞争过程，而且是制度化过程，同时在强制性标准化过程中，政府承担了这一角色。美国政府在解决单一主导标准问题时和日本政府在解决多重标准问题时所采取的不同努力，也揭示了政府在促进集体行动方面的作用（Cottrell，1994；Narayanan，2012）。对于市场自主制定标准而言，政府通过舆论引导、财政支持（高俊光，2019）、战略规划、政策扶持等措施给予了强大支撑，还可以通过奖励荣誉，以增加参与主体的非集体性收益。在西方国家，尽管政府的直接参与不多，如美国的技术标准通常是由行业协会制定的（Hemphill，2009），但是20世纪90年代美国发布的《国家技术转让与推动法案》《关于联邦政府参与制定和使用自愿性标准及合格评定程序活动》，以及陆续发布的《电信法案》《健康保险可携带性责任法案》等，推动了美国政府在技术法规中尽可能采用或引用自愿性标准，这对于美国标准制度体系起到根本性的支撑作用。另外，美国《ANSI基本要求：美国国家标准的正当程序要求》等制度也对美国自愿性标准的产生具有约束和指导。

(2) 自治机构。集体行动困境体现于个体理性与集体理性之间的冲突，多数研究认为如果缺乏制度安排，完全理性的、以自我利益为中心的个体将不会为了集体利益而行动(Anthony Downes, 2010)。尤其是当参与者之间存在竞争关系时，合作伙伴之间缺乏信任会导致协调困难 (Khanna et al., 1998)，甚至影响标准的市场化(Besen & Johnson, 1986)。那么，如何促进个体自治？这往往需要借助一些载体来实现，一般称为自治机构，如工会组织、行业协会。这些组织的存在一方面实现了“小集团”，另一方面通过其努力提升了群体整体的组织水平(McAdam, 1982)。在市场自主制定标准形成过程中，标准组织及其下设的标准技术委员会(TC)担任着这样的角色。首先，标准组织通过会员机制缩小了团体规模，降低了协商一致的交易成本以促进集体行动。其次，标准组织强化了社会资本的力量。社会资本的本质就是有助于合作的非正式规范，因此拥有社会资本的群体都存在某种信任，从而减少集体行动成本，提高行动效率。通常认为，社会资本由关系资本、结构资本和认知资本构成(Nahapiet & Ghoshal, 1998)。标准组织通过建立会员制度、标准制定规则、议事规则促进了成员之间的相互信任和身份认同或称为共同体氛围，借助成员大会、TC会议，以及标准制修订过程中邮件、视频会议、现场会议等各种形式的沟通，有利于增进参与者之间的关系资本；通过诸如P成员、O成员的区别设置，以及协商一致规则的执行，促进参与者的相互链接以增进结构资本；成熟的标准组织通过明确价值观、宗旨、发展战略以增进参与者之间的认知资本。这些都有利于集体行动的实现。

(3) 扩展服务。从个体角度来看，社会资本是通过社会关系获取的资源。在标准制定过程中，形成社会资本的方式除了上述“自治机构”中所涉及的与标准制定直接相关的内容，还会通过标准组织为其成员提供的扩展性服务而间接增加社会资本，而实质上产生了有利于集体行动的作用。这些扩展服务包括培训(如ISO定期面向发展中国家对TC/SC主席、副主席及秘书进行培训，以提升这些国家参与ISO标准化活动的能力)、组织学术活动、提供一体化解决方案等。这些扩展服务增加了标准组织与其成员之间的黏性，扩展了成员在参与标准制修订活动中的收益。

4.影响因素间的交互作用

(1) 集团规模与异质性。集团规模与集体行动之间的关系之所以存在截然相反的结论，是因为其他因素起了作用。为什么大规模集团也会形成更有效的集体行动？因为大规模集团更易拥有成员异质性，随着集体内部成员的异质性和非随机社会关系的增加，集体行动的积极作用会增强(Oliver, 1985)，个体之间异质性较强的大集团比小集团更易于实现集体行动

(Ostrom, 2012)。海克索恩认为异质性、集体行动及管理规则之间的关系十分复杂，而且这种复杂性与成员对公共品的兴趣有关(Heckathorn, 1993)。

(2)集团规模与社会资本。规模大的产业往往竞争激烈，不仅体现在市场占有率等经济方面的竞争上，而且体现在社会形象等非经济利益上，这会让那些进入小集团的“领袖”企业更珍惜这一身份，愿意投入更多以促进优质标准的形成，提升集体行动能力。此时，产业规模与社会资本之间的相互作用便产生了。张立和王亚华(2021)在对农户参与灌溉设施供给问题的研究中，证明了社会资本在集体经济和集体行动之间的中介作用。

因此，本书尝试从上述因素的作用机制出发，梳理引导上述机制发挥积极作用的措施，进而明确这些措施的实施主体(见表7–1)。

研究发现，这些机制的积极作用是建立在由标准形成的参与主体及环境构成的标准形成生态系统各要素协同作用的基础上的。标准形成的参与主体主要有3种类型：政府、标准组织、企业等其他标准参与主体及产业环境。其中，政府是政策激励措施的提供者，标准组织是资源整合者，企业是标准制定和实施的核心主体。

表7–1 标准形成的集体行动——作用机制、促进措施及实施主体

生态要素	促进措施	协商一致效率	资源供给规模	领导者涌现	关系资本	结构资本	认知资本	社会激励	社会约束
标准组织	强化集团内部制度、规则建设	√			√	√	√	√	√
	提升标准组织的动员能力		√	√	√				
	提升标准组织的沟通能力	√			√		√		
	提升标准组织的资源整合能力		√		√				
	标准组织奖励及宣传						√	√	
	标准组织的专业能力	√				√			
	为标准组织成员提供培训、认证、咨询等				√		√		
	提升标准组织的战略管理及文化建设能力				√	√	√		
	提升其他参与主体的能力	√	√				√		√

续表

生态要素	促进措施	协商一致效率	资源供给规模	领导者涌现	关系资本	结构资本	认知资本	社会激励	社会约束
产业环境	产业竞争者多		√	√					
	技术创新活动活跃		√	√					
	技术迭代快			√					
	产业集中度高			√					
	市场需求变化快								
	产业规模大		√						
政策要素	政府政策对参与主体的引导		√	√		√		√	√
	政府提供专家资源		√						
	政府提供资金支持		√						
	政府提供信息支持		√						
	官方媒体宣传							√	
	政府的奖励政策							√	
	政府颁布法律、法规等强制性制度								√

7.2.3　市场自主制定标准集体行动内驱力模型

从标准化活动的核心主体，即企业的视角来看，上述因素均为外在驱动因素，如何通过增强内驱力(马鹏超，2021)而形成集体行动，相关研究并不充分，但这对理解和增进公共物品治理实践具有重要价值(王亚华，2021)。从我国标准化发展未来方向来看，团体标准作为市场自主制定标准的主体，其与政府主导制定的标准“并重”发展已是必然趋势。在推动团体标准优质发展过程中，以“选择性激励”形成的外驱力固然重要，但外在激励若不能转化为内在激励，即不能转化为内驱力，标准制定主体的参与意愿便不能真正建立。为此，本书探讨考虑了内驱力的标准制定集体行动的形成机制。

1.组织间学习的中介作用

在集体行动中，收益包含集体性收益和选择性收益(Feiock，2007；锁利铭，2020)。集体性收益来自通过集体行动达到目标带来的项目收益。对于参与标准形成活动而言，选择性收益是主体参与某项集体行动而获得的个体性的非集体收益，不仅包括主体之间建立起的信任、主体之间的连接、获得的荣誉等，而且包括在参与过程中所获得的知识、信息及能力提升，而后者是通过组织间学习获得的。

一方面，标准形成过程是知识的清晰表达和固化的过程(Russell, 2005)，标准的应用过程是知识的传播过程(Lyytinen & King, 2006)，因而标准具有知识属性(Blind & Grupp, 2000; Cowan et al., 2000)。标准记录了技术进步的轨迹，是进行技术沟通的基础和载体(Kretchmer, 1996)。在技术标准化过程中，参与主体可以获得新的相关知识(Kalaigananam et al., 2007)。另一方面，技术标准明确了技术发展方向，并对创新形成指导，而且这种指导作用的收益是大于成本的(Blind, 2017)。由于学习能力的提升是企业，尤其是采取赶超策略的企业积极参与标准制定的重要因素，参与主体组织间学习的动机越强、主动性越强，就越有利于形成标准与创新的互动能力，会尽快进入标准制定的状态，加快标准制定进程。

标准化团体促进了成员之间的知识转移(Delcamp & Leiponen, 2014)，减少搜索、谈判和许可成本(Vakili, 2016)，获取创新机会(Nambisan, 2013)，甚至产生更好的创新绩效(Jinyan Wen et al., 2020)；标准化联盟网络(SA网络)为企业提供了复杂产品创造所需的外部知识和组合机会(Nambisan, 2013)。企业可以通过与合作伙伴讨论和测试技术，获得有关新技术发展和不断发展的行业标准的信息和知识(Nambisan, 2013)，特别是在快速发展的领域(如物联网)中，对标准的引用促进了异质知识路径汇聚到一个新的新兴技术集群中(Kim et al., 2017)。

2.标准形成的集体行动内驱力概念模型

基于以上分析，获得标准形成的集体行动内驱力概念模型，见图7–4。

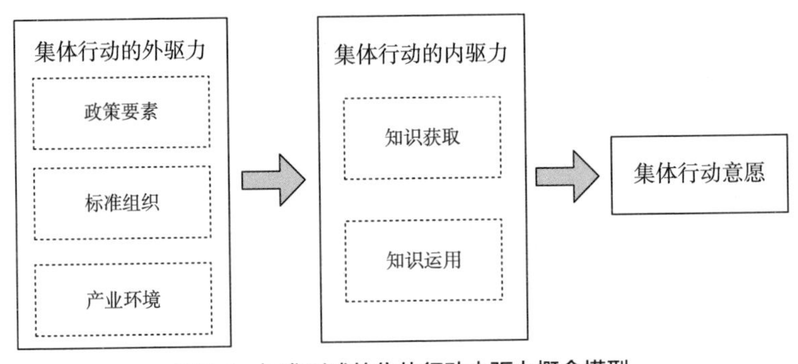

图7-4 标准形成的集体行动内驱力概念模型

7.3　研究假设与研究设计

7.3.1　制定意愿和行动意愿

标准制定主体的集体行动首先体现在参与标准制定的意愿上。但是，单纯解决标准形成的集体行动问题是没有意义的，标准形成与标准扩散是两个不可分离的环节，只解决第一个困境可能无法解决第二个困境(Markus，2006)，只有被执行的标准才有制定的意义，标准形成的价值才能被参与者获得。真正的集体行动应该是同时具备标准的开发意愿和实施意愿。对于标准制定主体而言，行动意愿实际上是信守承诺的表现，因此本书将参与意愿划分为制定意愿和行动意愿两个方面。

7.3.2　政策激励与参与意愿

政府的干预为标准形成过程中的“搭便车”和寻租问题提供了最终解决方案，而且这种干预不仅存在于政府主导制定的强制性标准(或称为技术法规)上，而且存在于市场自主制定的标准(或称为私营标准)上(David，1990)。在我国市场自主制定标准的发展过程中，政府的作用更为显著：一方面，政府的政策引导、官方宣传不仅营造了良好的氛围，而且给予标准制定的相关方以信心和对收益的预期，增强了集体行动的社会资本；另一方面，政府通过资金支持、专家支持、信息提供等措施不仅增加了标准制定过程中所需要的资源供给，而且降低了个体的参与成本，这一点在团体标准发展初期对集体行动的推动力更为明显。

由此提出以下假设：

H1-1　政策激励正向影响标准制定主体的制定意愿

H1-2　政策激励正向影响标准制定主体的行动意愿

7.3.3　标准组织能力与参与意愿

自愿性标准由市场上的利益相关者在标准组织提供的环境中合作实现，团体的组织能力直接影响标准制定主体的协调活动和标准质量，因此多数学者关注并强调了标准组织作为平台在标准形成过程中的作用(Anton & Yao，1995；Goluchowicz & Blind，2001；Spulber，2008b，2013；Llanes，2014)。例如，Swann(1994)和Belleflamme(2002)认为通过标准组织开发的标准虽然制定时间更长，但在编写过程中就经历了讨论和选择，相较于通过市场过程产生的标准质量更高，在竞争后期具有更好的表现。标准组织在标准形成过程中不仅提供了协商载体(Farrell & Simcoe，2012)，而且为相关方进行联合研发提供了平台(Cabral & Salant，2008)，其组织协调能力在集体行动过程中具有"催化剂"功能(Lemley，2007；Shapiro，1999)，有助于推动各利益相关方达成标准的广泛共识(Chiao et al.，2007；Simcoe，2012；Maze，2017)。

在我国，标准组织的作用更为广泛：第一，多数团体由具有较强政府背景的协会、学会发展而来，在及时把握政策动态并精准解读、协调资源等方面具有优势(王平、梁正，2016；刘三江，2015；方放、吴慧霞，2017)；第二，团体通过战略规划、文化建设、奖励制度、搭建沟通平台等方式调动成员的积极性，增进信任感，在促进成员的集体行动过程中发挥了强化社会资本的作用；第三，团体通过提供培训、咨询服务、认证服务等不断给成员提供非集体利益。

由此提出以下假设：

H2-1　标准组织能力正向影响标准制定主体的制定意愿

H2-2　标准组织能力正向影响标准制定主体的行动意愿

7.3.4　产业规模与参与意愿

不同的产业及处于不同发展阶段的企业对参与标准制定的意义认知是不同的。例如，在移动通信领域，3G时代的标准制定主要是由企业推动的，4G是由企业和标准组织联合推动的，而5G时代则是由"政府+标准组织+企业"协同推动的(瞿羽扬、周立军，2021)，不同主体参与意愿的显著变化与移动通信产业内部竞争水平、产业的基础性作用和发展前景等因素密切相关。又如，近年来在人工智能领域，不仅政府通过政策、规划引导标准制定，而且企业及团体也非常踊跃。规模大的产业，对标准的需求更旺盛，标准的市场拉动效应明显；另外，头部企业愿意投入更多资源，也愿意主动与企业参与方沟通以增强合作。总体来看，产业内竞争越激烈、标准需求越旺盛，越有利于参与方尽快制定高水平的标准。

由此提出以下假设：

H3-1　产业规模正向影响标准制定主体的制定意愿

H3-2　产业规模正向影响标准制定主体的行动意愿

7.3.5　知识获取的中介作用

知识获取是企业与外部组织间知识交流与共享的基础(吴玉浩等，2018)。标准形成过程中的知识源有两类：一类是各参与主体，包括产业链上下游企业、竞争对手、政府相关部门、标准组织、科研院所、标准化技术机构、高等院校等异质性主体(吴玉浩等, 2018; 洪欢, 2019), 在标准化活动开始之前所各自拥有的、分散在不同的标准制定主体内部的知识和信息。另一类是在标准制定过程中, 由于各主体之间的交互作用而产生的新知识。标准制定是参与主体之间进行最佳实践充分交流、互相博弈, 最终达成共识的过程, 在这个过程中, 各主体可以充分了解到其他参与主体的技术知识、实践经验、供应商需求、市场相关信息、消费者需求等知识和信息, 并将这些信息转化为标准要求。同时, 在持续的标准化活动中, 参与主体通过不断的知识吸收进行知识和信息的迭代, 并内化为自身的知识, 增强了参与标准化活动的能力, 提升了参与标准化活动的意愿, 甚至形成创新思想, 推动内部技术进步。因此, 知识获取是个体参与标准化活动的主要动因(Mangelsdorf, 2012; Blind & Mangelsdorf, 2016)。

由此提出以下假设:

H4–1　知识获取在政策激励和制定意愿之间发挥中介作用

H4–2　知识获取在政策激励和行动意愿之间发挥中介作用

H4–3　知识获取在团体组织能力和制定意愿之间发挥中介作用

H4–4　知识获取在团体组织能力和行动意愿之间发挥中介作用

H4–5　知识获取在产业规模和制定意愿之间发挥中介作用

H4–6　知识获取在产业规模和行动意愿之间发挥中介作用

7.3.6　知识运用的中介作用

知识运用是在知识理解基础上的应用和创新过程, 这个过程既是一个能力提升过程, 又是一个价值创造过程。在标准形成过程中, 各主体通过知识获取, 进而将知识进行消化吸收、整合、内部传播并加以运用。参与主体的知识应用也表现在几个方面: 第一, 参与主体由于对知识获取意识的提升而产生主动收集知识的内在动力, 开展内部培训, 实现技术水平提升、生产工艺改进、技术信息系统优化、新产品开发等; 第二, 强化对客户、供应商、竞争对手的认识, 进行战略调整, 提升应对市场的能力; 第三, 由于对标准形成过程各环节的体验形成更深刻的感知, 内化为标准化能力的提升, 为标准实施应用奠定了更好的基础。因此, 知识运用是个体参与标准化活动的重要桥梁。

由此提出以下假设:

H5–1　知识运用在政策激励和制定意愿之间发挥中介作用

H5–2　知识运用在政策激励和行动意愿之间发挥中介作用

H5–3　知识运用在团体组织能力和制定意愿之间发挥中介作用

H5–4　知识运用在团体组织能力和行动意愿之间发挥中介作用

H5–5　知识运用在产业规模和制定意愿之间发挥中介作用

H5–6　知识运用在产业规模和行动意愿之间发挥中介作用

基于以上研究假设，形成研究框架，见图7–5。

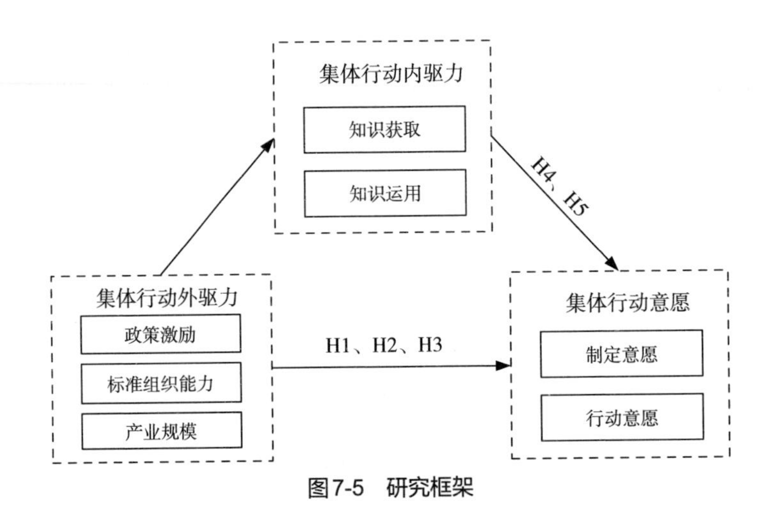

图7-5　研究框架

第8章

市场自主制定标准形成的集体行动机制实证研究

8.1　量表设计

8.1.1　集体行动的外驱力

1.政府激励

政府是标准化服务体系的建设者和监管者，通过舆论引导、财政支持、法律法规、战略规划、政策扶持等方式给予企业强大支撑。根据本书第6章关于政府、企业、标准机构的演化博弈的研究，证明政府在市场自主制定标准发展初期的激励政策对于增进企业参与标准制定的意愿是有效的。

吴玉浩(2019)指出，政府可以对企业的技术标准化市场活动进行引导，通过所出台的相关政策制度和法律法规影响标准的未来市场发展趋势。Audenrode(2017)认为，政府可以通过对标准中新技术与新产品进行投资的方式为企业提供财政支持，扩大新技术及新产品的市场。同时，政府可以利用舆论挑选扶持产业界中的“优胜者”，并在技术标准之争中助其一臂之力(高俊光，2019；Gao，2014)。不仅如此，政府还可以为标准的形成提供平台(Maze，2017)，企业则可以借助国家或政府的力量，推广自身的标准，抢占技术制高点(王博，2020)。政府通过出台专项政策、资金支持、奖励荣誉，以及技术、专家等信息供给等方式增加参与主体的非集体性收益，提高企业参与标准制定的意愿。

本书综合已有研究及标准化工作实践，构建了政府激励的测量题项，见表8–1。

表8–1　政府激励的测量题项

变量	测量题项	题项来源
政府激励	1.相关职能部门为企业参与制定“浙江制造”标准	
	1–1提供了专门的政策 1–2提供了足够的经费资助 1–3提供了寻求资金支持的渠道 1–4提供了必要的技术信息 1–5提供了必要的专家支持 1–6提供了引进技术和设备的渠道	马蓝(2016)；肖振鑫、高山行(2015)；杨震宁等(2018)；杨震宁等(2015)；吴玉浩(2019)；Audenrode(2017)；高俊光(2018)；Gao(2014)；Maze(2017)；王博(2020)

2.标准组织能力

许多技术标准是标准组织、市场和政府活动共同努力的结果(Baron，2018)，标准组织在标准的形成过程中起到关键作用(Llanes，2014)，尤其是在增加标准制定集团成员之间的社会资本方面，这些作用的发生依赖于标准组织的能力。标准组织为各利益相关方提供了协商载体，团体的组织协调能力有助于推动各利益相关方达成标准的广泛共识(Simcoe，2012)。标准组织也可以为相关方提供共享的技术平台，解决技术难题(Cabral & Salant，2008)。能力强的社会团体很容易获得用于相关标准化活动的资源，可利用自身的设施、人才、技术和信息优势，提高标准的质量(洪欢，2020)。同时，社会团体还可以通过提供培训、咨询服务、认证服务等方式给成员提供不断增加的非集体利益，提高各相关方参与标准制定的积极性。

本书综合已有研究及标准化工作实践，构建了标准组织能力的测量题项，见表8-2。

表8-2 标准组织能力的测量题项

<table>
<tr><th>变量</th><th>测量题项</th><th>题项来源</th></tr>
<tr><td rowspan="2">标准组织能力</td><td colspan="2">2.在企业参与制定“浙江制造”标准的过程中，社会团体(如浙江省品牌建设联合会)</td></tr>
<tr><td>2-1积极组织会议、培训等活动
2-2充分协调参与方的资源(包括人力、物力、财力)
2-3与参与方有效地进行信息沟通
2-4推动参与方积极性的提升
2-5调动自身资源(包括人力、物力、财力)为参与方使用</td><td>Baron(2018); Llanes(2014); Simcoe(2012); Cabral & Salant(2008); 洪欢(2020)</td></tr>
</table>

3.产业规模

企业处于不同的产业或处于不同发展阶段的产业对参与标准制定的意义认知是不同的，产业的规模都会影响标准形成的成本和相关方的非集体收益，也会影响企业参与标准制定的意愿。Oliver & Marwell(1988)认为参与者规模越大，资源的供给能力越强，提供的资源越丰富，就越容易集结领域内对要制定的标准高度感兴趣和有能力的参与者，从而制定优质标准。同样的，产业的经济规模也能够对标准的制定意愿产生影响。经济实力强的产业具备更强的资源投入能力，往往也会有更多的头部企业、知名研究院所等“领导型”个体参与，这些均会降低个体参加标准制定的成本，提升企业参与标准制定的意愿(高俊光，2012)。

产业内部的市场需求、竞争水平、产业基础性作用和发展前景等因素均能对不同主体的标准制定意愿产生影响(周立军等，2023)。产业规模并非仅仅是总量的问题，产业规模与竞争存在正向相关关系(赵楠，2003)，产业的活跃度、竞争性、产业环境变化等更为重要。标准是抽象的，其制定与传播是一个长期实践的过程，当产业竞争较为激烈、变动过快时，可能导致企业无法应对，影响企业参与标准制定的积极性；而在竞争压力明显减小后，企业的发展会得到提升，此时企业更愿意采取前瞻型战略以应对变化的外部环境(Shleifer & Vishny, 1994)。

本书综合已有研究及标准化工作实践，构建了产业规模的测量题项，见表8-3。

表8-3　产业规模的测量题项

变量	测量题项	题项来源
产业规模	3.企业面临的产业状况	
	3-1行业内直接竞争者数量多 3-2行业内潜在竞争者数量多 3-3行业内直接竞争者的新产品多 3-4行业内替代品数量多 3-5行业内技术变化快 3-6行业内市场环境变化快 3-7行业内客户需求变化很快	殷俊杰(2018)；李薇(2009)；Eisingerich等(2010)；Rowley 等(2000)；Oliver & Marwell(1988)；高俊光(2012)；瞿羽扬(2021)；Shleifer & Vishny(1994)

8.1.2　集体行动的内驱力

1.知识获取

知识获取是企业与外部组织间知识交流与共享的基础(姜红，2018)，也是企业参与标准化活动的主要动因(Mangelsdorf, 2012；Blind & Mangelsdorf, 2016)。苏中锋(2007)认为在知识经济时代，获取新的知识、快速实现创新已经成为企业生存和发展的新源泉，企业可以通过市场交易、并购其他企业、战略联盟等方式获取外部知识。在标准的形成过程中，各主体可以充分了解到其他参与主体的技术知识、实践经验、市场需求等知识和信息，并通过获取和消化外部知识，累积经验，形成宝贵的知识资产(陈涛等，2015；关皓元等，2016)，增强了各主体参与标准化活动的能力，提升了参与标准化活动的意愿。Huber(1991)将知识获取描述为5个子过程：其一，先天性学习，即利用组织形成时所掌握的知识；其二，经验学习，即在实践过程中补充的知识；其三，替代学习，即通过观察其他组织来学习；其四，学习转移，即将组织需要但不具备的知识嫁接到组织内部；其五，学习搜索，即观察或收集有关组织环境和绩效的信息。

本书综合已有研究及标准化工作实践，构建了知识获取的测量题项，见表8-4。

表8-4 知识获取的测量题项

变量	测量题项	题项来源
知识获取	4.在参与“浙江制造”标准制定的过程中	
	4-1企业可以获得与产品相关的先进技术信息 4-2企业可以获得与产品相关的新原材料信息 4-3企业可以获得与产品相关的认证信息 4-4企业可以获得与产品相关的消费者需求动态信息 4-5企业可以获得与企业发展相关的竞争市场信息 4-6企业可以学到外部组织的管理知识 4-7企业可以学到外部组织的生产工艺知识 4-8企业与外部组织交换消费者、供应商和竞争者等方面的信息 4-9企业与外部组织共同参与团体标准相关学习、交流、培训等活动 4-10外部组织安排了专门负责与企业沟通的人员 4-11外部组织安排了专门负责指导企业产品或技术的人员 4-12外部组织愿意分享信息给企业，如产品相关的技术、原材料、认证等信息 4-13企业愿意分享信息给外部组织，如产品相关的技术、原材料、认证等信息	Huber(1991)；Nevis等(1995)；Lyles & Salk(1996)；杨阳(2011)；姜红(2018)；Mangelsdorf(2012)；Blind & Mangelsdorf(2016)；陈涛等(2015)；关皓元等(2016)

2.知识运用

知识运用是一个“能力深化”的创新过程。在标准的形成过程中，知识运用是指标准形成集体的知识系统生成的新知识从集团转移到各主体，将获取和整合的知识内部化并应用于企业自身的内部活动或外部标准化活动(杨阳，2011)，也就是各主体通过知识获取，进而将知识进行消化吸收、整合、内部传播并加以运用(洪欢，2020)的过程，如运用于工艺改进、技术革新等技术创新方面，市场信息、客户信息、供应商信息等信息管理方面及标准制定流程、标准研制技术等标准化能力方面(瞿羽扬等，2021)。知识的高效运用过程可提升内部员工标准化能力和标准化知识储备(卢宏宇、余晓，2021)、降低标准化成本(吴玉浩，2019)、创造新技术(Yayavaram & Ahuja，2008)，善于运用知识的企业通常能够将知识资本不断转化为产品创新和服务创新(胡浩，2007)，这为标准研制及更新优化奠定了更有力的技术基础。

本书综合已有研究及标准化工作实践，构建了知识运用的测量题项，见表8-5。

表8-5　知识运用的测量题项

变量	测量题项	题项来源
知识运用	5.在参与“浙江制造”标准制定的过程中	
	5-1企业会定期收集和整理从外部组织那里获取到的知识和信息 5-2企业会通过培训等方式帮助员工了解“品字标”产品的技术创新 5-3企业会运用新技术和新材料开发“品字标”产品 5-4企业会运用新技术改进生产工艺 5-5企业会提升现有的技术能力和技术水平 5-6企业会利用文字、图表等方式记录“浙江制造”标准的制定流程 5-7企业可以对消费者需求变动的信息加深理解与认识 5-8企业可以针对市场竞争环境的情况，能够有效地做出战略调整 5-9企业可以优化产品新原材料的供应商渠道信息 5-10企业可以构建产品先进技术的信息库 5-11企业可以熟悉“浙江制造”标准从起草到推广的流程 5-12企业可以熟悉新产品从开发到获得“品字标”认证的流程	Nevis等(1995)；杨阳(2011)；Akgün等(2012)；Moorman&Miner(1997)；Cegarra(2011)；陈涛(2014)；Yayavaram & Ahuja(2008)；洪欢(2020)；吴玉浩(2019)；卢宏宇、余晓(2021)

8.1.3　集体行动意愿

已有研究关于行为意愿的探讨非常丰富，如合作、购买、支付、使用等意愿，其中合作意愿主要是指围绕特定目的与他人或组织进行某种活动的主观概率，这与本书的集体行动意愿的定义较为相近。秦玮(2011)采用资源投入、交流沟通和冲突降低3个维度来衡量企业在产学研联盟中的合作行为。Markus(2006)也指出标准制定和标准扩散是不可分离的，只有被执行的标准才有制定的意义，标准形成的价值才能被参与者获得。根据本书第7章的集体行动框架下的标准形成机制的理论探讨，将集体行动的意愿分为制定意愿和行动意愿两个维度。其中，制定意愿表现为企业通过机构建设、人员配备等方式愿意投入资金、人力等资源以积极参与甚至主导制定标准。行动意愿表现为企业愿意进行技术改造、硬件升级采用相关标准，并积极通过认证，体现于行动上的认可。

本书参考合作行为中的合作意愿维度，结合文献综述及对企业参与标准制定的过程分析，从制定、行动两个方面构建了集体行动意愿的测量题项，见表 8-6。

表8-6 集体行动意愿的测量题项

变量	测量题项	题项来源
制定意愿	6-1本企业愿意在标准化活动中投入足够的资金 6-2本企业愿意为更好地参与标准化活动培养专业人才 6-3本企业愿意主导制定“浙江制造”标准 6-4本企业愿意参与制定“浙江制造”标准 6-5本企业愿意成立标准化工作部门 6-6本企业愿意增加标准化人员的配备 6-7本企业保证标准化工作小组有充足的时间投入“浙江制造”标准制定工作 6-8本企业保证标准化工作小组有很高的积极性参与“浙江制造”标准制定工作	洪欢(2020);秦玮(2011);Kapmeier(2003);党兴华等(2010)
行动意愿	7-1本企业愿意为实施“浙江制造”标准引进先进的技术和设备 7-2本企业愿意采用“浙江制造”标准生产产品 7-3本企业愿意进行“品字标”产品认证 7-4本企业愿意进行“品字标”自我声明	姜红(2018);曾德明(2015);Markus(2006)

8.2 问卷设计与预调研

8.2.1 “浙江制造”标准概况

“浙江制造”源于2013年浙江省委第十三届第三次全会《关于全面实施创新驱动发展战略、加快建设创新型省份的决定》中提出“全面提升浙江制造品牌影响力”重要决策;随后成立了“浙江制造”课题组,于2013年年底初步形成了“浙江制造”建设的总体思路,是由品联会发布的团体标准。

作为浙江省“国家标准化综合改革示范”的重要构成部分,“浙江制造”在发展过程中,以打造成浙江制造业先进性的公共区域品牌,成为高品质、高水平的代名词为目标,通过产品、企业、标准及品牌联动,提高企业产品质量和知名度,形成市场竞争力。在政府和品联会共同努力下,本着政府推动、企业自愿、标准引领、认证推广的原则,以高标准推动供给侧结构性改革,引领“浙江制造”高品质发展,企业积极性极大地被提高。截至2021年12月31日,共发布浙江制造标准2610项,在全国各类团体标准中排名第一。“浙江制造”标准在我国团体标准发展过程中具有典型意义,因此选其为实证研究对象,以验证上述理论假设。

在“浙江制造”标准的形成过程中,政府对于参与该组织团体标准制定企业的政策鼓励、资金资助和标准化技术指导等工作上的支持及品联会对于团体标准的宣传推广使得组织成员和行业头部企业在组织的团体标准开发活动中活跃度较高。在“浙江制造”的机制设计中，“牵头单位”为“浙江制造”标准研制提供了专业的标准化工作支撑。根据《浙江省品牌建设联合会“浙江制造”标准管理办法》“浙江制造”标准研制采用“省品联会+牵头组织单位+标准研制工作组”的模式，标准牵头组织制定单位负责标准制定过程技术指导，标准研制工作组负责标准具体的制定工作。同时，在此过程中，大量的标准化服务机构发展起来，为企业提供政策解读、标准编写指导等服务工作。研究团队根据“浙江制造”标准制定模式，梳理出“浙江制造”标准制定流程(见图 8–1)。其中，企业是“浙江制造”标准形成的核心参与主体是标准需求的感知者和主要提供者，是标准中关键条款及要求的核心研制者，也是标准形成过程中的资源提供者。企业的参与意愿是“浙江制造”标准持续发展的关键。

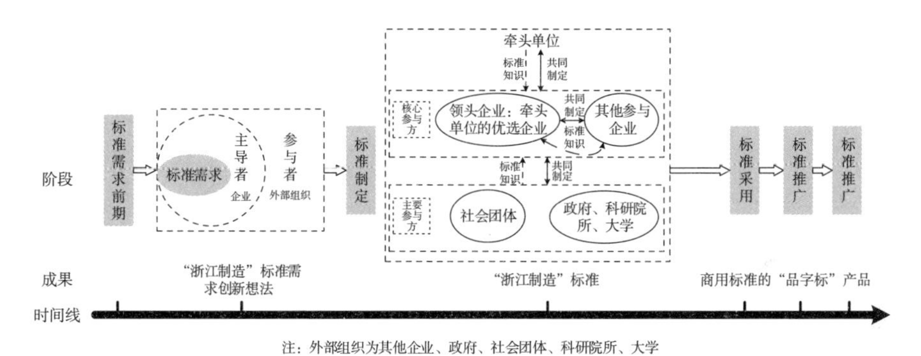

注：外部组织为其他企业、政府、社会团体、科研院所、大学

图8-1 “浙江制造”标准制定流程

8.2.2 问卷设计

本书采用问卷形式收集数据，进而进行假设检验，基本流程如下所述。

(1) 企业调研。本书对浙江省品牌建设联合会及杭州老板电器股份有限公司、宁波方太厨具有限公司、杭州华海木业有限公司、杭州西奥电梯有限公司、浙江银轮机械股份有限公司等多家企业进行半结构性访谈，初步了解企业参与制定“浙江制造”标准的动机及影响因素。

(2) 文献梳理。本书从市场自主制定标准的基本特征出发，搜集阅读了300余篇中英文文献。在此基础上，对相关理论的文献进行归纳和梳理，溯源标准化集体行动观等基础理论，厘清标准化理论研究发展过程，标准形成的过程、特征及影响因素；同时，精读中英文相关文献120余篇，明确了标准制定的集体行动意愿、政府激励、标准组织的组织能力、产业规模、组织间学习等变量的内涵。

(3) 初始量表设计。结合国内外文献已有研究、实地调研分析及研究团队对“浙江制造”标准形成实践的了解，形成初始测量量表。

(4) 专家意见征询及问卷设计。在确定各变量的初始测量量表及相应的控制变量后，在全国范围内通过线上会议的方式征求了5位标准化理论专家、3位企业标准化负责人、3位企业技术负责人(有技术标准研制经验)和2位品联会工作人员(参与“浙江制造”标准管理工作均在3年以上)、2位浙江省标准化研究院专家的意见和建议，增加了部分被访者基本信息的内容，对问卷的表达进行了完善，以便于被访者理解。

(5) 小样本预调查。将初始问卷针对研究团队授课的企业标准化高端人才培训班相关人员等进行了预调查。共发放问卷63份，收回59份，剔除无效问卷后最终获得有效问卷47份。运用SPSS分析软件中的可靠性指标进行信度检验，使用探索性因子分析(EFA)进行结构效度测量，并根据数据分析结果对问卷进行修正。问卷修正后各变量的信效度良好，符合预期。

基于预调查样本分析的检验结果，形成了最终正式问卷。问卷由两个部分构成：第一部分是企业的基础信息，包括企业名称、所在地，以及用来作为控制变量的相关题项，即企业成立年限、规模、性质、是否上市、所在行业类别；第二部分是问卷的主体部分，主要由变量测量量表构成，包括集体行动外驱力、集体行动内驱力、参与意愿，采用李克特七级量表(“1”表示非常不愿意，“2”表示不愿意，“3”表示基本不愿意，“4”表示一般愿意，“5”表示基本愿意，“6”表示愿意，“7”表示非常愿意)。

8.3 正式调研与描述性统计分析

本书的正式调研通过电话、短信、邮件等方式联系近500家参与“浙江制造”标准制定的企业协助进行调研(企业名单由品联会提供)，剔除部分无效问卷，最终得到205份有效问卷。

样本企业的描述性统计概况见表8-7。其中，参与调研的企业成立年限在11～25年范围内的居多(占61.95%)；企业规模在101～500人的最多(占39.02%)，其次是501～1000人和1000人以上(占24.88%)；年销售收入在1亿元以上的居多(占73.17%)；在企业性质方面，民营企业占89.76%；企业所属行业涉及各类制造业；尚未上市的企业占76.10%，国内上市的企业占23.41%；参与制定“浙江制造”标准愿意十分强烈(程度=“7”)的企业占76.59%。

表8-7　正式问卷：样本企业的描述性统计概况

统计内容	类别	数量	占比/(%)	累计占比/(%)
企业成立年限	1～5年	4	1.95	1.95
	6～10年	22	10.73	12.68
	11～25年	127	61.95	74.63
	25年以上	52	25.37	100.00
企业规模	101人以下	23	11.22	11.22
	101～500人	80	39.02	50.24
	501～1000人	51	24.88	75.12
	1000人以上	51	24.88	100.00
年销售收入	500万元以下	1	0.49	0.49
	500万～1000万元	6	2.93	3.41
	1000万～5000万元	22	10.73	14.15
	5000万～1亿元	26	12.68	26.83
	1亿元以上	150	73.17	100.00
企业性质	国有(控股)	7	3.41	3.41
	民营	184	89.76	93.17
	中外合资	5	2.44	95.61
	外商独资	3	1.46	97.07
	其他	6	2.93	100.00
企业所属行业	食品	5	2.44	2.44
	纺织	17	8.29	10.73
	船舶修造	0	0.00	10.73
	家用电器	9	4.39	15.12
	医药	4	1.95	17.07
	汽车	14	6.83	23.90
	通用及专用设备	19	9.27	33.17
	石油化工	14	6.83	40.00
	电子通信	6	2.93	42.93
	机械	46	22.44	65.37
	仪器仪表	6	2.93	68.29
	其他	65	31.71	100.00

续表

统计内容	类别	数量	占比/(%)	累计占比/(%)
是否上市	国内上市	48	23.41	23.41
	海外上市	1	0.49	23.9
	尚未上市	156	76.10	100.00
愿意制定“浙江制造”标准的程度	非常不愿意	0	0.00	0
	不愿意	0	0.00	0
	基本不愿意	0	0.00	0
	一般愿意	6	2.93	2.93
	基本愿意	19	9.27	12.20
	愿意	23	11.22	23.41
	非常愿意	157	76.59	100.00

8.4 信效度分析

8.4.1 测量模型检验方法

测量模型描述了如何通过相应的主要指标测量或概念化潜在变量。测验结果与所需检验对象的匹配度越高，模型的效度就越好。问卷的有效性包括内容有效性分析、探索性因素分析(EFA)和验证性因素分析(CFA)。

(1) 内容效度分析。由于本书项目来自国内外学者的实证研究，还通过预调查对初始问卷进行了合理的修改，最终形成了正式的问卷，本书认为正式问卷具有良好的内容效度。

(2) 探索性因子分析(EFA)包括可靠性和有效性的指标，EFA分析是测试量表的因子结构，探索性因子分析运用SPSS24.0进行分析。

(3) 验证性因子分析(CFA)包括对整体模型拟合(即模型外部质量)，可靠性和有效性(即收敛性有效性和判别有效性)的评估，而CFA分析旨在检查测量模型中观察到的变量，潜在变量和潜在变量之间的因果模型是否适合观察到的数据。本书使用AMOS 24.0默认估计方法(ML方法)进行CFA分析。CFA分析的评价指标及评价标准见表8-8。

表8-8　CFA分析的评价指标及评价标准

统计检验量				适配的标准或临界值
整体模型适配度	绝对适配度指标	卡方	x^2=CMIN	显著性概率值$p<0.05$
		调整后适配度指数	AGFI	>0.8(合理); >0.9(良好)
		渐进残差均方和平方根	RMSEA	<0.01(优异);0.01～0.05(良好); 0.05～0.08(一般)
	增值适配指标	规范适配指数	NFI	>0.8(合理); >0.9(良好)
		增值适配指数	IFI	>0.8(合理); >0.9(良好)
		比较适配指数	CFI	>0.8(合理); >0.9(良好)
	简约适配指标	卡方与自由度比率值	NC(x^2/df=CMIN/DF)	NC<1: 过度适配; 1<NC<3: 良好(可放宽至5); NC>5: 适配度不佳, 需要修正
信度	单一题项指标	因子载荷值	factor loading	>0.5
		克隆巴赫系数	Cronbach's alpha	>0.7
		标准误差	S.E.	较小
		显著性水平=临界比率	t=C.R.	绝对值>1.96
		多元相关平方	SMC	>0.5
	组内一致性	组合信度	CR	>0.6
效度	收敛速度	平均方差萃取量	AVE	AVE>0.5: 收敛效度合理; AVE>0.7: 收敛速度非常理想
	区别效度	平均方差萃取量的平方根	$\sqrt{AVE}$	$\sqrt{AVE}>r$: 区别效度理想
		各因子间的相关系数	r	

适配性评估指标的作用是检查理论模型与数据匹配的程度，不能用作判断模型是否成立的唯一标准。具有高度拟合度的模型只能作为参考，需要根据研究问题进行判断。假设模型的适配指标不是最优的，但可以用相关理论解释，则进行模型的合理性讨论，这对模型也具有研究意义(吴明隆，2012)。本书在进行测量模型整体适配的评估过程中，选择了RMSEA、NFI、IFI、CFI和NC作为评估标准。

8.4.2 探索性因子分析(EFA)

1.集体行动外驱力的信效度检验

初始结果显示KMO值为0.913，Bartlett球形检验得到相伴概率Sig，在概率0.001水平上显著，量表适合做因子分析。EFA分析结果显示(见表8-9)，集体行动外驱力量表的17个题项共提取了3个因子(各题项因子载荷值 > 0.5)，累计变异解释量为76.885%。

表8-9 集体行动外驱力量表的因子载荷(*N*=205)

题项序号	因子载荷量		
GS2	0.157	0.497	0.587
GS3	0.171	0.362	0.788
GS4	0.216	0.353	0.811
GS5	0.207	0.427	0.753
GS6	0.217	0.278	0.800
GSO1	0.280	0.801	0.344
GSO2	0.242	0.726	0.495
GSO3	0.216	0.855	0.374
GSO4	0.260	0.826	0.393
GSO5	0.231	0.795	0.399
CP1	0.676	0.438	0.049
CP2	0.786	0.256	0.130
CP3	0.834	0.226	0.047
CP4	0.798	0.072	0.235
CP5	0.755	0.037	0.401
CP6	0.810	0.178	0.262
CP7	0.773	0.193	0.175
各因子变异解释量/(%)	27.794	25.646	23.444
因子累计变异解释量/(%)	27.794	53.441	76.885

通过分析集体行动外驱力量表的CITC值得到(见表8-10)，量表各题项的CITC值都大于0.5，量表总体的Cronbach's α系数为0.948，且删除题项后的α值并未提高，可见集体行动外驱力量表的信度具有较高的可靠性。

表8-10　集体行动外驱力的信度检验

变量名称	题项序号	平均值	标准差	题项——总体相关系数	删除该题项后Cronbach's α系数	总体Cronbach's α系数
政府激励	GS2	5.85	1.479	0.667	0.945	
	GS3	5.41	1.717	0.712	0.944	0.948
	GS4	5.49	1.542	0.750	0.943	
	GS5	5.74	1.438	0.754	0.943	
	GS6	5.15	1.651	0.692	0.945	
团体组织能力	GSO1	6.20	1.191	0.784	0.943	
	GSO2	5.90	1.416	0.802	0.942	
	GSO3	6.04	1.287	0.793	0.943	
	GSO4	6.07	1.264	0.816	0.943	
	GSO5	5.91	1.337	0.782	0.943	
产业规模	CP1	5.67	1.454	0.587	0.947	
	CP2	5.47	1.510	0.653	0.945	
	CP3	5.26	1.530	0.614	0.946	
	CP4	5.05	1.662	0.604	0.947	
	CP5	5.38	1.476	0.654	0.945	
	CP6	5.79	1.306	0.696	0.945	
	CP7	5.75	1.333	0.627	0.946	

2.集体行动内驱力的信效度检验

初始结果显示KMO值为0.945，Bartlett球形检验得到相伴概率Sig，在概率0.001水平上显著，量表适合做因子分析，共提取了2个因子，存在4个题项因子载荷量大于0.5，但存在观察变数指定到其他构面，故需要剔除。在剔除题项后再次对数据进行信效度检验，KMO值为0.903，Bartlett球形检验得到相伴概率Sig，在概率0.001水平上显著。

EFA分析结果显示(见表8-11)，18个题项提取了2个因子(各题项因子载荷值 > 0.5)，与本书提出的四维度模型吻合，累计变异解释量为75.049%。

表8-11　集体行动内驱力量表的因子载荷(N=205)

题项序号	因子载荷量	
KAcq1	0.688	0.457
KAcq2	0.781	0.390
KAcq4	0.792	0.344
KAcq5	0.727	0.424

续表

题项序号	因子载荷量	
KAcq7	0.808	0.321
KAcq8	0.774	0.303
KAcq10	0.640	0.444
KAcq11	0.792	0.326
KAcq12	0.802	0.271
KAp2	0.450	0.783
KAp3	0.435	0.829
KAp4	0.371	0.864
KAp5	0.313	0.900
KAp10	0.294	0.733
各因子变异解释量/(%)	42.029	33.020
因子累计变异解释量/(%)	42.029	75.049

通过分析集体行动内驱力量表的CITC值得到(见表8-12)，量表各题项的CITC值都大于0.5，量表总体的Cronbach's α系数为0.959，且删除题项后的α值并未提高，可见，集体行动内驱力量表的信度具有较高的可靠性。

表8-12 集体行动内驱力量表的信度分析(*N*=205)

变量名称	题项序号	平均值	标准差	题项——总体相关系数	删除该题项后Cronbach's α 系数	总体Cronbach's α系数
知识获取	KAcq1	5.79	1.581	0.779	0.942	0.959
	KAcq2	5.32	1.702	0.838	0.939	
	KAcq4	5.30	1.604	0.824	0.940	
	KAcq5	5.56	1.538	0.799	0.941	
	KAcq7	5.23	1.637	0.823	0.940	
	KAcq8	5.22	1.659	0.772	0.943	
	KAcq10	5.78	1.413	0.717	0.945	
	KAcq11	5.38	1.654	0.804	0.941	
	KAcq12	5.23	1.630	0.786	0.942	
知识运用	KAp2	5.90	1.234	0.851	0.932	
	KAp3	5.86	1.314	0.903	0.922	
	KAp4	5.95	1.241	0.901	0.923	
	KAp5	6.00	1.229	0.912	0.921	
	KAp10	6.28	1.047	0.690	0.958	

3.集体行动意愿的信效度检验

初始结果显示KMO值为0.903，Bartlett球形检验得到相伴概率Sig，在概率0.001水平上显著，量表适合做因子分析。EFA分析结果显示(见表8-13)，集体行动意愿量表的9个题项共提取了2个因子(各题项因子载荷值 > 0.5)，累计变异解释量为86.127%。

表8-13　参与意愿量表的因子载荷(N=205)

题项序号	因子载荷量	
IRW1	0.778	0.432
IRW2	0.852	0.356
IRW4	0.915	0.195
IRW5	0.903	0.292
IRW6	0.85	0.421
IRW7	0.819	0.459
IW3	0.404	0.835
IW4	0.269	0.89
IW5	0.313	0.853
各因子变异解释量/(%)	52.328	33.800
因子累计变异解释量/(%)	52.328	86.127

通过分析集体行动意愿量表的CITC值得到(见表8-14)，量表各题项的CITC值都大于0.5，量表总体的Cronbach's α系数为0.956，且删除题项后的α值并未提高，可见集体行动意愿量表的信度具有较高的可靠性。

表8-14　集体行动意愿的信度检验(N=205)

变量名称	题项序号	平均值	标准差	题项——总体相关系数	删除该题项后Cronbach's α系数	总体Cronbach's α系数
制定意愿	IRW1	6.05	1.263	0.845	0.949	0.956
	IRW2	6.05	1.156	0.865	0.948	
	IRW5	5.97	1.264	0.808	0.951	
	IRW6	5.92	1.300	0.867	0.948	
	IRW7	6.00	1.247	0.911	0.945	
	IRW8	6.05	1.214	0.908	0.946	
行动意愿	IW3	6.36	1.078	0.777	0.952	
	IW4	6.32	1.134	0.687	0.956	
	IW5	6.32	1.143	0.702	0.956	

8.4.3 验证性因子分析(CFA):整体模型适配度

为了验证初始整体测量模型的适配性,本书使用Amos24.0软件进行验证性因子分析(初始CFA模型结果见图8-2,初始整体测量模型适配结果见表8-15),发现RMSEA指标未达标。

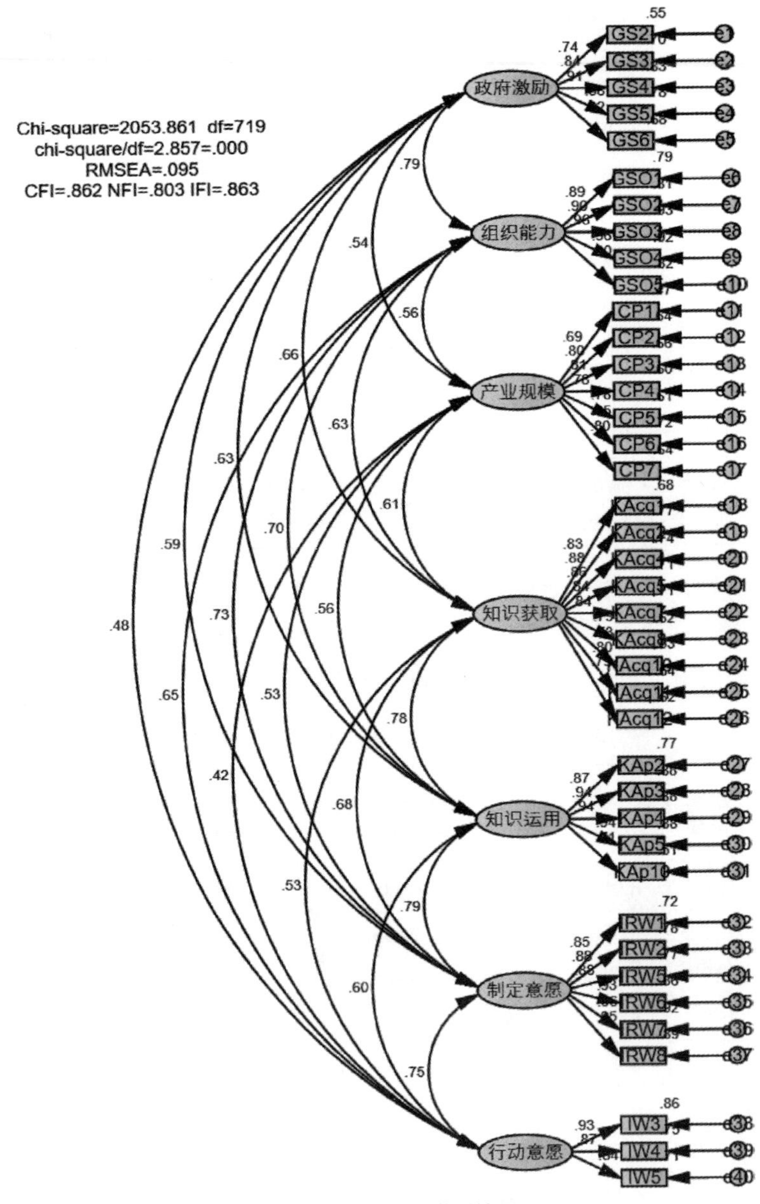

图8-2 初始CFA模型结果

表8-15　初始整体测量模型适配结果(N=205)

模型	NC	RMSEA	NFI	CFI	IFI
适配标准	<3	≤0.08	>0.8	>0.8	>0.8
测量模型	2.857	0.095	0.803	0.862	0.863
模型适配度	良好	不符合	合理	合理	合理

故本书通过解释不合理题项存在原因，对测量模型进行调试。一般来说，适配指标不通过，常见的原因有以下几个方面。

(1) 标准化后的因素负荷量不高(如<0.5)，可能是因为问卷设计不佳、缺乏信度，或者因为观察变数指定到其他构面。

(2) 标准化后的因素负荷量过高(>1)，可能是观察变数之间有共线性。

(3) 标准化后的因素负荷量一部分不错(>0.7)，部分不佳(<0.5)，可能是因为潜在构面不止一个，设计的题项存在两个潜在构面。

(4) 标准化后的因素负荷量都不错(>0.7)，但整体模型适配度不佳，可能是因为残差(e)不独立，即样本(N)不独立。

(5) 标准化后的因素负荷量为负值，可能是因为问卷中出现反向题，在数据处理时忘记转向。

(6)CFA分析无法操作，可能是因为观察变数之间相关太低，观察变数相关为1。

通过探索性因子分析，1、2、3、6的隐患已经解决，不存在5的问题，故引起适配指标不达标的原因是4。解决方法：一是通过Standardized Regression Weights(标准化路径系数)删除系数低于0.7的题项；二是查看MI修正表，解决残差不独立的题项，先需要依次删除残差与其他潜变量的M.I.值累计最大的题项；三是若还未达到适配标准，则需要依次删除残差项间的M.I.值累计最大的题项。

修正后CFA模型结果见图8-3，NC为2.253(<3)，NFI、CFI、IFI均大于0.8，RMSEA为0.078(<0.08)，所有拟合优度指标都符合标准，故测量模型是有效的。修正后整体测量模型适配结果见表8-16。

表8-16　正式问卷：修正后整体测量模型适配结果(N=205)

模型	NC	RMSEA	NFI	CFI	IFI
适配标准	<3	≤0.08	>0.8	>0.9	>0.9
测量模型	2.253	0.078	0.882	0.930	0.931
模型适配度	良好	良好	合理	良好	良好

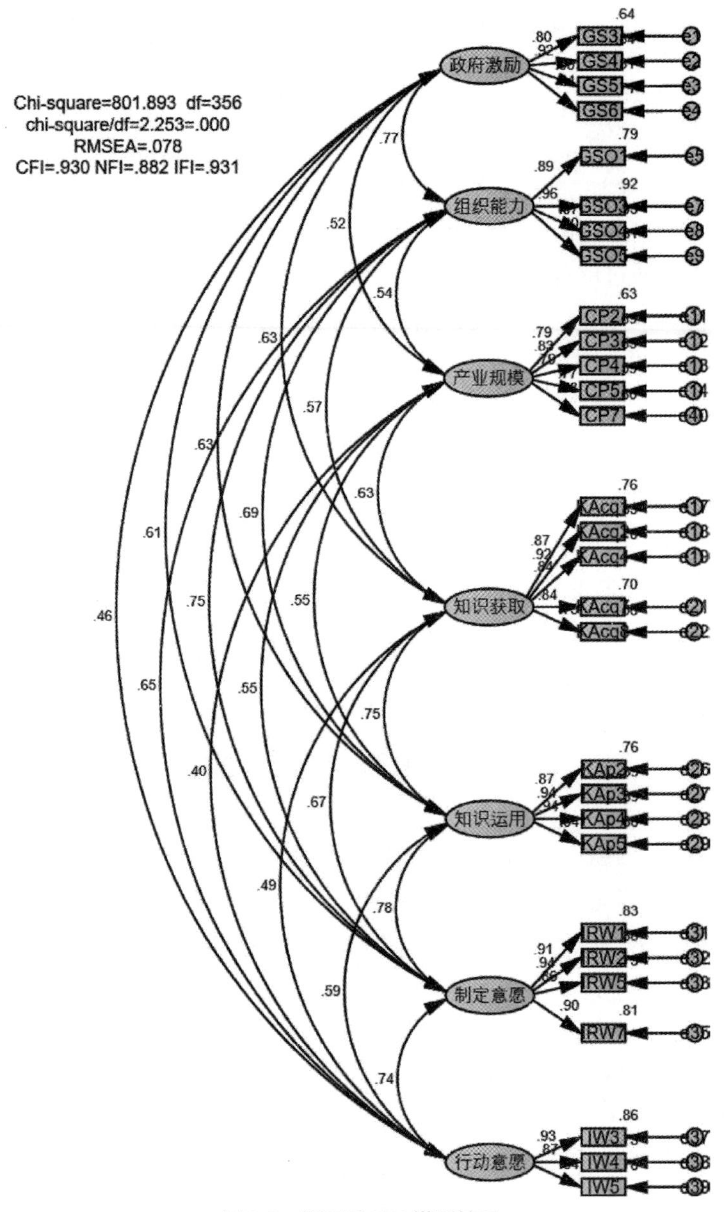

图8-3 修正后CFA模型结果

8.4.4 验证性因子分析(CFA):建构信效度分析

根据CFA检验结果(见表8-17),对于单一题项所有测量题项的多元相关平方(SMC)值均大于标准值0.5,说明量表题项信度满足要求。对于组内一致性,7个潜变量的组合信度(CR)分别是0.923、0.962、0.894、0.926、0.959、

0.944、0.910，均超过0.6。以上结果说明，无论是单一题项还是组内题项间的信度都达到了标准，该量表信度理想。

表8-17　CFA检验结果(N=205)

因子结构	关系结构	标准化系数	SMC	AVE	CR	$\sqrt{AVE}$
政府激励	GS3←GS	0.802	0.643	0.749	0.923	0.866
	GS4←GS	0.916	0.839			
	GS5←GS	0.898	0.806			
	GS6←GS	0.842	0.709			
组织能力	GSO1←GSO	0.888	0.789	0.864	0.962	0.930
	GSO3←GSO	0.961	0.924			
	GSO4←GSO	0.966	0.933			
	GSO5←GSO	0.901	0.812			
产业规模	CP2←CP	0.793	0.629	0.894	0.628	0.792
	CP3←CP	0.831	0.691			
	CP4←CP	0.791	0.626			
	CP5←CP	0.77	0.593			
	CP7←CP	0.776	0.759			
知识获取	KAcq1←KAcq	0.871	0.759	0.715	0.926	0.846
	KAcq2←KAcq	0.923	0.852			
	KAcq4←KAcq	0.839	0.704			
	KAcq7←KAcq	0.838	0.702			
	KAcq8←KAcq	0.747	0.558			
知识运用	KAp2←KAp	0.873	0.762	0.854	0.959	0.924
	KAp3←KAp	0.943	0.889			
	KAp4←KAp	0.942	0.887			
	KAp5←KAp	0.937	0.878			
制定意愿	IRW1←IRW	0.908	0.824	0.809	0.944	0.900
	IRW2←IRW	0.936	0.876			
	IRW5←IRW	0.855	0.731			
	IRW7←IRW	0.898	0.806			
行动意愿	IW3←IW	0.928	0.861	0.772	0.910	0.879
	IW4←IW	0.867	0.752			
	IW5←IW	0.839	0.704			

对于收敛效度，7个潜变量的平均萃取量(AVE)值分别是0.749、0.864、0.628、0.715、0.854、0.809、0.772，均大于0.5；对于区别效度，7个变量的平

均萃取量平方根$\sqrt{AVE}$为0.866、0.930、0.792、0.846、0.924、0.900、0.879，均大于同列相关系数(见表8-18)。以上结果说明，该量表的效度理想。

表8-18 潜变量间相关性结果(*N*=205)

潜变量	行动意愿	制定意愿	知识运用	知识获取	产业规模	组织能力	政府激励
行动意愿	0.879						
制定意愿	0.742	0.900					
知识运用	0.593	0.778	0.924				
知识获取	0.493	0.672	0.753	0.846			
产业规模	0.392	0.521	0.526	0.61	0.792		
组织能力	0.648	0.75	0.689	0.57	0.538	0.930	
政府激励	0.462	0.61	0.628	0.625	0.523	0.769	0.866

8.5 假设检验

8.5.1 结构模型评估

1.结构模型检验方法

结构模型是指潜在变量之间的关系，以及模型中其他变量无法解释的变化部分。为了验证本书的假设，结构方程模型比传统的多元分析方法，如多元回归、因子分析、路径分析和协方差分析，具有更大的优势。因此，本书使用AMOS24.0进行结构方程模型检验，将集体行动外驱力3个维度、集体行动意愿两个维度、集体行动内驱力两个维度，同时导入结构方程模型，使用正式调查问卷(*N*=205)进行数据分析。

结构方程模型判定标准有3条。一是模型基本拟合检验标准：因子载荷量大于0.5，标准误差较小，显著性水平(临界比率)绝对值大于1.96；二是结构模型检验标准：参考验证性因子分析中的模型整体适配度检验；三是模型修正标准：本书通过路径系数和模型修正指数两个指标进行模型修正。

2.模型建立与修正

前文已经对各变量量表的因子构成进行了探索性分析和验证性分析，与本书所提观点基本一致。结构方程全模型中包含6个潜在变量和18个观察变量，该模型很好地描述了各变量之间的关系。

初始结构方程模型(标准化后)见图8-4，NC=2.465 < 3，NFI=0.870，CFI=0.918，IFI=0.919，RMSEA=0.085 > 0.08(不符合)，除RMSEA值不符合适配标准，其他指标均满足评估标准，需要进一步修正模型。

初始结构方程路径关系见表8-19，团体组织能力对知识获取的影响、政府激励对制定意愿的影响、知识获取对行动意愿的影响、产业规模对制定和行动意愿的影响这5个假设检验结果都不显著(*P*值 > 0.1)。因此，本书通过以上修正原则进行模型修正，对不合理的路径予以删除。

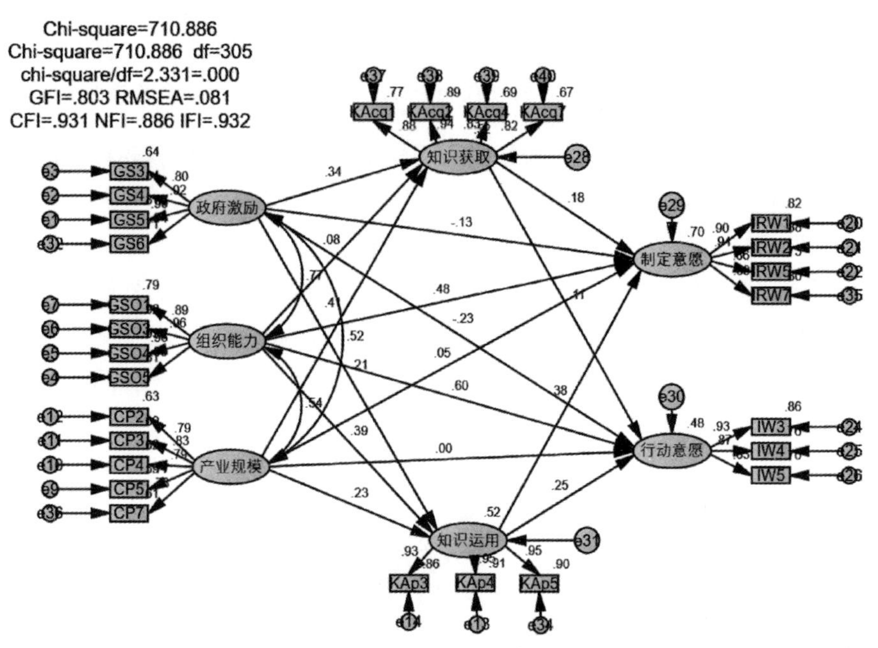

图8-4 初始结构方程模型(标准化后)

表8-19 初始结构方程路径关系

路径关系	未标准化Estimate	S.E.	C.R.	P	标准化Estimate
KACq←GS	0.378	0.103	3.683	***	0.355
KAp←GS	0.186	0.082	2.271	0.023	0.205
KACq←GSO	0.086	0.106	0.806	0.42	0.075
KAp←GSO	0.387	0.087	4.428	***	0.398
KACq←CP	0.48	0.086	5.574	***	0.419
KAp←CP	0.24	0.067	3.608	***	0.246
IRW←GS	–0.113	0.071	–1.595	0.111	–0.129
IW←GS	–0.18	0.082	–2.202	0.028	–0.233
IRW←KACq	0.145	0.064	2.271	0.023	0.176
IW←KACq	0.088	0.073	1.198	0.231	0.121
IRW←KAp	0.387	0.074	5.267	***	0.401
IW←KAp	0.221	0.083	2.668	0.008	0.26

续表

路径关系	未标准化Estimate	S.E.	C.R.	P	标准化Estimate
IRW←GSO	0.436	0.077	5.637	***	0.465
IW←GSO	0.491	0.089	5.513	***	0.595
IRW←CP	0.038	0.061	0.617	0.538	0.04
IW←CP	-0.008	0.071	-0.109	0.913	-0.009

注： ***代表的0.001显著水平，**代表的0.01显著水平，*代表的0.05显著水平。

与初始模型相比，修正后结构方程模型见图8-5，可见，修正模型的拟合结果有了很大程度的改善，所有指标均符合适配标准。

根据修正后结构方程模型拟合结果(见表8-20)，拟合指标均有所改善，表明该模型和数据拟合效果较好。根据修正后结构方程路径关系(见表8-21)可以看出，修正模型中的所有路径系数都达到了0.05以上的显著水平。每个潜在变量测量指标的因子负载都处于标准状态，并且都达到了显著水平。

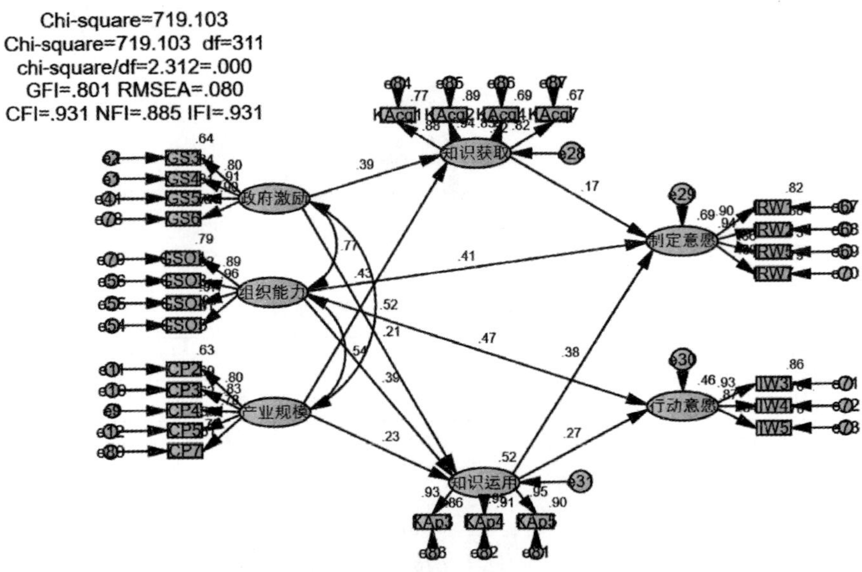

图8-5　修正后结构方程模型

表8-20　修正后结构方程模型拟合结果

模型	NC	RMSEA	NFI	CFI	IFI
适配标准	<3	≤0.08	>0.8	>0.9	>0.9
测量模型	2.492	0.080	0.875	0.921	0.921
模型适配度	良好	良好	合理	良好	良好

表8-21　修正后结构方程路径关系

路径关系	未标准化Estimate	S.E.	C.R.	P	标准化Estimate
KAcq←GS	0.389	0.069	5.613	***	0.394
KAp←GS	0.171	0.076	2.256	0.024	0.207
KAp←GSO	0.373	0.089	4.204	***	0.385
KAcq←CP	0.529	0.093	5.713	***	0.43
KAp←CP	0.239	0.072	3.312	***	0.232
IRW←KAcq	0.139	0.052	2.655	0.008	0.171
IRW←KAp	0.371	0.071	5.238	***	0.382
IW←KAp	0.232	0.068	3.41	***	0.27
IRW←GSO	0.386	0.06	6.408	***	0.411
IW←GSO	0.39	0.068	5.758	***	0.47

注：***代表的0.001显著水平，**代表的0.01显著水平，*代表的0.05显著水平。

通过运用AMOS结构方程模型对本书7个变量之间的直接影响和中介效应进行检验，结果为：其一，政府激励、产业规模对制定意愿和行动意愿没有显著影响，团体组织能力显著正向影响制定意愿和行动意愿；政府激励、产业规模显著正向影响知识获取和知识运用，团体组织能力显著影响知识运用，团体组织能力对知识获取没有显著影响。其二，知识获取显著正向影响制定意愿，知识运用显著正向影响制定意愿和行动意愿。其三，知识获取对行动意愿没有显著影响。

8.5.2　中介效应检验

为了进一步探究结构方程模型中的中介作用，本书采用 Bootstrap 方法进行中介效应检验，进行2000 次重复样本抽取，并以90%为置信区间进行中介效应检验进行中介效应结果检验，其检验结果见表8-22。

表8-22　中介效应检验结果

中介路径	Estimate	S.E.	Lower	Upper
政府激励→知识获取→制定意愿	0.054	0.035	0.011	0.13
政府激励→知识运用→制定意愿	0.063	0.05	0.008	0.18
政府激励→知识运用→行动意愿	0.04	0.032	0.006	0.123
团体组织能力→知识运用→制定意愿	0.138	0.06	0.058	0.262
团体组织能力→知识运用→行动意愿	0.086	0.055	0.022	0.215

续表

中介路径	Estimate	S.E.	Lower	Upper
产业规模→知识获取→制定意愿	0.073	0.047	0.011	0.174
产业规模→知识运用→制定意愿	0.089	0.049	0.03	0.212
产业规模→知识运用→行动意愿	0.055	0.038	0.013	0.149

中介路径政府激励→知识获取→制定意愿的估计为0.054，上限和下限不包含0，说明该中介成立，即政府激励通过知识获取间接影响制定意愿。

中介路径政府激励→知识运用→制定意愿的估计为0.063，上限和下限不包含0，说明该中介成立，即政府激励通过知识运用间接影响制定意愿。

中介路径政府激励→知识运用→行动意愿的估计为0.04，上限和下限不包含0，说明该中介成立，即政府激励通过知识运用间接影响行动意愿。

中介路径团体组织能力→知识运用→制定意愿的估计为0.138，上限和下限不包含0，说明该中介成立，即团体组织能力通过知识运用间接影响制定意愿。

中介路径团体组织能力→知识运用→行动意愿的估计为0.086，上限和下限不包含0，说明该中介成立，即团体组织能力通过知识运用间接影响行动意愿。

中介路径产业规模→知识获取→制定意愿的估计为0.073，上限和下限不包含0，说明该中介成立，即产业规模通过知识获取间接影响制定意愿。

中介路径产业规模→知识运用→制定意愿的估计为0.089，上限和下限不包含0，说明该中介成立，即产业规模通过知识运用间接影响制定意愿。

中介路径产业规模→知识运用→行动意愿的估计为0.055，上限和下限不包含0，说明该中介成立，即产业规模通过知识运用间接影响行动意愿。

8.6 研究结论

8.6.1 实证结果汇总

本书在第7章提出的研究假设基础上，通过AMOS结构方程模型验证了生态要素外驱力(政府激励、团体组织能力、产业规模)与集体行动意愿(制定意愿和行动意愿)的关系，并检验了集体行动内驱力(知识获取、知识运用)在生态要素外驱力与集体行动意愿之间的中介效应。实证分析检验结果见表8–23。

表8-23　假设检验汇总

序号	假设内容	结果
H1-1	政策激励正向影响标准制定主体的制定意愿	不支持
H1-2	政策激励正向影响标准制定主体的行动意愿	不支持
H2-1	团体组织能力正向影响标准制定主体的制定意愿	支持
H2-2	团体组织能力正向影响标准制定主体的行动意愿	支持
H3-1	产业规模正向影响标准制定主体的制定意愿	不支持
H3-2	产业规模正向影响标准制定主体的行动意愿	不支持
H4-1	知识获取在政策激励和制定意愿之间发挥中介作用	支持
H4-2	知识获取在政策激励和行动意愿之间发挥中介作用	不支持
H4-3	知识获取在团体组织能力和制定意愿之间发挥中介作用	不支持
H4-4	知识获取在团体组织能力和行动意愿之间发挥中介作用	不支持
H4-5	知识获取在产业规模和制定意愿之间发挥中介作用	支持
H4-6	知识获取在产业规模和行动意愿之间发挥中介作用	不支持
H5-1	知识运用在政策激励和制定意愿之间发挥中介作用	支持
H5-2	知识运用在政策激励和行动意愿之间发挥中介作用	支持
H5-3	知识运用在团体组织能力和制定意愿之间发挥中介作用	支持
H5-4	知识运用在团体组织能力和行动意愿之间发挥中介作用	支持
H5-5	知识运用在产业规模和制定意愿之间发挥中介作用	支持
H5-6	知识运用在产业规模和行动意愿之间发挥中介作用	支持

8.6.2　外驱力对标准形成集体行动意愿的直接作用分析

1.政策激励对集体行动意愿的直接作用分析

数据分析结果显示，H1-1和H1-2均不成立，即政策激励对企业参与"浙江制造"标准制定的集体行动意愿并不能起到直接的影响作用。周绍东等(2008)学者认为政策激励并不能直接影响集体行为，需通过信息传播提高政策感知水平等路径发挥作用(黄安胜等，2021)；同时，该过程也会受到企业所有制、企业所处生命周期阶段(郭金花等，2021)、政府补贴的方式与金额(许罡、朱卫东，2017)等因素影响。

本书第7章证明了企业、标准组织及政府达到演化稳定点的策略组合为{投入，高意愿，不激励}。尽管在初期政府通过采取激励策略能有效调动企业及标准化组织的积极性，缩短了企业和标准组织选择积极策略的时间，加快了达到稳定点的时间，"浙江制造"标准在早期也是靠政策来补贴企业在参与标准制定过程中的成本投入来减轻企业压力，推动企业提升参与意愿，但一旦这些政策失效或补贴大幅下降，企业的参与积极性也随之降低。可见，单纯的资金支持只能促进企业短期化标准制定倾向，当企业在动机上存在以获取其他利益为目的策略行为时(沈小平等，2019；Tong et al.，2014)，并不能形成企业参与标准化活动的长效机制。

2.产业规模对集体行动意愿的直接作用分析

数据分析结果显示，H3-1和H3-2均不成立，即产业规模与企业参与“浙江制造”标准形成的集体行动意愿之间并不存在显著的正向直接效应。已有研究在探究产业竞争对集体行动意愿的影响时，发现产业竞争与集体行动意愿之间不存在直接效应(朱磊，2017)。《中国企业家成长与发展专题调查报告》结果显示，当产业竞争非常激烈、竞争对手数量较多时，企业增加创新投入的意愿增大(中国企业家调查系统，2015)；同时，企业将创新成果融入标准意识在不断增强(应献、陈璋，2022)，产业规模与集体行动意愿间存在一定间接作用。

在标准化活动中，绝大多数企业的初衷是采取跟随策略，在很大程度上这种行为属于被动参与标准制定的行为，竞争一旦激烈，其自身能力便限制了投入支出的范围，削弱了集体行动意愿的程度。

3.标准组织的能力对集体行动意愿的直接作用分析

首先，数据分析结果显示，H3-1和H3-2均成立。实证结果显示知识运用的中介效应量为26.24%，即团体组织能力对企业参与制定团体标准的意愿的影响约有26%是通过企业有效地运用知识而间接影响的。其次，关于团体组织能力对实施意愿的影响，数据分析结果显示，知识运用的中介效应量为18.03%，这表明团体组织能力对企业实施团体标准的意愿的影响约有18%是通过企业有效地运用知识而间接影响的。可以看出，团体组织能力和企业制定与实施团体标准意愿之间的关系更多的是直接影响，而中介效应相对较小。

这一结果证明了标准组织组织能力的关键作用。在标准化实践中，很多标准组织(或称为技术标准联盟)本身就是由企业联合组建的，这些企业大多是行业中的“领导者”，可以通过其强大的影响力对标准的用户规模形成直接支持(王国顺、袁信，2007)。例如，我国闪联产业联盟标准化活动之所以能取得成功，是因为其对自身能力的不断培育与提升起着基础性的作用(方放，2018)。标准组织能力的培育和发展，关键在于组织内部治理机构的规范化与组织专业化能力的提升。

8.6.3　内驱力的中介效应分析

尽管政策激励、产业规模对制定意愿和行动意愿均不存在直接影响，但知识获取在政策激励、产业规模及团体组织能力与参与意愿之间的中介效应量分别为46.15%、45.06%、26.24%，知识运用的中介效应量分别为53.85%、54.94%、18.03%。集体行动内驱力的中介效应量为100%，这表明集体行动内驱力在政策激励、产业规模和企业集体行动意愿之间起到完全中介作用，并且知识运用的中介效应量要大于只是获取的中介效应量更大，表明知识运用是政策激励、产业规模促进企业标准制定、实施意愿的更有效路径。不同的是，在团体组织能力层面，团体组织能力和企业制定与实施团体标准意愿之间的关系更多的是直接影响，而中介效应较小。

1.知识获取的中介效应分析

实证结果显示，H4-1和H4-5均成立，即知识获取在政策激励、产业规模和制定意愿之间存在中介效应。

专家支持、信息提供等政策激励能够直接推动企业获取相关知识，而基于标准合作形成的战略联盟间实际上也存在着竞争，竞争能增进成员对知识的获取，转而获得创新绩效(Zhang et al., 2010)。企业通过积极参与团体标准活动，可以获得丰富的"浙江制造"标准相关知识，快速获取行业信息，掌握技术动态，如"浙江制造"标准的先进技术信息、技术指标提升的关键点等；新产品所需原材料信息，如原材料的特性、供应商渠道等；竞争市场信息，如价格、产品、同行等动态变化信息等。企业不仅需要利用现有的显性知识，而且需要去学习和挖掘新的显性知识，目的是更新现有知识形态，维持竞争优势。组织间学习的相关文献表明：如果企业只是一味地聚焦在利用现存知识，就会陷入"利用困境"，阻碍对知识资产的进一步开发与创新，企业也就很难进行产品和工艺流程的改进。此时，企业需要在利用现有知识和吸收新知识之间维持一种平衡，这样才能确保知识的更新(March, 1991)。而企业知识获取的主要途径是参与行业培训、会议交流等团体标准活动。这些活动需要企业员工具备高水平的标准化知识、充足的时间投入标准化建设，有助于促进标准化知识的扩散，加强组织间的知识依赖关系。综上，知识获取可以促进制定意愿。

H4-2、H4-6、H4-3、H4-4均不成立，即知识获取在团体组织能力和制定意愿之间、政策激励和行动意愿之间、产业规模和行动意愿之间，以及团体组织能力和行动意愿之间均不存在中介效益，尤其是知识获取与行动意愿无显著关系。

2.知识运用的中介效应分析

数据分析结果显示，H5-1、H5-2、H5-3、H5-4、H5-5、H5-6均成立，即知识获取在产业规模、政策激励、团体组织能力和制定意愿、行动意愿之间都存在中介效应。

知识已成为实现企业创新的主要资源。当知识库难以产生新技术时，企业就会希望通过耦合知识领域来弥补知识鸿沟。企业依靠其他力量将集成的知识有效地整合到技术创新过程中(Kavusan et al., 2016)，显然，专家支持等政策激励能够直接推动企业运用相关知识，而"浙江制造"标准制定主体联结形成的网络关系也有助于提升知识融入、复杂产品创造过程的效率。

基于知识管理的视角，标准组织是一个兼具知识资源和市场竞争优势的组织形式(杨皎平等, 2013)，成员之间通过技术协调互补，协作研发，解决产权矛盾等，可以更早更快地使技术得以成熟，从而获取技术标准战略的先动优势(李薇, 2013)。因此，它也是一个组织成员之间协同的平台，其重要目的是达成协同创新(高照军, 2015)。知识协同是指企业先从外部获取知识资源，然后进行整合利用，达到提升整体效益的效果(褚节旺等, 2017)，更强调主体将知识转化为技术创新和扩大自身核心竞争力(杨坤等, 2016)。技术标准联盟在推动标准制定与实施的过程中存在独特优势。

知识运用意味着新旧知识的融合与能力的形成，企业获取新知识的目的就是运用知识，不断提升技术能力和技术水平。知识运用是企业对知识改变的一种反应，是一种运用新技术和新材料开发产品、运用新技术改进生产工艺的动态过程，通过提高原材料质量、制造工艺、装配性能等要求，提升产品的可靠性及安全性，达到国内一流、国际先进的要求。但是，运用新知识比较困难，因为标准难以理解，技术人员需要依靠专业的标准化人才辅助才能真正理解标准在生产中的实际含义，才能运用于实践。而且，知识的专业性也限制了企业对知识的运用，企业必须培养标准化人才。即使充分理解"浙江制造"标准，企业还需要购置匹配先进标准生产的设备，无法避免地产生投入成本，因此企业仍然需要花费更多的人力、成本来进行技术与产品的创新。综上所述，知识运用可以促进集体行动意愿。

第9章

标准组织能力评价研究

前面的研究已经充分说明标准组织的能力对标准形成的重要作用。标准组织是指承担市场型标准制定工作且具有法人资格和相应的专业技术能力、组织管理能力和标准化工作能力的社会团体。作为一个落实各方行动主体合作制定和推广应用标准的第三方平台(田博文、田志龙, 2016),它通过整合组织自身、标准参与主体和政府等相关方提供的资源,在标准开发过程中协调参与者的行动并提供一系列标准相关的产品和服务,达到制定高质量标准和扩大本组织标准影响力的目的。标准是标准组织的产品,标准组织的标准化工作围绕标准开发的全过程展开。Wiegmann, de Vries and Blind(2017)认为能够进行标准开发的组织包括标准化机构、学会、技术联盟和商业联盟等多种性质的社会团体,这些社会团体为标准开发提供环境,为参与方提供平台进行标准化合作。自愿性标准组织的目标是帮助参与标准开发的相关方对标准内容达成共识并发布,提供给其他企业或组织,使其能够自主采用(Murphy, 2015)。

本书以标准组织为对象,在已有研究基础上,从能力的视角切入,综合考虑标准组织开展标准化工作时影响其输出的关键能力,通过构建标准组织能力模型,用能力评价的方式考虑当下我国标准组织的综合素质,并结合标准生命周期理论,从不同的发展阶段总结标准组织的典型模式及模式的变迁路径和方式,为我国标准组织提供可行的发展方向和对策建议。

9.1　标准组织能力评价体系构建

9.1.1　组织能力

1972年,经济学家Richardson在此基础上首次提出了“组织能力”的概念(张超, 2016)。组织是能力体系的集合体,组织能力将决定组织的竞争优势和绩效(Prahalad & Hamel, 1990)。所谓组织能力,是指组织通过协同组织资源,执行一系列互相协调的任务,以达到具体目标的能力(张肖虎、杨桂红, 2010)。

关于组织能力的结构,部分学者根据组织功能或价值链来划分。例如,Snow & Hribiniak(1980)通过问卷调查筛选出管理者们在理论和实践中认同的关键组织能力,并按照组织活动的功能将其划分为综合管理、财务管理、市场营销、市场调研、产品研发、工程、生产、分销、法律事务和人力资源管理10项能力；Eisenhardt & Martin(2000)则从价值链的角度将组织能力分为战略能力、产品开发能力、知识创新能力、产品生产制造能力和产品营销能力等。

关于组织能力的测度，一般根据组织构成要素、能力影响因素或组织系统的子系统来进行(Leonard-Barton, 1992; Henderson & Cockburn, 1994; Teece, 2012)。例如，陆洋(2014)根据能力的影响因素将组织能力系统划分为协同力、执行力、学习力、凝聚力和创新力5个维度；刘石兰(2007)依据系统观，提出通过目标与价值、技术、结构、管理和社会等维度进行测量；周明德(2009)则把企业的组织能力归结为技术、制度、知识和管理4个层面。也有学者根据作用对象不同，将组织能力分为操作性能力和动态能力两个方面(Zollo & Winter, 2002; Winter, 2003)。

9.1.2 标准组织的能力结构及其测量

标准组织的工作围绕标准制修订等核心任务展开，以标准生命周期为线索展开标准化活动，能够快速解析标准组织在标准生命周期各阶段中的不同功能作用，并易于数据资料的调查和收集。本书借鉴Snow & Hribiniak (1980)基于对大量管理实践者的调研得到的按照组织活动功能划分组织能力的方法，判断与标准全生命周期各阶段相关联的能力，并分析各阶段标准组织具体的能力表现。

1.标准形成的管理能力

在标准形成阶段，标准研制、编写、发布等是核心活动。标准开发以科学创新为基础，以正式标准文本为输出结果。技术创新活动或者最佳实践是标准研制的起点，是标准化过程推进、标准竞争力提升的原动力所在(姜红等, 2018; 孙瑜等, 2007)。为此，标准组织需要整合企业、研究机构、专家等方面的力量以使标准中的条款体现技术发展前沿，具有先进性。国际标准化发展经验证明，在标准开发过程中，程序的公开透明和严谨执行是实现各相关方充分协商一致(田博文、田志龙, 2014)和高质量标准形成的重要保障；同时，相较于国际标准或国家标准的标准制定程序，市场自主制定标准还要能快速应对市场需求，需要建立更加快速、科学的反应机制，设定灵活的标准开发流程并有效地执行，这也是标准组织面对竞争的有效应对手段(王平, 2015)。综上，在标准形成过程中确保流程的科学合理、公开透明、执行严谨和动态优化，拥有充分的标准化工作专业能力和技术专家资源，以推动充分协商一致和高质量标准研制的能力，我们称之为标准形成的管理能力。该能力是标准组织的基础能力，通过标准制修订过程管理能力、标准化专业能力和技术专家资源3个指标来反映，各指标的内涵及测量观测点见表9-1。

表9-1　标准形成的管理能力

能力	涉及阶段	二级指标	观测点
标准形成的管理能力	标准形成阶段	标准制修订过程管理能力	① 标准制修订流程文件的公开程度 ② 标准制修订管理的完整程度 ③ 标准制修订的实际执行流程与所制定文件的一致性程度
		标准化专业能力	① 从事标准化工作的人员占比 ② 高级别标准化人员占比
		技术专家资源	① 参与标准组织活动的技术专家规模 ② 参与标准组织活动的技术专家级别

标准制修订过程管理能力反映了标准组织标准制修订管理要求的明确性、完整度及执行与文件规范的一致性，在具体评价中可考虑以下观测点：①制修订流程文件的公开程度，确保相关方可以方便获取相关文件；②标准制修订管理制度的完整程度，标准组织所确定的标准制修订流程应完整、符合国际惯例并满足工作需要，可通过与国际标准制修订流程、国家标准制修订程序相比较评价完整程度；③标准制修订的实际执行流程与所制定的文件的一致性程度，标准组织不仅要制定符合管理的标准制修订流程、明确标准制修订流程，而且应在实际操作中严格按照流程要求执行，不应随意简化、修改，影响标准形成的协商一致程度和标准质量。

标准化专业能力体现了标准组织标准化工作的专业程度，在具体评价中可考虑以下观测点：①从事标准化工作的人员占比，拥有一定数量的专业标准化工专业人员，其标准化知识、工作经验将有利于组织有效组织各类标准化活动、开展标准化工作；②高级别标准化工作人员占比，所谓高级别标准化工作人员，是指资深的或获得标准化人员能力高级认证的人员，他们的丰富经验及业内威望有利于标准形成过程中的活动推进。

技术专家资源体现了标准组织制修订标准的技术实力，技术专家资源的丰富度和权威性会影响标准技术内容的专业性、先进性和科学性，通过参与标准组织活动的外部技术专家数量和质量情况进行测量，在具体评价中可考虑以下观测点：①参与标准化活动的技术专家数量，标准组织拥有的技术专家数量越多，意味着技术资源更丰富，专业技术支撑能力更强；②参与标准化活动技术专家级别，标准组织拥有更多的高级别技术专家，越容易把握相关领域发展前沿，形成话语权，也有利于达成协商一致。

2.资源整合能力

标准组织的资源整合能力支撑了其标准化活动的各个阶段。标准研制及其前段的技术创新活动需要大量的科学家、工程技术人员及标准化专家的参与。根据组织能力理论，标准组织组织参与标准开发的各相关方的技术人员进行合作研发，是一种有效的标准开发方式(Eisenhardt & Martin, 2000)，这个过程中产生的新技术和新知识，为标准编写及后续工作提供了关键支撑。因此，充分调动标准组织的成员资源，提高成员参与标准化活动的积极性，促进重要企业、高校和研究院所参与是开发高质量标准的关键，而同时，这些成员的积极参与也有利于标准的实施和扩散。另外，政府资源的利用和整合对于现阶段我国团体标准的发展也非常重要。尽管政府参与标准化的合作或竞争的程度在不同的国家有很大差异(Wiegmann et al., 2017; Tate, 2001; Büthe & Mattli, 2001)，但政府支持对于标准化活动的重要性已被广泛认可，尤其在我国的标准化活动中，政府的支持和认可是非常重要的推动力量，能够更有效地促进团体标准的推广实施，提升团体标准的地位(段进等，2019)。在全球实践中也反映出政府在资金资助和出台支持性文件等方面对标准化组织的支持是有效的，如美国材料与试验协会每年都得到的政府资金补贴。我国在2015年开展团体标准试点以来，各地陆续出台政策支持团体标准发展，如浙江多次发布关于推进“品字标浙江制造”品牌建设的政策文件，通过专项经费支持、财政奖补等方式激励“浙江制造”团体标准发展。综上，将标准组织积累、协调标准组织的成员及政府资源的能力称为资源整合能力，通过成员管理能力和政府资源获取能力来测度，各指标的内涵及测量观测点见表9-2。

表9-2 资源整合能力

能力	涉及阶段	二级指标	观测点
资源整合能力	标准开发、实施阶段、标准推广阶段	成员管理能力	① 关键成员规模 ② 成员活跃度
		政府资源获取能力	① 标准组织注册的性质 ② 获得的政府资助

成员管理能力体现于成员的整体规模、成员行业影响力及成员参与标

准化活动的积极性等方面，在具体评价中可考虑的观测点包括：①关键成员规模，关键成员包括知名高校、权威研究院所、行业的头部企业等，拥有更多的关键成员，有利于跟踪行业发展动态及前沿，也有利于标准的实施推广；②成员活跃度，是指积极参与标准组织活动并充分发挥作用的会员规模，标准组织的成员更多、更频繁地参与活动，意味着组织更有吸引力，也在一定程度上反映了会员对组织的认可。

政府资源获取能力体现于标准组织能够充分利用相关政策，获得有效支撑的情况，在具体评价中可考虑的观测点包括：①标准组织注册的性质，鉴于现实情况，我国的团体注册登记分为国家民政部门登记、地方民政部门登记等多层次，不同层次的标准组织在获取政府资源方面存在差异；②实际获得的政府资助，政府资助包括标准组织获得的政府直接财政支持、通过积极申报项目获得资金支持及事后获得的奖补等，标准组织及时了解相关政策，获得更多的政府资助，这均有利于组织开展标准化活动。

3.市场运作能力

市场运作能力是标准实施及推广阶段的关键能力，也为标准开发阶段能精准识别市场需求、满足创新需要提供支撑。标准的实施阶段和推广阶段始于标准文本确定，经历标准商用、市场扩散，止于标准的废止，以促进标准实现市场认可、不断扩大安装基础为目的，甚至在高技术行业还将推动快速抢占市场实现先发优势，帮助组织获得市场竞争的主动权(姜红等，2018)。在ASTM等成熟的标准组织的运作中，标准被视为一种产品，成功实现标准的广泛应用、全球采用甚至被其他国家标准引用是其核心竞争力的体现。因此，这些组织设立类似于企业市场部门的专门机构，一方面为开发标准获取用户的标准实施和需求信息、现行标准使用情况和前沿知识等信息，把组织和标准用户联系起来，使组织能够及时得到市场反馈，另一方面开展标准的全球推广。实际上标准组织可以营销的不仅有标准和标准的增值服务，而且包括标准组织本身的标准化经验、成员影响力和技术优势等(Kotler, 1999)。通过营销活动，标准组织可尽快树立良好的组织形象，扩大用户基础，形成利于标准推广的市场机会(杨武等，2010；Kang & Downing, 2015)。标准组织响应市场需求、推广本组织标准的能力称为市场运作能力，通过标准市场的需求响应能力、标准推广能力和标准用户服务能力来评价，各指标的内涵及测量观测点见表 9–3。

表9-3 市场运作能力

能力	涉及阶段	二级指标	观测点
市场运作能力	标准推广阶段 标准实施阶段	标准市场的需求响应能力	① 了解市场标准化需求的能力 ② 对标准化需求的满足程度
		标准推广能力	① 标准推广渠道的多样性 ② 标准采信情况
		服务用户能力	① 服务项目的丰富度 ② 服务的个性化程度

标准市场的需求响应能力反映了标准组织对市场标准化需求的把握能力及响应能力，在具体的评价中可考虑的观测点包括：①了解市场标准化需求能力，即能够对各相关方产生的标准需求进行及时收集、分析，并形成对标准研制的建议；②对标准化需求的满足程度，即能够及时制定出相关标准，快速并精准满足标准需求的程度。

标准推广能力体现了标准组织是否能采取适宜的标准推广的方式及获得的效果，在具体评价中可考虑的观测点包括：①标准推广渠道的多样性，即团体标准组织如何整合多种渠道和方式推广本组织制定的标准；②标准采信情况，反映了标准在市场端获得的认可，如团体标准被行业标准、国家标准采用，或在团体标准基础上制定了国家标准、行业标准甚至国际标准都是团体标准获得认可的重要表现，又如标准被法规、政策、招投标文件引用等均是标准被采信的重要内容。

服务用户能力反映了标准组织对标准用户在标准实施过程中提供高质量服务、提高用户价值、提高用户满意度和忠诚度的能力，在具体评价中可考虑的观测点包括：①服务项目的丰富度，标准组织为用户提供的服务种类越多，反映出其服务能力就越强，这些服务可包括培训、实施工具的开发、咨询指导等；②服务的个性化程度，标准组织为用户提供的服务越具有个性化，针对某个标准用户存在的具体问题、目的或期望，给出与标准实施、产品改进等标准化相关的优化方案，如针对用户特点和需求提出标准使用方案或针对用户产品或操作不足提出标准实施的改进方案等，反映出组织服务能力的差异化水平。

4.国际化能力

标准竞争力薄弱和国际环境制约是阻碍我国标准国际化发展的关键原因(刘伊生等，2012)，面对全球市场竞争，我国需要尽快在国际标准化平台上发出中国声音(唐锋等，2018)。标准组织作为市场自主制定标准供给的平台，其能力影响着标准的技术水平和推广范围，甚至在一定程度上决定了标准的竞争结果。因此，具备国际领先技术、国际合作和国际市场运作等能力的标准组织是产生拥有国际市场、具有国际竞争力的标准的前提，国际化能力成为标准组织需要的重要能力，也是我国培育和发展团体标准组织的重要目标，在国际竞争日益激烈、标准地位日益重要的背景下，在标准上取得国际话语权以推动我国产业发展是中国标准组织的使命所在。综上，标准组织参与国际标准化工作、形成国际影响力的能力称为国际化能力，通过国际标准制修订能力和国际标准化活动组织能力来评价，各指标的内涵及测量观测点见表9–4。

表9–4　国际化能力

能力	涉及阶段	二级指标	观测点
国际化能力	标准形成阶段、标准实施阶段、标准推广阶段	国际标准制修订能力	① 主导提出的国际标准提案情况 ② 主导获得的国际标准立项及发布情况 ③ 参与制修订的国际标准情况
		国际标准化活动组织能力	① 参与国际性标准化组织技术机构情况 ② 承办国际化会议和活动情况

国际标准制修订能力反映标准组织主导或参与国际标准制修订的情况，在具体评价中可考虑的观测点包括：①主导提出的国际标准提案情况；②主导获得的国际标准立项及发布情况；③参与制修订的国际标准情况。国际标准化活动组织能力体现了标准组织的国际标准化活跃度，在具体评价中可考虑的观测点包括：①参加国际性标准化组织技术机构情况，包括参与技术委员会、分技术委员会和标准工作组的工作；②承办国际化会议和活动情况，如主办或承办技术机构年会、标准化论坛、提出有价值的建议、承担国家标准化项目等。

需要说明的是，这里所提及国际性标准不仅指ISO/IEC/ITU等国际标准化组织所制定的标准，而且包括类似于国际粮农组织FAO等国际组织发布的标准，以及美国保险商试验室UL、材料与试验协会ASTM等属于某个国家的标准组织制定的在全球范围内得到广泛应用的标准。

基于上述分析，本书识别出标准形成的管理能力、资源整合能力和市场运作能力是标准组织的三大关键能力。另外，考虑目前国家对团体标准化发展的战略定位，将国际化能力纳入标准组织能力框架，形成由上述4个维度、10个二级指标构成的、覆盖标准全生命周期管理各阶段的结构模型（见图9–1）。

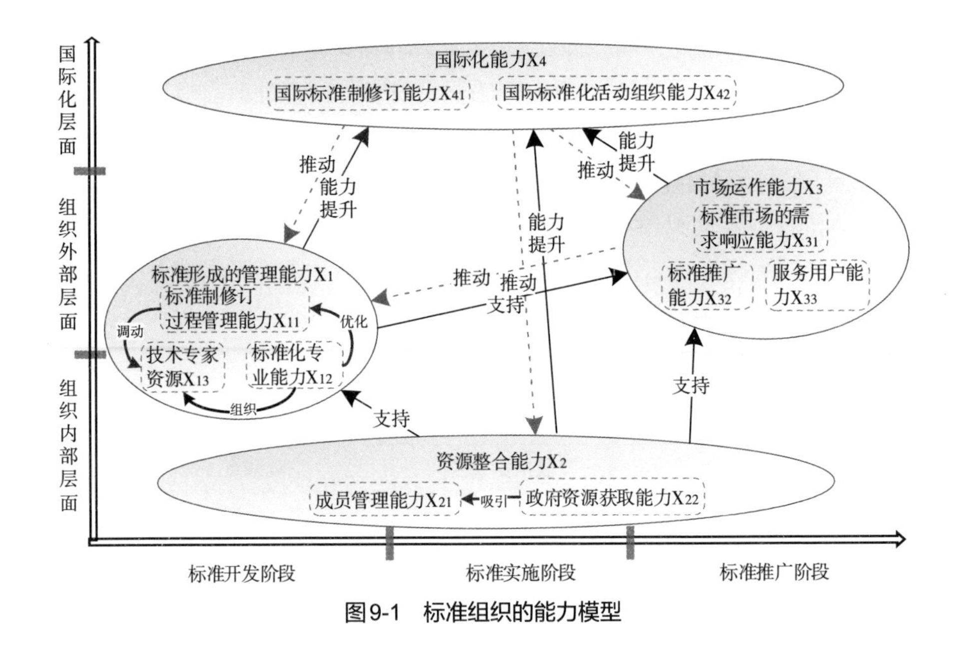

图9-1 标准组织的能力模型

9.1.3 评价细则

本书将4个维度、10个二级指标的测量落实到具体观测点上，综合考虑数据反映指标含义的程度、数据的可得性和可测量性，明确评价细则，并按照五级评分制划分评价区间，设定5个分数区间对应的观测点水平，明确评价体系。

1.标准形成的管理能力评价细则

标准形成的管理能力反映的是标准组织标准研制流程上的规范性、完整性，执行的严谨性、专业性及所拥有的技术基础。根据表9–1所确立的观测点，结合国际标准组织及国外优秀标准组织的发展经验，形成评价细则(见表9–5)。

表9–5 标准形成的管理能力观测点评价细则

二级指标	观测点	评价细则
标准制修订过程管理能力	① 制修订流程文件的公开程度	通过标准组织是否制定关于标准制修订的正式文件，是否可通过官网、微信公众号等公开渠道进行查询等进行评价
	② 标准制修订管理的完整程度	通过与国际标准(ISO/IEC标准)制修订程序或我国国家标准制修订程序(见GB/T 20004.1)的比对进行评价
	③ 标准制修订的实际执行流程与所制定文件一致性的程度	通过抽样或调查判断实际执行流程与文件的一致性进行评价

续表

二级指标	观测点	评价细则
标准化专业能力	① 从事标准化工作的人员占比	通过标准组织中现有工作人员中专职从事标准化工作的人员占比进行评价
	② 高级别标准化人员占比	通过标准组织的专职标准化工作人员中，具有5年以上标准化工作经验的人员占比进行评价
技术专家资源	① 参与标准组织活动的技术专家规模	通过参与标准组织相关活动的各类外部技术专家数量进行评价
	② 参与标准组织活动的技术专家级别	通过参与标准组织相关活动的各类外部技术专家级别来进行评价，技术专家级别分为一般专家、行业权威、国家级和国际级4个等级

本书借鉴成熟度评价思想，形成标准开发过程管理能力评价中3个观测点各自5个级别的赋分准则(见表9-6)。

表9-6　标准形成的管理能力观测点的赋分准则

二级指标	标准制修订过程管理能力	标准化专业能力	技术专家资源
0～20分	文件可获取程度低，与惯例一致性程度低，实际执行的严格程度较差	专业从事标准化工作的人员占比极低，无资深标准化人员	技术专家规模较小，无行业权威及以上技术专家
21～40分	文件可获取，与惯例较为一致，实际执行的严格程度较差	专业从事标准化工作的人员占比较低，资深标准化人员占比极低	专家规模尚可，无行业权威及以上技术专家
41～60分	文件可获取，与惯例较为一致，基本按文件要求执行	专业从事标准化工作的人员占比尚可，资深标准化人员占比较低	专家规模尚可，有行业权威技术专家
61～80分	文件获取便捷，与惯例一致，实际执行的严格程度较好	专业从事标准化工作的人员占比较高，资深标准化人员占比尚可	专家规模较大，有国家级技术专家
81～100分	文件获取便捷，与惯例完全一致，严格按文件要求执行	专业从事标准化工作的人员占比国内领先，资深标准化人员占比国内领先	专家规模较大，有国际级技术专家

2.资源整合能力评价细则

资源整合能力对标准的形成、推广和实施产生支撑作用，根据表9-2所确立的观测点，结合我国团体标准化工作现状及发展需求，形成评价细则(见表9-7)。

表9-7 资源整合能力观测点评价细则

二级指标	观测点	评价细则
成员管理能力	① 关键成员规模	通过标准组织成员中关键成员的数量进行评价，关键成员包括知名高校、权威研究院所、行业的头部企业等
	② 成员活跃度	通过较高频次参与标准组织活动、参与标准制修订的成员数量进行评价
政府资源获取能力	① 注册性质	通过标准组织注册登记的性质进行评价，分为民政部注册登记、省级民政厅登记、市级民政局登记、区县级民政局登记4个级别
	② 获得的政府资助	通过组织在3年内获得的各类政府资助额度进行评价

形成资源整合能力评价中2个观测点各自5个级别的赋分准则(见表9-8)。

表9-8 资源整合能力观测点的赋分准则

二级指标	成员管理能力	政府资源获取能力
0～20分	活跃成员规模较小，且关键成员较少	由区县民政局登记管理，近3年未获得政府资金支持
21～40分	活跃成员规模较小，且关键成员尚可	由区县民政局登记管理，近3年获得少量政府资金支持
41～60分	活跃成员规模尚可，且关键成员规模尚可	由市级民政局登记管理，近3年获得一定政府资金支持
61～80分	活跃成员规模较大，且关键成员规模尚可	由市级及以上省级民政部门登记管理，近3年获得较多政府资金支持
81～100分	活跃成员规模较大，且关键成员较多	由省级及以上民政部门登记管理，近3年获得极多政府资金支持

3.市场运作能力评价细则

市场运作能力对标准组织获得市场端的影响力、促进形成品牌价值至关重要。根据表9-3所确立的观测点，结合国际国外优秀标准组织在市场运作方面的成熟经验，以及我国标准组织发展方向要求，形成评价细则(见表9-9)。

表9-9　市场运作能力观测点评价细则

二级指标	观测点	评价细则
标准市场的需求响应能力	① 了解市场标准化需求能力	通过调查，由专家评价标准组织如何快速了解市场的标准化需求，包括渠道多样性、方法有效性、反应及时性
	② 对标准化需求的满足程度	通过对标准组织能够及时制定出相关标准，以快速并精准满足标准需求的关键案例数进行评价
标准推广能力	① 标准推广渠道的多样性	通过标准推广渠道的数量进行评价
	② 标准采信情况	通过对标准组织所制定的团体标准被采信的情况进行评价，采信包括被行业标准、国家标准规范性引用，形成国际标准、国家标准、行业标准，被法规、政策、招投标文件引用等
服务用户能力	① 服务项目的丰富度	评价标准组织为用户提供的服务项目类别数，服务类别包括培训、文件指导、标准实施工具开发、文件订阅服务等
	② 服务的个性化程度	评价标准组织为拥有提供的个性化服务案例数量，包括定性化培训、促进标准实施的整体方案提供等

形成市场运作能力评价中3个观测点各自5个级别的赋分准则(见表9-10)。

表9-10　市场运作能力观测点的赋分准则

二级指标	标准市场的需求响应能力	标准推广能力	服务用户能力
0～20分	了解需求的速度较慢，且满足程度较低	推广渠道较少，被其他标准采用数量较少	服务种类很少，无个性化服务
21～40分	了解需求的速度较慢，但能基本满足	推广渠道较少，被其他标准采用数量尚可	服务种类尚可，无个性化服务
41～60分	了解需求的速度尚可，并能基本满足	推广渠道种类尚可，被其他标准采用数量尚可	服务种类尚可，服务个性化内容较少
61～80分	能够快速了解需求，并能基本满足	推广渠道较多，被其他标准采用数量尚可	服务种类尚可，有细致的个性化服务内容
81～100分	能够快速了解需求，并能完全满足	推广渠道较多，被其他标准采用数量较多	服务种类很多，有细致的个性化服务内容

4.国际化能力评价细则

国际化能力是我国标准组织走出国门、提升国外标准国际竞争力的重要方面。根据表9-4所确立的观测点，结合我国标准组织定位及发展要求，形成评价细则(见表9-11)。

表9-11 国际化能力观测点评价细则

二级指标	观测点	评价细则
国际标准制修订能力	① 主导提出的国际标准提案情况	根据标准组织主导提出的国际性标准提案数量进行评价
	② 主导获得的国际标准立项及发布情况	根据标准组织主导制定的国际性标准数量进行评价
	③ 参与制修订的国际标准情况	根据标准组织参与制修订的国际性标准数量进行评价
国际标准化活动组织能力	① 参加国际性标准化组织技术机构情况	根据近3年标准组织参与国际性标准化组织的技术机构的人次数进行评价。参与技术机构工作包括参与技术委员会、分技术委员会和标准工作组的工作等
	② 承办国际化会议和活动情况	根据近3年标准组织主办或承办国际标准化会议及其他活动的次数进行评价，包括主办或承办技术机构年会、标准化论坛、提出有价值的建议、承担国家标准化项目等

形成国际化能力评价中2个观测点各自5个级别的赋分准则(见表9-12)。

表9-12 国际化能力观测点的赋分准则

二级指标	国际标准制修订能力	国际标准化活动组织能力
1～20分	无	不参与，未组织
21～40分	有提案过	偶尔参与，未组织
41～60分	有立项成功过	偶尔参与，偶尔组织
61～80分	有参与制定过	参与较多，偶尔组织
81～100分	有主导制定过	经常参与，经常组织

9.2 基于神经网络的标准组织能力模型

9.2.1 模型构建思路

1.BP神经网络模型方法概述

人工神经网络模型是一种模拟生物神经元的计算机人工智能技术，即由大量节点互相连接形成的复杂非线性网络，通过模仿人的思维方式，在神经系统中对信息进行处理，使其具有自主学习和组织的智能行为(焦李成等，2016；赵楠，2018；王娟，2019)。神经元学说最早由西班牙解剖学家Cajal于19世纪末创立，随后神经元的生物学特征和电学性质被陆续发现。美国心理学家McCulloch和数学家Pitts在1943年首次提出神经元的M-P模型。在之后的几十年中，神经网络模型被不断优化，1983年Sejnowski和Hinton提出了“隐单元”的概念，并基于此设计了波尔兹曼机(Ackley，1985；Hinton & Sejnowski，1986)，但参数的训练算法仍是多层神经网络进一步发展的瓶颈。直到Werbos(1990)提出了Back Propagation(BP)算法，多层神经网络的学习和实现才有了可行的解决办法。而后，Rumelhart & McCelland(1986)的科研团队对多层前馈神经网络的误差反向传播算法的研究进一步推动了该算法的发展。

BP神经网络的基本构成包括输入层、一个或多个隐藏层及输出层，能够在输入和输出间的逻辑关系未知的情况下，通过学习来处理大量复杂数据，拟合出数据间的映射关系，最终得出非线性模型。BP神经网络的学习过程使用了梯度下降法降低误差，利用不断反馈的误差来持续调整系统的权值和阈值，直到网络的误差平方和达到设定的精度要求后结束训练。训练得到的BP神经网络模型中输入类似样本，即可输出相应的误差最小的预测结果。图9-2所示为常见的3层BP神经网络模型。

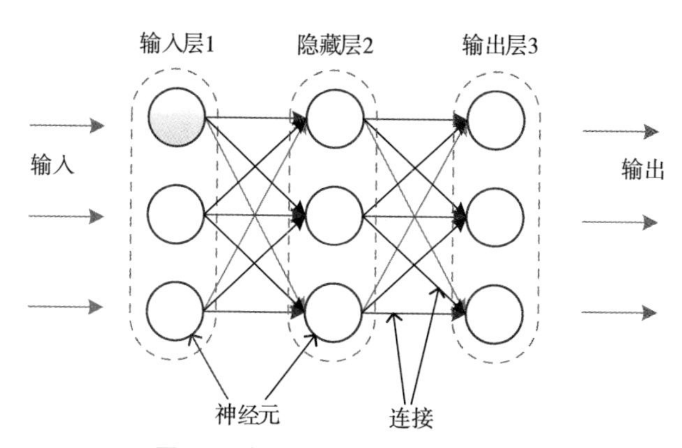

图9-2 常见的3层BP神经网络模型

2.融合AHP的BP神经网络模型构建

层次分析法(Analytic Hierarchy Process，AHP)于20世纪70年代由美国运筹学家T.L.Saaty提出，是将与决策相关的因素分解为目标层、准则层、方案层等层次，运用定量和定性分析法的运筹学决策模型。AHP方法具有逻辑性强、简洁、数据分析量少的优势，但在面临需要对大量数据进行计算和分析的问题时，其效率偏低。

本书在借助AHP逻辑优势的基础上，利用BP神经网络模型能够反映复杂非线性关系且客观性、准确性高的特性，形成BP神经网络模型以在评价数据结果的输出上更加高效、快捷且准确，能够在后期对其他大量组织的评价中推广应用。

AHP-BP神经网络模型的构建步骤见图9-3，具体如下所述。

(1) 根据已构建的标准组织能力评价指标体系制定评分问卷，采集模型训练数据。

(2) 预处理数据，将数据划分为训练数据集、验证数据集和测试数据集。

(3) 制作AHP问卷，利用各专家评分计算体系内的各指标权重。

(4) 利用不同专家对样本组织的指标评价数据与AHP所得权重，计算样本组织能力的总分。

(5) 将步骤(4) 得到的结果作为样本组织的得分期望值输入BP神经网络模型，采用训练集样本进行BP神经网络模型训练。

(6) 利用BP神经网络模型对测试集样本进行验证和结果分析。

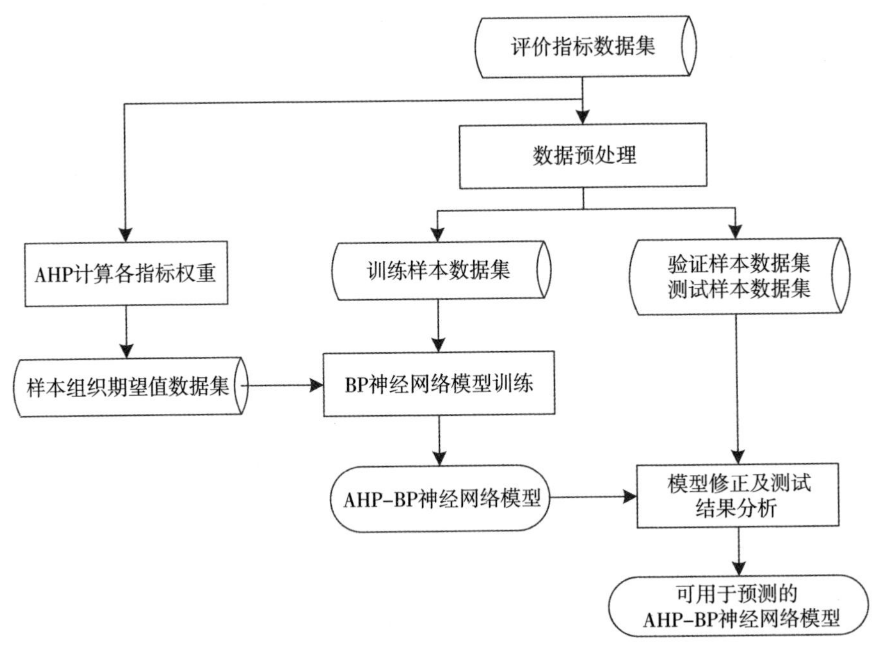

图9-3 AHP-BP神经网络模型的构建步骤

9.2.2 确定神经网络模型结构

1.设置网络层次数量

研究表明，只要隐层神经元的个数足够多，BP神经网络就能够实现对复杂连续映射关系的有效刻画，且对于一个仅具有一个隐藏层、输入层到隐藏层的传递函数为Sigmoid、隐藏层到输出层的函数为线性函数的三层连续型前馈神经网络，可以以任意精度逼近任何N维到M维的连续映射(Cybenko，1989；Funahashi，1989；Hornik，1989；Kitahara，1992；Goh，1995；程波、贾国柱，2015)。如果隐藏层层数及其节点数量无限扩大，神经网络的实际输出能够无限接近其对应的期望输出，但这样会造成训练时间过长和“过拟合”的现象，无实际使用价值(赵楠，2018)，故在构建神经网络层次数量时，需要在精度范围内缩减隐藏层数量及其节点数量，形成运行时间合理、结构简单且效果良好的网络结构。因此，本书借鉴已有研究经验采用由1层输入层、1层隐藏层和1层输出层组成的3层BP神经网络结构。

2.设置网络输入层和输出层节点数量

根据9.1节构建的标准组织能力评价指标体系来判断网络的输入节点数量和输出节点数量。BP神经网络输入层的节点数与指标评价体系中二级指标总数量相同，即10个；输出层为标准组织能力的总得分，即输出层节点数量为1。

3.设置隐含层节点数量

隐藏层的层数增多会在一定程度上减小误差，提高模型精度，但会使网络过于复杂并出现“过拟合”的现象。在通常情况下，确定隐含层节点数的公式为

$$N=\sqrt{m+n}+\partial$$

式中，m、n分别为输出层、输入层的节点数，$\partial \in [1, 10]$的常数。由前一节确定的m=10、n=1可知$N \in [4, 13]$。根据研究的反复训练实验对比及对训练时长考虑，最终确定N为10，即确定神经网络模型10–10–1的结构。

4.设置激活函数类型和其他参数值

不同的层级间可以由不同的函数相连接，需根据个人的设计设定合适的函数。Sigmoid函数是实践中用于节点之间的计算时最常使用、最方便的激活函数。结合本章前面的讨论，本书构建的BP神经网络的隐藏层设置的传递函数选择 Sigmoid函数中应用最为广泛的Tansig函数，输出层则为纯线性函数Purelin。网络中设计的训练次数为1000，学习规则使用Levenberg–Marquardt函数。其他未在文中具体说明的参数均使用Matlab初始默认数值。

9.2.3　数据采集

本书采用专家根据评价细则对所选的标准组织进行评价打分的方法获得能力评价数据，选取其中部分数据并作为BP神经网络的训练数据，剩余部分所得数据作为BP神经网络训练的验证数据和测试数据。

1.标准组织的选择

本书综合考虑标准组织的类型、所处发展阶段等因素，最终选择以下7个组织作为待评价的标准组织(见表9-13)。

表9-13 标准组织评价对象选择

序号	组织名称	团体代码
1	浙江省品牌建设联合会	ZZB
2	中华中医药学会	CACM
3	中国工程建设标准化协会	CECS
4	北京市闪联信息产业协会	IGRS
5	中关村无线网络安全产业联盟	WAPIA
6	中关村半导体照明工程研发及产业联盟	CSA
7	中国标准化协会	CAS

2.问卷的发放

问卷调查表详见附录B，此次问卷调查采用匿名填写方式，选择较为了解上述标准化制定组织的标准化专家12人发放了问卷，获得有效问卷9份、30组样本数据，专家打分数据汇总见附录C。

BP神经网络输入样本的编号见表9-14，随机选择20组作为训练样本、5组作为验证样本、5组作为测试样本。

表9-14 训练数据编号

编号	样本	编号	样本	编号	样本	编号	样本	编号	样本
1	ZZB 专家1	7	CACM 专家1	13	CECS 专家8	19	WAPIA 专家5	25	CAS 专家2
2	ZZB 专家5	8	CACM 专家5	14	CECS 专家9	20	WAPIA 专家6	26	CAS 专家5
3	ZZB 专家6	9	CACM 专家6	15	IGRS 专家1	21	CSA 专家1	27	CAS 专家6
4	ZZB 专家7	10	CECS 专家1	16	IGRS 专家2	22	CSA 专家3	28	CAS 专家7
5	ZZB 专家8	11	CECS 专家2	17	IGRS 专家4	23	CSA 专家5	29	CAS 专家8
6	ZZB 专家9	12	CECS 专家5	18	IGRS 专家5	24	CAS 专家1	30	CAS 专家9

9.2.4 运用AHP确定期望值

1.运用AHP确定指标体系权重

基于前文提出的团体标准制定组织能力评价指标体系，设计指标的两两比较调查问卷，通过专家打分得到各层级的判断矩阵。在打分专家的构成中，标准化研究人员占66.6%，标准化管理人员占33.4%，具有5年以上标准化工作经验或研究的经验的专家占66.6%；44.4%的专家来自高校，22.2%的专家来自标准组织，11.1%的专家来自企业；22.2%的专家来自技术机构及其他组织。

(1)构建判断矩阵。

本书共构建5个判断矩阵，见表9-15。

表9-15 判断矩阵指标编号

指标编号	指代意义	指标编号	指代意义
A	标准组织能力	C4	成员管理能力
B1	标准形成的管理能力	C5	政府资源获取能力
B2	资源整合能力	C6	标准市场的需求响应能力
B3	市场运作能力	C7	标准推广能力
B4	国际化能力	C8	服务用户能力
C1	标准制修订过程管理能力	C9	国际标准制修订能力
C2	标准专业能力	C10	国际标准化活动组织能力
C3	技术专家资源		

比较要素两两之间的相对重要性程度，表现不同指标间的重要性水平是层次分析法的突出特征。本书中将指标的重要性分为9个等级，每个等级的赋值见表9-16。

表9-16 重要性等级划分及赋值

指标*X*相对于指标*Y*的重要性程度	极端重要	强烈重要	较强重要	稍微重要	同样重要	稍微不重要	较强不重要	强烈不重要	极端不重要
	9	7	5	3	1	1/3	1/5	1/7	1/9
备注	2、4、6、8及其倒数为以上相邻两种判断的中间状态对应的标度值								

专家咨询的结果分别见表9-17、表9-18和表9-19。

表9-17 标准组织评价体系下，各测评要素两两比较专家打汇总分表

问卷编号	B1/B2	B1/B3	B1/B4	B2/B3	B2/B4	B3/B4
1	4	2	8	1/2	2	4
2	3	5	7	3	5	3
3	5	5	3	1	3	1
4	5	1/3	7	1/5	5	1/3
5	3	1/3	1/3	1/3	3	3
6	3	5	5	1/3	3	3
7	1/2	1	2	2	4	2
8	1	1/3	3	5	7	7
9	1	1/3	3	1/3	3	9
几何平均数	2.2275	1.1334	3.2010	0.7834	3.6444	2.5486

表9-18 标准形成的管理能力和资源整合能力下，各测评要素两两比较专家打汇总分

问卷编号	C1/C2	C1/C3	C2/C3	C4/C5
1	2	1/2	1/4	2
2	1/4	1/2	3	1/5
3	7	9	5	3
4	7	1	1	7
5	3	3	1/3	1/3
6	3	5	3	3
7	2	1	1/2	2
8	1	1	3	1/5
9	1/3	1/3	1	3
几何平均数	1.7411	1.3086	1.2116	1.2927

表9-19 市场运作能力和国际化能力下，各测评要素两两比较专家打汇总分表

问卷编号	C6/C7	C6/C8	C7/C8	C9/C10
1	1/3	2	6	3
2	3	5	3	1/5
3	3	3	1	3
4	3	3	1	1
5	3	1/3	3	1/3

续表

问卷编号	C6/C7	C6/C8	C7/C8	C9/C10
6	5	5	3	1/3
7	2	1	1	1/2
8	9	9	7	1
9	1	1	1	3
几何平均数	2.3778	2.2275	2.1847	0.8748

(2)计算层次排序。

首先,由专家打分数据构造出判断矩阵,选取特征向量法来计算权重;其次,对专家的咨询结果所构造的判断矩阵做一致性检验。其中,综合的判断矩阵的构造采用加权几何平均。

标准组织评价体系下各判断矩阵一致性检验及权重计算如下。

B1、B2、B3、B4相对于A的判断矩阵为

$$dx=\begin{pmatrix}1.0000 & 2.2275 & 1.1334 & 3.2010\\ 0.4489 & 1.0000 & 0.7834 & 3.6444\\ 0.8823 & 1.2765 & 1.0000 & 2.5486\\ 0.3124 & 0.2744 & 0.3924 & 1.0000\end{pmatrix}$$

计算得到$\lambda_{A}max=4.0902$,归一化后的特征向量为

$$W_{A}=\begin{pmatrix}0.6994\\ 0.4454\\ 0.5301\\ 0.1776\end{pmatrix}$$

CI=0.0301, CR=0.0334 < 0.1,所以判断矩阵具有满意的一致性。

标准形成的管理能力下各判断矩阵一致性检验及权重计算如下。

C1、C2、C3相对于B1的判断矩阵为

$$dx=\begin{pmatrix}1.0000 & 1.7411 & 1.3086\\ 0.5744 & 1.0000 & 1.2116\\ 0.7642 & 0.8254 & 1.0000\end{pmatrix}$$

计算得到$\lambda_{B1}max=3.0254$,归一化后的特征向量为

$$W_{B1}=\begin{pmatrix}0.7297\\ 0.4914\\ 0.4755\end{pmatrix}$$

CI=0.0127, CR=0.0219 < 0.1,所以判断矩阵具有满意的一致性。

资源整合能力下各判断矩阵一致性检验及权重计算如下。

C4、C5相对于B2的判断矩阵为

$$dx=\begin{pmatrix}1.0000 & 1.2927\\0.7736 & 1.0000\end{pmatrix}$$

计算得到$\lambda_{B2}max$=2.0000，归一化后的特征向量为

$$W_{B2}=\begin{pmatrix}0.7910\\0.6119\end{pmatrix}$$

CI=0.0000，CR=0.0000 < 0.1，所以判断矩阵具有完全一致性。

市场运作能力下各判断矩阵一致性检验及权重计算如下。

C6、C7、C8相对于B3的判断矩阵为

$$dx=\begin{pmatrix}1.0000 & 2.3778 & 2.2275\\0.4206 & 1.0000 & 2.1847\\0.4489 & 0.4577 & 1.0000\end{pmatrix}$$

计算得到$\lambda_{B3}max$=3.0802，归一化后的特征向量为

$$W_{B3}=\begin{pmatrix}0.8375\\0.4671\\0.2835\end{pmatrix}$$

CI=0.0401，CR=0.0691 < 0.1，所以判断矩阵具有满意的一致性。

国际化能力下各判断矩阵一致性检验及权重计算如下。

C9、C10相对于B4的判断矩阵为

$$dx=\begin{pmatrix}1.0000 & 0.8748\\1.1431 & 1.0000\end{pmatrix}$$

计算得到$\lambda_{B4}max$=2.0000，归一化后的特征向量为

$$W_{B4}=\begin{pmatrix}0.6584\\0.7526\end{pmatrix}$$

CI=0.0000，CR=0.0000 < 0.1，所以判断矩阵具有完全一致性。

通过上述过程，得到所有判断矩阵一致性检验结果见表9-20。

表9-20 判断矩阵一致性检验结果汇总表

判断矩阵	A	B1	B2	B3	B4
CI	0.0301	0.0127	0	0.0401	0
CR	0.0334	0.0219	0	0.0691	0

由表9-20可知，5个判断矩阵的CR一致性比率均小于0.1，即通过一致性检验。最终，得出专家的AHP指标权重，见表9-21。

表9-21　AHP指标权重

A层	B层	权重	C层	权重	综合权重
标准组织的能力	标准形成的管理能力	0.378	标准制修订过程管理能力	0.430	0.162
			标准专业能力	0.290	0.109
			技术专家资源	0.280	0.106
	资源整合能力	0.240	成员管理能力	0.564	0.136
			政府资源获取能力	0.436	0.105
	市场运作能力	0.286	标准市场的需求响应能力	0.527	0.151
			标准推广能力	0.294	0.084
			服务用户能力	0.179	0.051
	国际化能力	0.096	国际标准制修订能力	0.467	0.045
			国际标准化活动组织能力	0.533	0.051

2.计算样本数据期望值

本书使用不同专家对某一样本组织评价所得总分作为这一样本组织的总分期望值，即将9位专家评分给出的30组样本数据乘以表9-21对应的二级指标综合权重后求和，得到标准组织能力总分，所得即为每个样本组织的总分期望值。各标准组织的总分期望值汇总见表9-22。

表9-22　各标准组织的总分期望值汇总

编号	期望值	编号	期望值	编号	期望值	编号	期望值	编号	期望值
1	89.64	7	94.355	13	83.145	19	78.756	25	97.865
2	73.519	8	80.066	14	88.72	20	86.796	26	78.952
3	81.479	9	85.559	15	90.195	21	94.125	27	88.369
4	75.36	10	95.8	16	94.705	22	85.07	28	86.78
5	74.735	11	98.59	17	91.238	23	61.719	29	87.425
6	75.29	12	77.896	18	78.234	24	90.26	30	92.89

9.2.5　数据训练和结果分析

1.基于 Matlab的BP神经网络

本书运用Matlab R2013a来进行BP神经网络的构建，关键环节代码如下。

```
net=newff(p, t, n, {‘tansig’,’ purelin’ },’ trainlm’ )
%设置训练次数
net.trainParam.epochs=1000
```

```
%设置收敛误差
net.trainParam.goal=0.0000001
%设置学习速率
net.trainParam.lr=0.01
net=train(net, p, t)
```

2.神经网络训练误差比较

均方误差性能函数(MSE)值小于0.001是BP神经网络训练结束的条件(彭飞等,2105)。在实际训练中,使用Matlab对网络进行5次训练后,BP神经网络的训练样本误差达到设定的目标值,所得网络训练误差见图9-4。

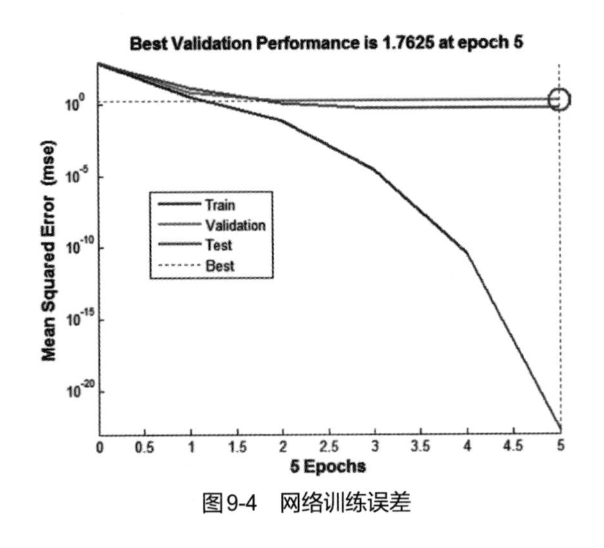

图9-4 网络训练误差

BP神经网络训练后训练数据、验证数据、测试数据及整体数据的实际输出与期望输出的线性回归分析所得R值均接近1,拟合效果良好,结果见图9-5。

运用Matlab R2013a计算后得到误差表,见表9-23。

表9-23 样本数据测试误差表

样本编号	期望值	实际输出	误差	样本编号	期望值	实际输出	误差
1	89.640	92.238	-2.90%	16	94.705	94.536	0.18%
2	73.519	73.519	0	17	91.238	91.238	0
3	81.479	81.479	0	18	78.234	78.234	0
4	75.360	75.360	0	19	78.756	78.756	0
5	74.735	74.735	0	20	86.796	86.796	0

续表

样本编号	期望值	实际输出	误差	样本编号	期望值	实际输出	误差
6	75.290	76.292	–1.33%	21	94.125	94.825	–0.74%
7	94.355	94.355	0	22	85.070	84.387	0.80%
8	80.066	80.066	0	23	61.719	61.719	0
9	85.559	85.559	0	24	90.260	90.260	0
10	95.800	94.756	1.09%	25	97.865	97.865	0
11	98.590	97.659	0.94%	26	78.952	78.952	0
12	77.896	77.288	0.78%	27	88.369	88.250	0.13%
13	83.145	83.145	0	28	86.780	86.780	0
14	88.720	88.720	0	29	87.425	87.425	0
15	90.195	89.473	0.80%	30	92.890	92.890	0

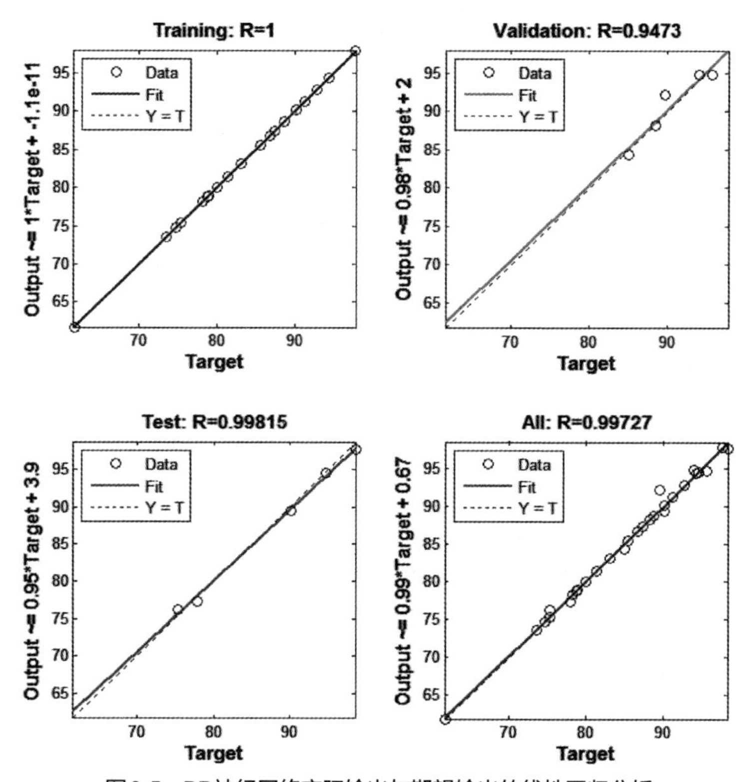

图9-5　BP神经网络实际输出与期望输出的线性回归分析

从表9-23中可知，神经网络模型实际输出与期望输出的误差在-2.90%～1.09%，在可接受范围内(王亚莉、宋占岭，2008)。综合上述结果可知，训练后所得神经网络评价效果良好，能够应用于其他评价数据的计算。

9.3 标准组织的能力评价

9.3.1 标准组织能力评价实证

1.样本选择及评价结果

本书的实证样本选择依据截至2020年10月底全国团体标准信息平台的团体活跃度排名进行筛选，由于平台公开的排名列表是动态变化的，且相近排名的社会团体的标准化工作经验或标准化成果水平差距不大，为保证所测社会团体能够涵盖组织的各种类型，反映当下我国标准组织的整体情况，故在不同排名区间内进行选择。同时，考虑标准制定的数据的完整性和可获得性，最终确定40个组织作为样本。

研究团队通过全国团体标准信息平台、各组织官网、微信公众号等渠道收集40个组织详细的客观资料和数据，依据9.1节表9-5～表9-12所确立的评价细则和赋分规则对样本组织按观测点进行逐项打分。

以浙江省品牌建设联合会为例，打分依据和打分结果见表9-24。

表9-24 浙江省品牌建设联合会打分依据和结果

指标	打分依据	得分
标准制修订过程管理能力X11	具有标准制定程序文件，并在其官网可查；标准制定程序与国家标准或国际标准规定的制修订程序一致，且有对应步骤的具体执行文件	86
标准化专业能力X12	自2014年启动建设以来，浙江省品牌建设联合会专注从事标准化相关工作，组织内标准化相关工作的人员占比较高，其中有5年以上工作经验的占比处于一般水平	65
技术专家资源X13	具有省内外专家资源	64
成员管理能力X21	截至2020年10月，共有“品字标”品牌企业1174家，其中核心会员超过200家	95
政府资源获取能力X22	有《关于认真做好“浙江制造”品牌建设宣传工作的通知》等一系列政策扶持	86
标准市场的需求响应能力X31	截至2020年10月，共有团体标准1670项，品牌产品2068个，涉及建筑工程、生态、制造业和服务业等各个方面，组织将进一步满足浙江省各产业领域对标准的需求	62

续表

指标	打分依据	得分
标准推广能力X32	标准制定与宣贯、品牌培育与保护等工作是组织的主要工作。组织借助网络综合平台，对“品字标”的内容和意义、“品字标”品牌企业及其产品和“品字标”品牌标准制定等内容进行宣传，宣传的形式包括宣讲会、新闻报道、视频、宣传册和标准化成果推广等	83
服务用户能力X33	组织为普通企业、个人用户及参与标准化活动的企业用户提供标准查询、认证、企业自我声明查询和品牌宣传等服务。总的来看，提供的服务种类处于一般水平，并在标准制定和产品认证的指导等方面有个性化服务内容	64
国际标准制修订能力X41	不曾参与国际标准制修订工作	19
国际标准化活动组织能力X42	曾组织过国际标准化活动，如召开2019年浙江制造国际认证联盟大会，但不频繁	65

将40个样本的打分数据输入训练完成的标准组织能力神经网络模型进行预测，得到各样本测评总分。

40个标准组织组织的能力评价结果见表9-25。样本的最终得分在50～80分，总分平均为62.84分。总体来看，标准组织的能力整体处于一般水平，其中资源整合能力整体分数相对较高，说明多数组织在成员和其他外部资源的调动上有较好的表现；标准形成的管理能力得分的组织间差异最小；市场运作能力和国际化能力得分普遍较低，尤其是国际化能力平均得分最低，且组织间差异最大，是标准组织普遍亟待提高的薄弱环节。

表9-25　标准组织能力评价结果

序号	团体名称	X1			X2		X3			X4		标准组织能力总分
		X11	X12	X13	X21	X22	X31	X32	X33	X41	X42	
1	浙江省品牌建设联合会	86	65	64	95	86	62	83	64	19	65	73.519
2	中华中医药学会	96	46	88	93	97	84	67	64	17	98	80.066
3	中国标准化协会	85	87	72	80	97	65	86	93	15	45	78.952
4	中国工程建设标准化协会	97	82	84	82	95	62	84	92	65	28	77.288
5	山东标准化协会	84	86	66	81	85	64	67	82	15	62	79.963
6	中国电子视像行业协会	64	44	64	67	93	63	79	64	16	44	61.570
7	中国技术市场协会	95	45	84	60	95	66	84	82	19	85	67.522

续表

序号	团体名称	X1			X2		X3			X4		标准组织能力总分
		X11	X12	X13	X21	X22	X31	X32	X33	X41	X42	
8	中国工业合作协会	88	22	65	42	93	46	43	42	18	19	59.685
9	中国质量万里行促进会	65	20	64	44	93	66	42	40	15	47	56.474
10	中国珠宝玉石首饰行业协会	83	23	60	45	90	66	64	47	16	23	58.744
11	中国电子元件行业协会	85	46	65	44	96	67	43	64	16	67	62.846
12	浙江省医药行业协会	66	25	71	47	88	34	43	47	19	23	64.281
13	中国科技产业化促进会	87	44	88	45	95	67	47	45	19	25	56.396
14	山东化学化工学会	69	28	79	38	89	34	46	43	17	23	60.879
15	山东省社会组织总会	69	33	49	46	90	46	39	34	18	23	59.455
16	中关村无线网络安全产业联盟	86	49	89	84	89	66	74	85	95	88	78.756
17	北京市闪联信息产业协会	82	85	87	54	87	65	80	84	96	95	78.234
18	上海市人工智能技术协会	64	46	92	23	66	60	34	33	15	48	50.652
19	江苏省人工智能学会	65	21	84	42	83	63	45	35	16	24	53.576
20	中关村乐家智慧居住区产业技术联盟	84	43	88	45	83	63	68	84	15	45	60.432
21	上海市标准化协会	82	86	64	42	63	60	67	86	17	21	66.249
22	中国物流与采购联合会	86	65	84	42	90	61	60	48	19	43	55.263
23	中国氟硅有机材料工业协会	88	43	85	64	94	62	46	49	19	44	64.669
24	中国特钢企业协会	86	44	64	63	95	66	44	39	18	21	60.814

续表

序号	团体名称	X1			X2		X3			X4		标准组织能力总分
		X11	X12	X13	X21	X22	X31	X32	X33	X41	X42	
25	中国农业机械化协会	84	45	67	45	94	63	45	42	14	22	57.493
26	中国农业机械学会	82	66	63	65	93	64	38	37	15	24	61.228
27	浙江省质量合格评定协会	81	41	60	43	85	62	64	80	16	20	54.259
28	广东省质量检验协会	81	24	65	44	85	64	46	44	15	21	57.19
29	中国汽车工程学会	84	63	64	60	93	62	68	46	17	21	59.12
30	中国生物医学工程学会	71	60	67	43	94	64	53	42	17	20	52.61
31	全国城市工业品贸易中心联合会	66	26	65	44	92	66	38	34	19	23	54.19
32	中国建筑材料联合会	82	24	64	66	95	65	46	40	19	23	61.25
33	中国纺织工业联合会	85	23	62	67	94	67	42	38	17	21	61.35
34	中国电力企业联合会	85	63	82	84	95	60	67	45	15	68	69.24
35	北京安全科学与工程学会	86	37	84	43	88	51	39	36	16	23	57.70
36	中国民用航空维修协会	83	22	68	44	92	46	36	35	17	24	60.20
37	中国城市环境卫生协会	86	46	65	42	93	49	40	35	15	23	58.27
38	中国技术经济学会	84	48	67	40	90	43	37	34	17	20	58.08
39	中国工程机械工业协会	88	47	66	63	95	64	65	41	19	45	62.90
40	国家半导体照明工程研发及产业联盟	69	40	66	65	96	66	49	42	15	66	61.72
平均分		80.98	46.33	71.88	55.65	90.15	60.35	55.20	52.93	21.93	39.25	62.84

从标准组织的能力评价的总体得分看，60分以下的组织占42.5%，60～79分的组织占52.5%，80分及以上的组织占5%，总分平均值为62.84分，中值为60.85分。低分组织和高分组织处在以中值为界限的两个区间，高分组织中仅存在个别组织得分接近80分及以上，如中华中医药学会、中国标准化协会等。

从各项指标的平均得分看，国际标准制修订能力和国际标准化活动组织能力是得分最低的两个二级指标，分别为21.93分和39.25分，说明国际化能力是目前中国标准组织普遍的劣势；标准制修订过程管理能力和政府资源平均得分分别为80.98分和90.15分，说明大部分标准组织在当下阶段需要借助政府力量支持发展，也反映出在政府标准化工作改革政策的推动下，社会团体在展开标准化工作的基础能力的建设上具有一定的成效，但标准化专业人才项平均得分和得分中值均不足50分，依然需要进一步提高相关基础能力；在市场运作能力方面，标准市场的需求响应能力平均分为60.35分，处于一般水平，标准推广能力和标准用户服务能力分别为55.20分和52.93分，处于偏低水平，说明标准组织已经普遍具有标准推广和提供服务的意识，但在推广的渠道种类和推广力度上还有拓展和上升的空间，同样在标准增值服务方面也值得更进一步地开发。

2.我国标准组织发展模式

根据评价细则，一项指标得分不低于80分意味着该组织这一方面的能力达到了接近满意的水平。本书在样本团体中进一步选择总分不低于60分且处在不同指标高分区间的组织，在技术资源、政府资源和市场运作等方面均存在表现突出且具有鲜明发展特点的标准组织(见图9-6)进行发展模式研究。

基于上述标准组织的能力评价结果，结合各团体在4个能力维度、10个二级指标上的分值分布以及发展背景、标准化活动实践等，归纳形成5种典型的标准组织发展模式，分别为政府支持型、技术领先型、市场驱动型、协同发展型和无序发展型。这5种模式的组织特点见表9-26。

社会团体代号	标准制修定过程管理能力 X11	标准化专业人才 X12	技术专家资源 X13	SDO成员 X21	政府资源 X22	标准市场的需求响应能力 X31	标准推广能力 X32	标准用户服务能力 X33	国际标准制修订能力 X41	国际标准化活动组织能力 X42	总分
CAS	85	87	72	80	97	65	86	93	15	45	79.0
IGRS	82	85	87	54	87	65	80	84	96	95	78.2
CECS	97	82	84	82	95	62	84	92	65	28	77.3
TMAC	95	45	84	60	95	66	84	82	19	85	67.5
CACM	96	46	88	93	97	84	67	64	17	98	80.1
CEC	85	63	82	84	95	60	67	45	15	68	69.2
WAPI	86	49	89	84	89	66	74	85	95	88	78.8
FSI	88	43	85	64	94	62	46	49	19	44	64.7
ZSPH	84	43	88	45	83	63	68	84	15	45	60.4
SHDPA	82	86	64	42	63	60	67	86	17	21	66.2
SDAS	84	86	66	81	85	64	67	82	15	62	80.0
ZJPA	66	25	71	47	88	34	43	47	19	23	64.3
CCMA	88	47	66	63	95	64	65	41	19	45	62.9
CECA	85	46	65	44	96	67	43	64	16	67	62.8
CSA	69	40	66	65	96	66	49	42	15	66	61.7
CVIA	64	44	64	67	93	63	79	64	16	44	61.6
CNTAC	85	23	62	67	94	67	42	38	17	21	61.4
CBMF	82	24	64	66	95	65	46	40	19	23	61.2
CSAM	82	66	63	65	93	64	38	37	15	24	61.2
SDSCCE	69	28	79	38	89	34	46	43	17	23	60.9
SSEA	86	44	64	63	95	66	44	39	18	21	60.8
ZZB	86	65	64	95	86	62	83	64	19	65	73.5
CACMAC	83	22	68	44	92	46	36	35	17	24	60.2
CIC	88	22	65	42	93	46	43	42	18	19	59.7
LNGO	69	33	49	46	90	46	39	34	18	23	59.5
CSAE	84	63	64	60	93	62	68	46	17	21	59.1
GAC	83	23	60	45	90	66	64	47	16	23	58.7
HW	86	46	65	42	93	49	40	35	15	23	58.3
CSTE	84	48	67	40	90	43	37	34	17	20	58.1
BSSEA	86	37	84	43	88	51	39	36	16	23	57.7
CAMA	84	45	67	45	94	63	45	42	14	22	57.5
GDAQI	81	24	65	44	85	64	46	44	15	21	57.2
CAQP	65	20	64	44	93	66	42	40	15	47	56.5
CSPSTC	87	44	88	45	95	67	47	45	19	25	56.4
CFLP	86	65	84	42	90	61	60	48	19	43	55.3
ZACA	81	41	60	43	85	62	64	80	16	20	54.3
QGCML	66	26	65	44	92	66	38	34	19	23	54.2
JSAI	65	21	84	42	83	63	45	35	16	24	53.6
CSBME	71	60	67	43	94	64	53	42	17	20	52.6
SAITA	64	46	92	23	66	60	34	33	15	48	50.7

技术资源

市场运作

政府资源

总分较低

图9-6　样本组织能力评价得分特征

表9-26　5种模式的组织特点

模式	显著特点	组织起源	占比	典型组织
政府支持型	政府资源≥80分；依赖政府资助和引导	通过政府扶持或鼓励成立	20%	浙江省品牌建设联会 山东标准化协会
技术领先型	技术专家资源≥80分；掌握行业领先技术，拥有技术服务平台	早期在政府支持下成立或由掌握领先技术的企业共同发起	17.5%	中关村无线网络安全产业联盟 中华中医药学会
市场驱动型	标准推广能力和标准用户服务能力≥80分	早期在政府支持下成立	5%	中国标准化协会
协同发展型	兼具技术领先型和市场驱动型组织的特征	—	7.5%	北京市闪联信息产业协会
无序发展型	总分＜60分	—	50%	中国农业机械化学会 中国生物医学工程学会

第10章

国外标准组织的发展模式

10.1 国外市场导向的标准化管理机制

国外市场导向标准化管理机制是自19世纪末以来，在工业革命的推动下逐步形成的(周立军、郑素丽，2019)，并因其发展动力源于市场需求，其中最为典型的是美国“自下而上”的标准形成机制和自愿性标准体系。在美国自愿性标准体系中，ANSI担任重要角色。ANSI的产生和发展本身也是市场机制的结果。1916年，IEEE发起协同ASME、美国土木工程师协会(ASCE)、美国采矿和冶金工程师协会(AIME)及ASTM，推动建立一个公正的美国国家标准化机构，以协调标准的发展、批准一致标准，来解决当时用户对标准可接受性的混淆。这5个组织本身就是联合工程学会(UES)的核心成员，随后邀请美国陆军部、海军部和商务部作为创始人加入它们。1918年，美国工程标准委员会(AESC)成立，这是ANSI的前身。1919年，AESC批准了管道螺纹的第一个标准；1921年，美国通过了第一个《美国标准安全规范》，以保护产业工人的生产安全。1928年，AESC被重组并更名为美国标准协会(ASA)，主要致力于国际标准化事业和消费品方面的标准化工作。ASA于1966年重组为美国标准协会(USASI)，以满足在制定和批准标准时更广泛地使用协商一致原则的需要，使自愿性标准体系更能反映消费者的需求及加强美国在国际上的领导地位。1969年，AESC正式更名为ANSI。ANSI在1969年之前的发展历程见图10-1。

ANSI是经联邦政府授权的民间非营利机构，其本身并不制定标准(宋明顺、周立军，2018)，核心职责是提供一个发展公平标准和质量合格评定系统的框架，努力将私营和公共部门的专家及利益相关方整合在一起，发起响应国家优先事项的协作标准化活动，是协调美国基于标准的解决方案的中立角色。ANSI组织架构图见图10-2。

执行标准理事会(ExSC)和标准审查委员会(BSR)是ANSI认可标准组织、批准美国国家标准过程中两个最关键的部门。ExSC负责制定、维护与美国国家标准相关的规范与程序，BSR依据《ANSI基本要求：美国国家标准的正当程序要求》，对美国国家标准进行批准或废止。理事会是ANSI的决策机构。截至2022年3月，ANSI的成员共计1366个，包括企业成员、政府成员、组织成员、教育成员、消费者成员、国际成员、个人成员7种类型。ANSI发布美国国家标准13322项，认可239个团体可制定美国标准。

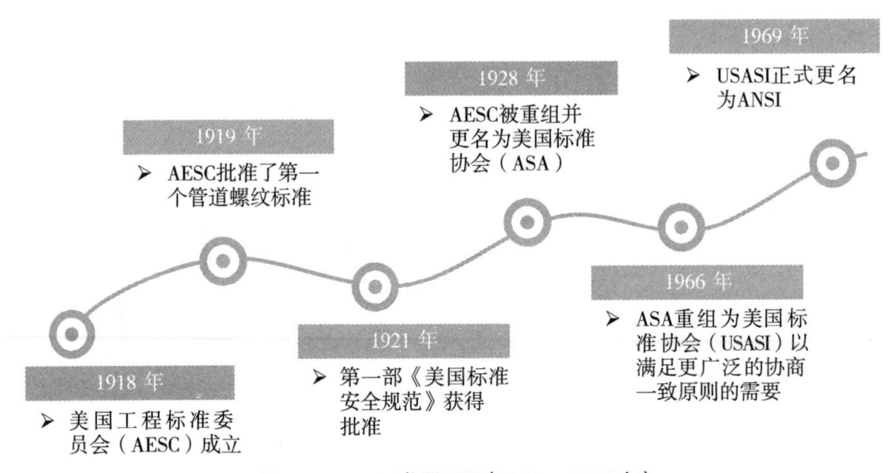

图10-1　ANSI发展历程(1918—1969年)

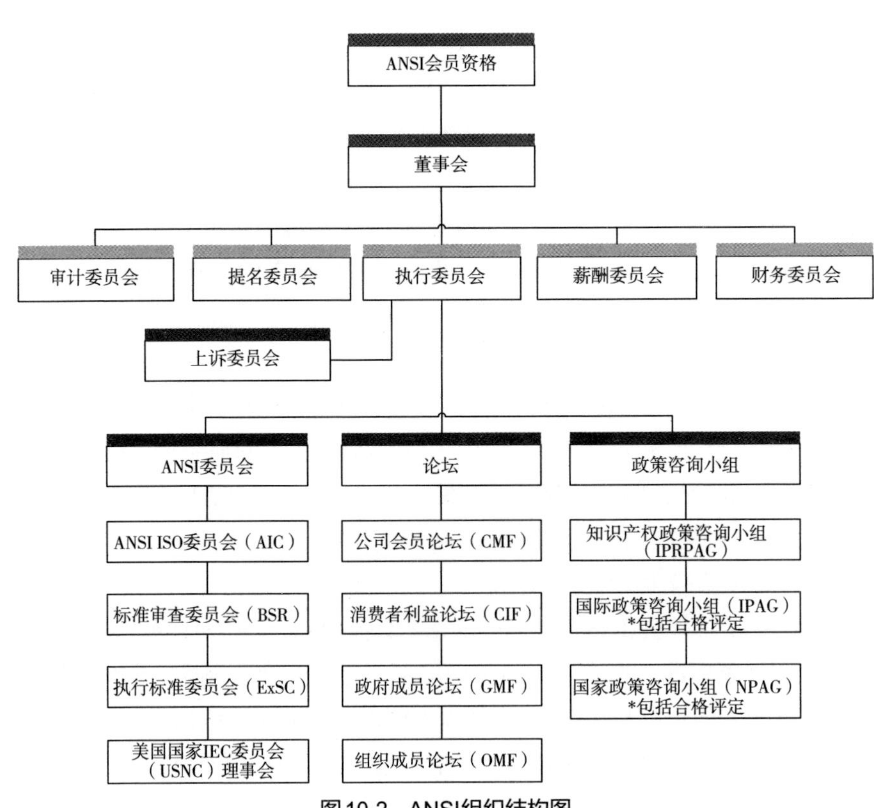

图10-2　ANSI组织结构图

10.2　ASTM:美国典型的自愿性标准组织

10.2.1　成立背景

美国材料与试验协会(ASTM)成立于1898年,是目前世界上最大的制定自愿性标准的非营利性组织。现有的32000多名会员,来自世界140多个国家(地区),代表了制造商、用户、消费者、政府和学术机构等利益相关方,并且都是相关领域的专业人士。

ASTM因解决问题而诞生,并在不断满足市场需求中扩展领域、提升国际影响力。ASTM发展历程见图10-3。ASTM是目前世界上最大的制定自愿性标准的组织,其标准制定由技术委员会承担,截至2022年3月共有159个技术委员会,已制定了12800多个高质量标准,被全世界广泛使用。ASTM成功运作以"标准+服务"为核心,并通过明确的定位、系统的管理机制、强大的信息化系统和创新的市场推广手段,成为国际性标准制定机构。

10.2.2　治理结构

ASTM采用扁平化组织结构模式,见图10-4。ASTM的管理机构是董事会,成员由全体成员投票选举产生。董事会由25名成员组成,每年在ASTM总部和多个国际地点举行两次会议。董事会授权特别常务委员会履行重要职能。技术委员会运作委员会(COTCO)制定并维护ASTM技术委员会的管理法规,并根据建议对法规进行修改。COTCO负责解释和执行这些法规,但不包括标准行动。该委员会负责解决与ASTM技术委员会范围有关的管辖权争议。COTCO制定并建议实现技术委员会在其范围、结构、发展和规划方面最有效运作的方法。标准委员会(COS)制定、维护和解释ASTM标准的格式和样式,并审查技术委员会对本文件例外情况的所有请求。

COS主要负责审查和批准技术委员会关于标准行动的所有建议,并验证协会法规的程序要求及其正当程序标准已得到满足,解决与标准有关的管辖权争议。出版物委员会(COP)就出版物政策的制定向董事会提供建议。COP主要负责协会的出版计划,但ASTM标准出版的验收标准除外。经董事会同意,委员会可发起、继续、扩展或终止期刊、期刊系列或其他连续出版物,但ASTM标准年鉴除外。认证计划委员会(CCP)就认证计划政

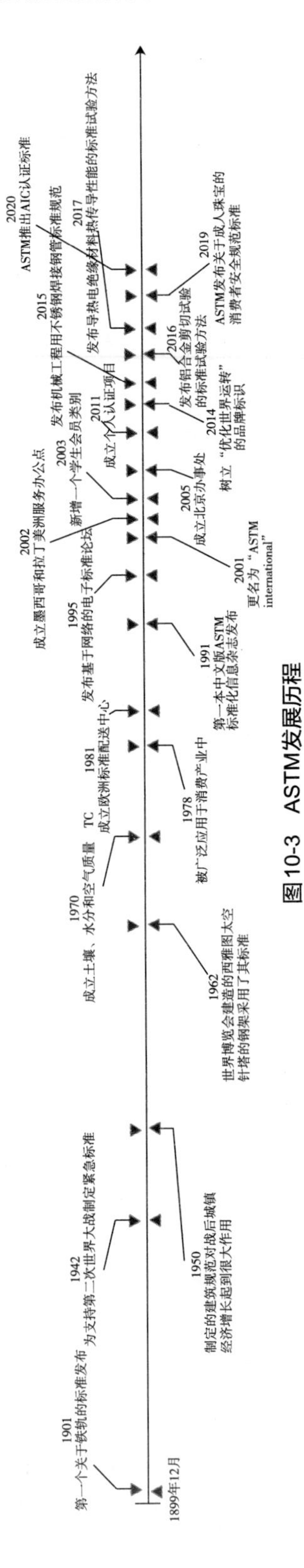

图10-3 ASTM发展历程

策的制定向SEI董事会提供建议，并批准/解散ASTM/SEI认证计划。所有常设委员会均向董事会报告。技术委员会是半自治团体。在董事会批准的范围内，委员会分为小组委员会和工作组。每个委员会都制定了自己的章程，这些章程须经COTCO批准。各委员会根据条例中概述的提名和选举程序选举其主要委员会官员。各委员会就标准行动进行小组委员会和主要委员会/协会审查投票，并在ASTM最终批准和公布之前接受标准委员会的程序审查。

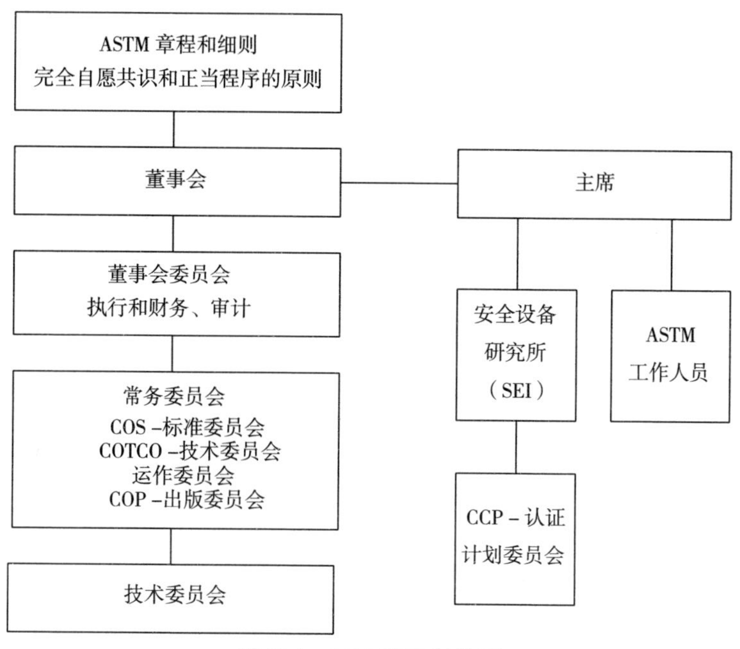

图10-4　ASTM组织结构图

10.2.3　管理机制

ASTM拥有成熟、系统的管理机制和规范体系，涵盖组织运行、会员管理、标准制修订程序、技术委员会职责等方面，每个环节或是项目都可直接找到相应的管理方法或指导性文件。ASTM标准制修订程序从注册工作项到最后标准发表每个环节都有严格的要求和管理规范，如起草标准需按不同类型标准的编写格式和风格；标准草案投票程序必须经过SC/TC两个层次的投票，任何反对票都要处理，必须符合投票原则；协会审核中的资料审核与修改必须满足审核标准等。

ASTM设有专门的标准管理机构，统一管理本协会的标准化工作。ASTM的标准委员会(COS)和技术委员会运作委员会(COTCO)负责ASTM的标准管理工作。标准管理机构通过制定规则来规范本协会标准化工作按照统一、规范的要求开展工作，并对开展标准制定的机构进行监管。ASTM的理事会下设有标准和认证委员会，来负责管理与标准和认证相关的工作。

ASTM建立了强大的信息化系统，通过标准编制、电子投票、征询意见、标准电子出版等标准制定全过程，以及虚拟会议、远程电话、电子通知等辅助系统的信息化，极大地提升了标准制定的效率、沟通的充分性和有效性。同时，ASTM还开发了许多有效的工具，如标准编写模板、不同类型标准的格式、在线词典等，高效率地实现了标准知识传播与共享。

10.2.4 标准管理流程

ASTM制定标准的工作程序主要包括7个主要过程(见图10-5)，流程成熟且执行严格。

ASTM的标准修订期限是5年，通常在第4年开始审核，在第5年开始投票决定是否需要修订、撤销或重新认可标准。ASTM标准从制定开始，最长寿命是8年。ASTM的标准流程随时开放接受修订意见和建议，ASTM每年都会对标准中的三分之一进行复审，修订一项标准平均时间要5～8个月。

在标准草案投票程序中，SC和TC投票阶段均须收回所有会员60%以上反馈才算投票有效，不同的是SC需要三分之二以上的赞成票才算投票通过，而TC需要90%以上赞成票，然后才允许进入下一个投票阶段。这一要求，相对于ISO的标准审查规则[委员会三分之二的积极成员(P成员)赞成，并且不超过总票数的四分之一反对]、我国的国家标准审查规则(必须有不少于出席会议代表人数的四分之三同意才能通过)都更为严苛。

技术委员会制定和维护 ASTM 标准。它们根据特定工作范围内的相关活动按名称分组(如A01–钢、不锈钢及相关合金，A04–铸铁件，B09–金属粉末及金属粉末制品等)。ASTM 委员会由来自行业的 32000 多名自愿个人组成，其中包括制造商和消费者，以及政府或学术界等其他利益集团。任何感兴趣的个人都可以通过 ASTM 会员资格参与技术委员会。

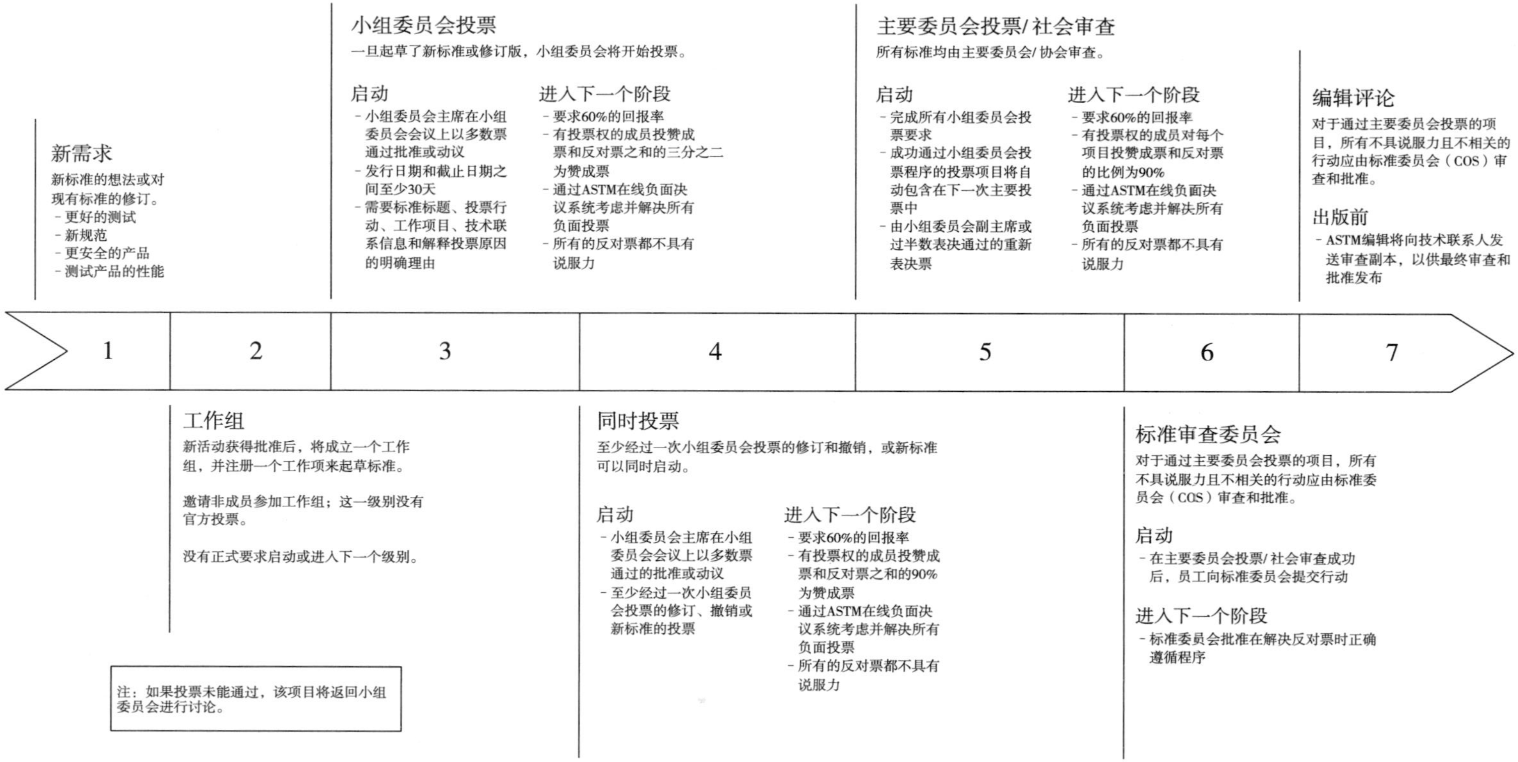

1　新需求

新标准的想法或对现有标准的修订。
- 更好的测试
- 新规范
- 更安全的产品
- 测试产品的性能

2　工作组

新活动获得批准后，将成立一个工作组，并注册一个工作项来起草标准。

邀请非成员参加工作组；这一级别没有官方投票。

没有正式要求启动或进入下一个级别。

注：如果投票未能通过，该项目将返回小组委员会进行讨论。

3　小组委员会投票

一旦起草了新标准或修订版，小组委员会将开始投票。

启动
- 小组委员会主席在小组委员会会议上以多数票通过批准或动议
- 发行日期和截止日期之间至少30天
- 需要标准标题、投票行动、工作项目、技术联系信息和解释投票原因的明确理由

进入下一个阶段
- 要求60%的回报率
- 有投票权的成员投赞成票和反对票之和的三分之二为赞成票
- 通过ASTM在线负面决议系统考虑并解决所有负面投票
- 所有的反对票都不具有说服力

4　同时投票

至少经过一次小组委员会投票的修订和撤销，或新标准可以同时启动。

启动
- 小组委员会主席在小组委员会会议上以多数票通过的批准或动议
- 至少经过一次小组委员会投票的修订、撤销或新标准的投票

进入下一个阶段
- 要求60%的回报率
- 有投票权的成员投赞成票和反对票之和的90%为赞成票
- 通过ASTM在线负面决议系统考虑并解决所有负面投票
- 所有的反对票都不具有说服力

5　主要委员会投票/社会审查

所有标准均由主要委员会/协会审查。

启动
- 完成所有小组委员会投票要求
- 成功通过小组委员会投票程序的投票项目将自动包含在下一次主要投票中
- 由小组委员会副主席或过半数表决通过的重新表决票

进入下一个阶段
- 要求60%的回报率
- 有投票权的成员对每个项目投赞成票和反对票的比例为90%
- 通过ASTM在线负面决议系统考虑并解决所有负面投票
- 所有的反对票都不具有说服力

6　标准审查委员会

对于通过主要委员会投票的项目，所有不具说服力且不相关的行动应由标准委员会（COS）审查和批准。

启动
- 在主要委员会投票/社会审查成功后，员工向标准委员会提交行动

进入下一个阶段
- 标准委员会批准在解决反对票时正确遵循程序

7　编辑评论

对于通过主要委员会投票的项目，所有不具说服力且不相关的行动应由标准委员会（COS）审查和批准。

出版前
- ASTM编辑将向技术联系人发送审查副本，以供最终审查和批准发布

图 10-5　ASTM制定标准的工作程序

10.2.5 会员服务

ASTM会员分为参与会员、团体会员、信息会员和学生会员4类。参与会员为选择加入ASTM技术委员会的个人。他们积极参与ASTM新标准的制定和现行标准的修订工作。通过直接参与ASTM标准编写过程，参与会员亲自参与位于世界前沿的新趋势和新技术的标准制定工作。

ASTM会员的有效期从每年1月1日至12月31日。每年10月1日以后申请入会并缴纳会费的会员有效期至次年12月31日。ASTM会员拥有各自的会员账号和ASTM网站上会员专区，可用于访问委员会投票、会议纪要、会议信息、议程、委员会成员的联系信息等。ASTM还按照会员所代表的利益相关方进一步分为生产者、使用者、消费者和一般利益相关者，并且授予每个利益相关方一张有效投票从而达到各利益相关方的利益均衡。

ASTM为其会员提供丰富的学习成长机会，不断加强其专业知识，如参加国际标准编制、公众演讲和担任领导角色等。同时，ASTM还为会员提供了完善的在线培训课程，其灵活的培训方案可以满足不同层次的会员需求。在线培训包括新会员岗前指导与培训、投票和否定票处理、WebEx视频会议培训、ASTM在线工具使用培训、会员花名册维护、制定和修订标准、工作组主席和技术联系人职责、实验室比对项目和网站导航视频等。除了为会员提供丰富的资源，ASTM还设立了奖励计划，对在标准领域贡献大、表现出色的会员进行表彰，以希望更多专业人士加入ASTM标准制定平台。

10.3 BSI：典型的政府认定的民间标准组织

10.3.1 成立背景

英国是工业标准化发展最早的国家，英国标准协会(BSI)成立于1901年，是世界第一个国家标准组织，统一负责英国行业标准化体系标准的制定与管理，其提供服务、标准和解决方案所涉及的行业领域广泛，包括食品、医疗、汽车、交通、信息通信技术、教育及航空航天等17个产业部门。截至2023年7月，BSI能够为来自全球31个国家的90个办事处的客户提供服务，并与12200名委员会成员合作以制定最佳实践准则，共向市场提供了33000份现行英国标准。

10.3.2 国际定位

作为政府认定的英国国家标准组织(NSB)，BSI历史悠久，是ISO创始成员之一。BSI的发展路径可体现ISO模式的团体标准组织是如何发展的。图10–6展示了BSI自创立以来的重大发展和战略演变过程。

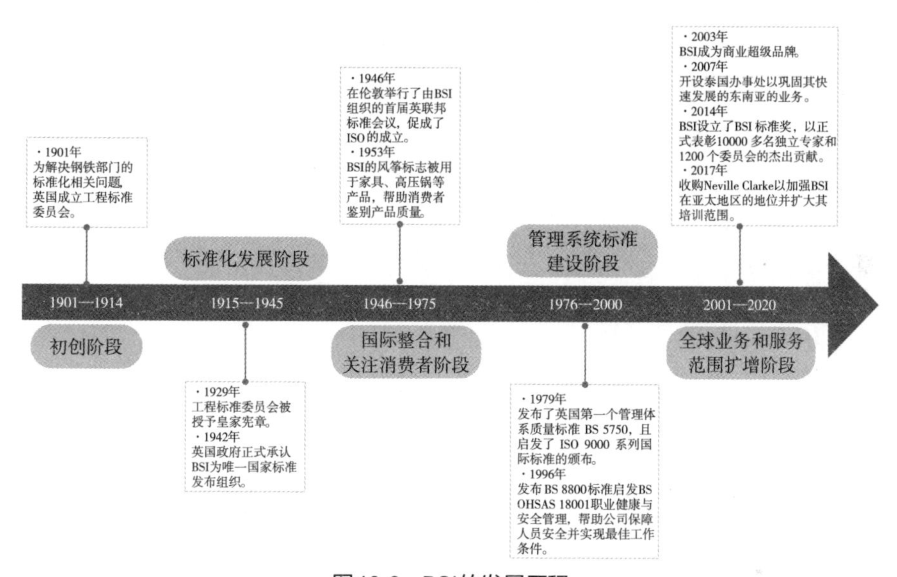

图10-6 BSI的发展历程

自1946年起，BSI开始重视国际标准的整合及消费者关注，尤其对国际标准化工作贡献巨大。1953年，BSI提供了用于消费者对产品质量评估的风筝标志，开始重视消费者的关注，使国际标准化工作有了重大飞跃。作为ISO的创始成员之一，BSI发起了许多后来被全球认可和采用的管理体系标准，如ISO 9000质量管理体系标准由BSI在1979年发布的全球首个管理系统质量标准BS 5750转化而来，ISO 14000环境管理体系标准由BSI在1992年发布全球首个环境管理系统标准BS 7750转化而来，ISO 27001信息安全管理体系标准和OHSAS 18001职业健康与安全管理体系由BSI颁布制定的标准转化而来的。可见，BSI推动了管理标准体系的全球应用。当今世界，积极参与国际标准化活动，是各国标准化工作的主流趋势。从2000年至今，为增进BSI和其他国际组织、欧洲组织间协调程度，促进贸易技术的融合及国际贸易的发展，增强国际标准和其他产品标准的融合，提高标准化的有效性，使英国标准在国际中发挥充分作用，BSI把组织发展的重心转移到开拓国际市场。近年来，BSI广泛收购世界各地的认证业务，充分重视国际的标准化战略，以促进各地区间的技术融合。

10.3.3 组织构架

BSI组织构建完整、成熟，设立董事会，以控制并保证为组织提供创新领导力。董事会主要由主席、行政总裁、标准总裁、非执行董事与董事会顾问组成，其丰富的业务知识和独立性帮助确保公司保持最高标准的领导能力和管理。同时，BSI董事会下设审计委员会、薪酬委员会、提名委员会、可持续发展委员会、标准政策和战略委员会，保证BSI运转顺畅。BSI还设立了包括集团执行委员会、集团运营执行委员会、银行和一般用途委员会、国家标准化机构(NSB)行为准则监督委员会、认证机构公正性委员会和认证机构管理委员会在内的执行委员会，这些委员会均向行政总裁汇报工作。

10.3.4 标准产业链

由于BSI是非营利性机构，其成本之外的盈余全部投资于业务发展。经过100多年的发展，BSI以标准的编制为核心，不断拓展和衍生标准服务业务，形成了标准的编制与销售、第二方和第三方管理系统评估和认证、产品和服务的测试和认证、绩效管理软件解决方案、支持标准实施和业务最佳实践方面的培训服务等标准产业链。BSI以协作方式为基础，与行业专家、政府机构、贸易协会、各种规模的企业和消费者合作，制定反映良好商业实践、保护消费者和促进国际贸易的标准；在认证服务方面，BSI是全球规模最大、经验最丰富的认证机构，在182个国家(地区)设有80多个办事处，在全球拥有80000多个客户，比其他认证机构拥有更多的全职评审员；在培训服务方面，BSI提供质量管理(ISO 9001)、风险管理(ISO 31000)、环境管理(ISO 14001)、信息安全管理(ISO/IEC 27001、BS 10012)及能源管理(ISO 50001)等相关培训课程，完成课程培训及评估，将可获得BSI个人培训认证并被授权使用BSI可信标识(Mask of Trust)。BSI 逐渐形成了以标准及认证、评估、测试、培训、管理工具等标准相关业务为内容的自我循环模式。

BSI的2020年度报告显示其全年营业收入为5.393亿英镑，受新冠疫情影响，较上一年略有下降(2019年为5.481亿英镑)，但潜在营运利润为0.674亿英镑，较上一年增长了15.6%。其中，标准编制和销售等标准服务的收入为0.653亿英镑，约占年度总营业收入的12%；管理体系评估和认证、产品和服务的测试和认证的收入为2.63亿英镑，约占年度总营业收入的49%；供应链解决方案等收入为1.43亿英镑，约占年度总营业收入的26%；标准咨询服务收入为0.68亿英镑，约占年度总营业收入的13%。2017—2020年，BSI各项业务收入对比详见图10-7。

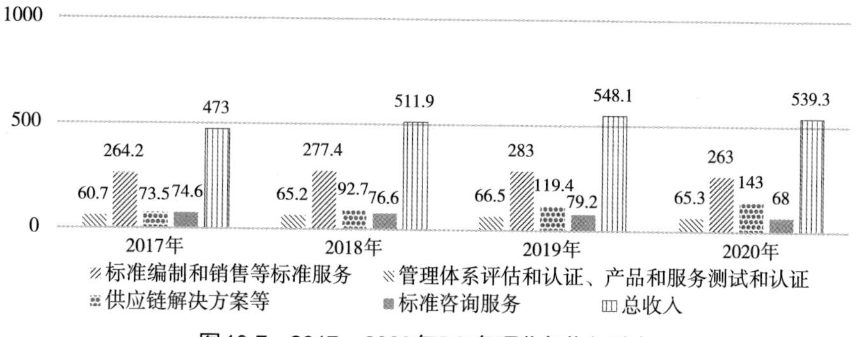

图10-7　2017—2020年BSI各项业务收入对比

10.3.5　组织文化

BSI成立于1901年，是世界领先的国家标准机构，帮助客户以更安全、更可靠和更可持续的方式运营，其独特的咨询、知识、保证和监管服务组合使组织更具弹性，进而激发对其产品、系统、服务和世界的信任，详见表10-1。

表10-1　BSI的宗旨、使命与愿景

要素	内容
宗旨	激发信任，打造更具弹性的世界
使命	分享知识、创新和最佳实践，帮助人们和组织养成卓越的习惯
愿景	成为使组织能够将最佳实践标准转化为卓越习惯的业务改进机构

BSI于1929年被授予皇家宪章，以表彰其在国内和国际各行业为促进创新、贸易和消费者群体所做的工作。皇家宪章的历史可以追溯到13世纪，由英国君主根据英国枢密院的建议授予，最初目的是创建公共或私人公司(包括城市)，并确定他们的特权和目的。如今，虽然皇家宪章仍然偶尔授予城市，但通常保留给为公共利益工作的机构。这些组织包括专业机构和慈善机构，如英国广播公司BBC及许多历史悠久的大学，它们可以在其特定领域表现出卓越、稳定和持久性。

皇家宪章本质上是一份授权文件，不仅阐明了BSI的宗旨，而且从广义上定义了BSI的活动范围，如作为标准机构的职能，及其提供培训、测试和认证服务的能力，还阐述了BSI的运作细节，包括成员资格、股东大会的召开和董事会的组成等。

10.3.6 标准制定流程

BSI标准制定流程大致可分为5个步骤：第一步，深度调查。BSI受委托创建一个标准，由专门的项目经理负责，确定该标准的利益相关者的需求，组织研制标准和出版物以确保无交叉情况。第二步，成立指导/咨询小组来解决标准中的技术问题。第三步，成立审查小组对标准进行公众咨询。第四步，由指导/咨询小组对公众咨询的意见进行讨论以达成共识。第五步，标准的出版与宣传。

10.4 ETSI：典型的区域标准组织

10.4.1 成立背景

欧洲电信标准化学会(ETSI)是公认的处理电信、广播和其他电子通信网络和服务的区域标准化机构，被欧盟(EU)认可为欧洲标准组织(ESO)，其制定的标准也被认可为欧洲标准(EN)。ETSI的工作是支持欧盟和欧洲自由贸易协会(EFTA)的政策，制定标准以支持欧盟制定的法规、指令和决定中规定的欧洲法规和立法，处理电信、广播和其他电子通信网络和服务。ETSI的目标是成为ICT标准的领先标准化组织，满足欧洲和全球市场需求。ETSI以提供有关各方聚集在一起的平台为任务，并就制定全球使用的ICT系统和服务的标准进行合作。

ETSI于1988年因欧洲邮政和电信管理会议(CEPT)响应欧盟委员会(EC)的提议而成立。自成立以来，ETSI在推动欧洲标准化工作方面作出了很多贡献，也取得了不少成就，其中有许多都产生了全球影响。ETSI的发展历程见图10-8。

10.4.2 组织架构

在ETSI的组织架构中，全体大会(GA)是ETSI的最高决策机构，负责确定整体政策和战略、同意预算、处理会员问题、任命ETSI理事会成员、任命总干事、任命财务委员会成员、认可外部协议、批准修改章程和议事规则。ETSI 的所有成员都是GA的成员，并被邀请参加会议。欧盟委员会(EC)和欧洲自由贸易联盟(EFTA)的代表作为顾问出席会议，并提出建议，但没有投票权。

ETSI董事会是GA的执行机构。GA将各种日常管理任务委派给董事会，

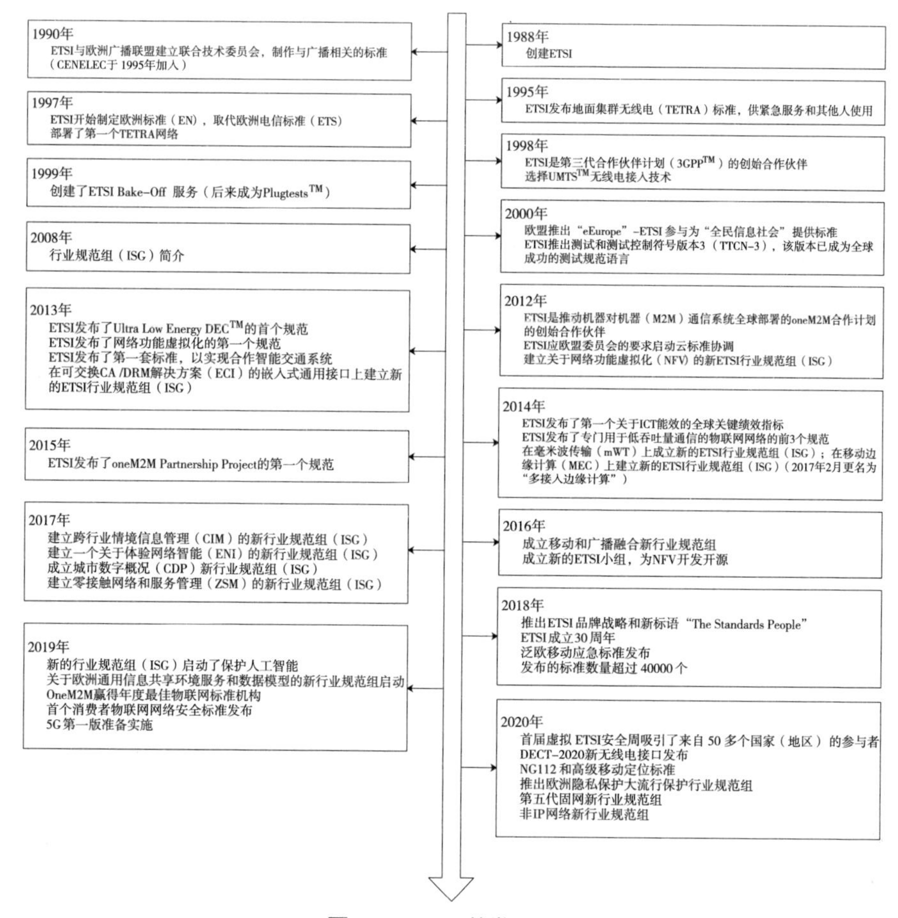

图10-8　ETSI的发展历程

包括监督工作计划、批准技术委员会、确定ETSI 项目和协调组的职权范围、批准任命技术委员会主席、批准专家工作组的资源和职责范围、就预算和财务问题向大会提供建议等工作。

秘书处由1名总干事和3名首席执行官共同领导，约由120名员工组成，为所有活动提供技术、行政和后勤支持。秘书处的工作主要包括支持个别委员会和项目；测试和互操作性中心为技术委员会提供支持和帮助，以确保标准编写良好、完整、清晰、明确且结构良好；编辑专家团队协助处理、批准和发布委员会起草的标准，该团队还提供标准编写服务，可为起草标准提供帮助；提供通信服务以确保有关ETSI工作的信息可用且为人所知；主持ETSI 委员会会议；组织研讨会和活动；联系欧盟委员会和其他标准化组织等外部组织；管理财务方面、IT 服务、法律服务和人力资源。

10.4.3 运营与管理

ETSI是欧盟正式认可的三大欧洲标准组织之一，旨在成为提供全球通用的技术、产品和服务等方面的技术标准的制定者。成立至今，ETSI在不断的发展过程中，已拥有成熟、系统的管理机制和规范体系，涵盖组织运行、会员管理、标准制修订程序、技术委员会职责等方面，每个环节或项目都可直接找到相应的管理方法或指导性文件。

ETSI的首要任务是为工业和社会所有部门的信息和通信技术制定高质量的标准。其成立的最初目的是为欧洲制定标准，也作为公认的欧洲标准组织发挥着特殊作用。ETSI与全球范围内的众多组织合作，制定不同类型的标准，以满足企业和社会的不同需求。ETSI拥有一个庞大的ICT技术图书馆，并提供免费的标准，其标准每年的下载量超过1200万次，同时以白皮书和手册补充相关标准。

ETSI是国际标准领域的重要参与者，每年发布2000多项标准。ETSI的标准类型包括欧洲标准(EN)、ETSI标准(ES)、ETSI指南(EG)、ETSI技术规范(TS)、ETSI技术报告(TR)、ETSI特别报告(SR)、ETSI工作组规范(GS)、ETSI工作组报告(GR)，如 GSMTM、3G、4G、5G、DECTTM、智能卡等标准。根据正在创建的标准类型，ETSI标准制定使用不同的批准程序(见表10-2)。

表10-2 ETSI标准的制定与批准

标准类型	标准说明	标准批准
欧洲标准(EN)	旨在满足特定于欧洲的需求并需要转换为国家标准时使用，或者当根据欧盟委员会(EC)/欧洲自由贸易协会的标准化请求需要起草文件时	由技术委员会起草并由 ETSI 的欧洲国家标准组织批准
ETSI标准(ES)	当文档包含技术要求时使用	提交给整个ETSI成员以供批准
ETSI指南(EG)	用于为ETSI提供关于处理特定技术标准化活动的一般指南	提交给整个 ETSI 成员以供批准
ETSI技术规范(TS)	文件包含技术要求并快速可用时使用	由负责起草文件的技术委员会批准
ETSI技术报告(TR)	文件包含解释性材料时使用	由负责起草文件的技术委员会批准
ETSI特别报告(SR)	用于公开信息参考等多种用途	由负责起草文件的技术委员会批准
ETSI工作组规范(GS)	提供技术要求和/或说明性材料	由行业规范组(ISG)制定并批准
ETSI工作组报告(GR)	ETSI可交付成果，仅包含信息元素	经行业规范组(ISG)批准发布

根据30多年的经验，ETSI开发了一套经过验证的标准制定流程，以确保高标准质量和高生产效率。ETSI的标准制定过程基于共识、成员间的协议和开放性。ETSI成员决定标准化的内容、任务的时间安排和资源、最终草案的批准。ETSI标准制定过程（SMP）的目标是将ICT领域标准化的市场需求转化为市场使用的ETSI可交付成果（规范、标准、指南和报告）。过程的输入是现有的（已知或未知的）市场对标准化的需求；产出是所生产的可交付成果在市场上的广泛应用。ETSI的标准制定过程见图10-9。

图10-9 ETSI标准制定过程

（1）创始。ETSI认为，在产品和服务已经可用时才形成标准的时代已一去不复返，对于标准化在设计和开发过程之前或同时进行的电信行业来说尤其如此。创始过程的输入是“市场上发生了什么”，也就是要关注标准的市场需求。该过程包括：确定ETSI章程和程序规则定义的主体领域的标准化需求；在ETSI内为此类标准化选择合适的组织。在这个过程中有各种各样的参与者，如技术机构、特别委员会和ISG的专家、ETSI成员及OPS技术官员等。

（2）概念构想。构想阶段的主要要素是工作项的识别、定义、批准和采用。工作项目的提案可能来自技术机构内部或外部。至少需要4名ETSI成员自愿支持该工作，技术机构可以批准该工作项目。ETSI成员将正式采用该工作项目（新工作项目的存在将通过ETSI网站公布，不同意该工作项目的成员可以在30天内反对将其纳入ETSI工作计划）。

（3）起草。起草工作通常在一个由召集人领导的小团队中进行。当小组的草案被认为准备就绪时，可交付的成果草案就移交给工作组（如果存在）以供批准。由技术机构通过会议或通信方式进行审议后，正式批准为ETSI技术规范或ETSI技术报告。技术机构的一些起草活动由位于ETSI秘书处的专家工作组（STF）执行。

（4）采用。虽然起草过程原则上对所有ETSI可交付成果都是相同的，但采用过程的流程要素取决于正在处理的可交付成果的类型。对于ETSI技术规范（TS）、ETSI特别报告（SR）、ETSI工作组规范（GS）、ETSI工作组报告（GR）和ETSI技术报告（TR），技术机构的批准和采用同时进行。

发布过程元素包括对所采用的TS、TR、SR、GR或GS的文件版本的最终编辑、归档和PDF格式的发布。发布的可交付成果将通过ETSI Web服务器进行分发，并构成ETSI WEBstore的一部分。

(5) 推广。推广活动主要发生在3个时间段：在标准化工作开始之前(开始和构想)；在标准化工作期间(起草和通过)；标准发布后。推广活动主要是为了吸引新的标准化领域产生、吸引新的工作项和活跃成员。

2020年，ETSI共发布标准、规范、报告、指南2854项。而1993—2020年，ETSI共发布标准、规范、报告、指南51000多项，见图10–10。

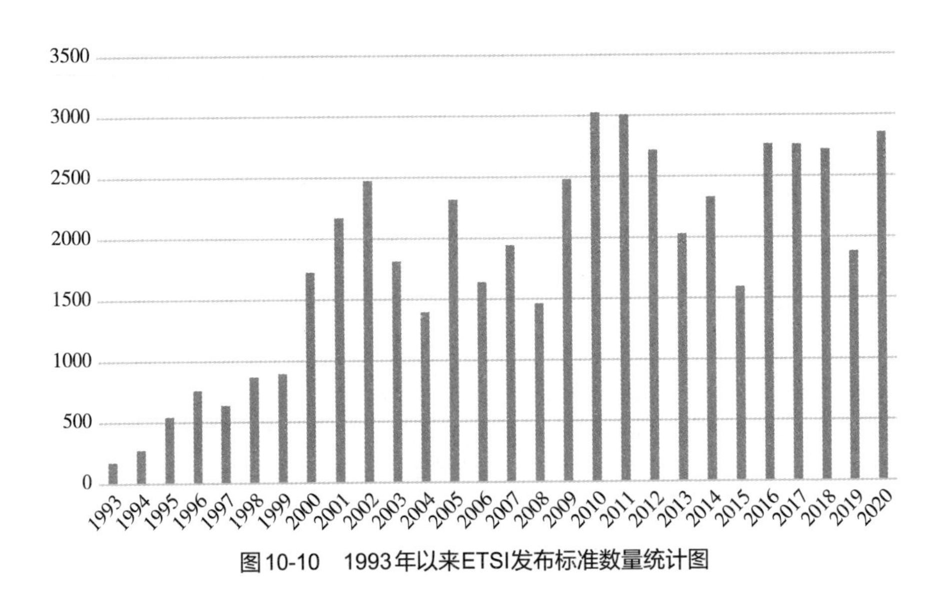

图10-10　1993年以来ETSI发布标准数量统计图

10.4.4　资源保障

ETSI成员来自五大洲60多个国家(地区)，拥有900多名成员。任何对创建电信和相关标准感兴趣的公司或组织都可以成为ETSI的成员。根据地理区域，ETSI拥有两种会员类型：在CEPT(欧洲邮政和电信管理会议)地区内的国家(地区)建立组织的正式会员；在CEPT地区外的国家(地区)建立组织的准会员。会员和准会员的缴款按类别计算。ETSI中26%的会员是中小企业和小微企业，超过50%在技术团队中担任正式职位。ETSI将中小企业分为几类：39%的制造商、3%的网络运营商、19%的服务提供者、26%的咨询机构、4%的研究机构及9%的其他。成为ETSI的会员除了可以提高全球声誉，还可以获取有关全球 ICT 标准的最新信息；直接参与标准制定；通过早期采用标准获得竞争优势；与行业领导者建立联系的机会等。

ESTI是一个非营利性组织，资金来源主要有以下4个方面。

(1) 年度会员缴费。年度会员缴费提供大部分收入。ETSI 会员会费的计算取决于会员类型，包括一般会员和准会员；非营利用户协会、大学、公共研究机构和微型企业，政府机构，观察员等。会费根据会员公司或组织的规模计算，但一般情况下，用户协会、学术和研究机构及小型企业的缴费较少。

(2)欧盟委员会(EC)和欧洲自由贸易联盟(EFTA)发出标准化请求并提供资金，以供制定特定标准，特别是协调标准，或用于其他相关工作，通常是为了支持欧洲立法。同时，它们还提供资金支持ETSI作为欧洲标准组织(ESO)的活动，这笔资金加起来占预算的15%～20%。

(3)来自"商业"活动的收入，包括标准销售、活动费用(如互操作性测试活动)和向外部组织提供的服务。

(4)来自合作伙伴组织的贡献，如代表合作活动执行的服务。

10.5 3GPP：典型的专业性标准化组织

10.5.1 成立背景

第三代合作伙伴项目(3GPP)是许多开发移动通信协议的标准组织的总称。3GPP是一个联盟，由7个国家(地区)电信标准组织作为主要成员("组织合作伙伴")和各种其他组织作为准成员("市场代表合作伙伴")。3GPP将其工作分为3个不同的部分：无线接入网络、服务和系统方面及核心网络和终端。3GPP成立于1998年12月，目标是在国际电信联盟的国际移动通信-2000(因此得名)的范围内，为基于2G GSM系统的3G移动电话系统制定规范。

3GPP源于北电网络(Nortel Networks)和AT&T Wireless之间的战略计划。1998年，AT&T Wireless在美国运营IS-136(TDMA)无线网络。1997年，Nortel Networks位于得克萨斯州理查森的无线研发中心——贝尔北方研究的无线部门制定了"全互联网协议(IP)"无线网络的愿景，其内部名称为"Cell Web"。随着合作的深入，Nortel Networks推出了"无线互联网"的行业愿景。AT&T Wireless准备发展其在美国的网络，对无线互联网及其互联网协议的承诺(Nortel Networks作为潜在供应商)产生了浓厚的兴趣。在12个月左右的时间里，AT&T Wireless发起了一项全球计划，并将其命名为"3GIP"，这是基于"原生"互联网协议的第三代无线标准。最初，3GPP主要参与者包括英国电信、法国电信、意大利电信和北电网络，但最终加入的还有NTT DoCoMo、BellSouth、Telenor、朗讯、爱立信、摩托罗拉、诺基亚等。它们成立了一个3GPP标准论坛，并开始制定标准。该论坛进入2000年的时间框架，直到AT&T Wireless和英国电信形成了一个战略"合作项目"，以促进美国和欧洲市场之间的"全球漫游"。通过这种业务安排，GSM这一现行的欧洲标准被采用为AT&T Wireless北美网络发展的基础。具体来说，其包括GSM数据功能的部署，即GPRS、EDGE和向UMTS的演变。

3GPP组织合作伙伴分别来自亚洲、欧洲和北美洲(见表10–3)。这些组织在3GPP的技术规范发布之后，先结合各自的区域的特定需求，再依据各独立会员的技术贡献，加上知识产权相关信息，把3GPP的技术规范转换成区域标准。它们的目标是确定3GPP的总体政策和战略，其工作主要有：3GPP范围的批准和维护；维护伙伴关系项目说明；决定创建或停止技术规范组，并批准其范围和职权范围；批准组织伙伴的资金需求；组织伙伴向项目协调小组分配人力和财力资源作为提交给它们的程序事项的上诉机构。

表10–3 3GPP组织合作伙伴

成员	国家/地区
无线电工业和商业协会(ARIB)	日本
电信行业解决方案联盟(ATIS)	美国
中国通信标准化协会(CCSA)	中国
欧洲电信标准学会(ETSI)	欧洲
电信标准发展协会(TSDSI)	印度
电信技术协会(TTA)	韩国
电信技术委员会(TTC)	日本

截至 2020 年 12 月，3GPP 共由 719 名个人成员组成。而公司则通过成为 3GPP 组织合作伙伴的成员资格参与其中。

10.5.2 标准开发及商用

3GPP基于行业特点，不仅重视标准的形成，而且重视标准的商用。

(1) 早期研发。这部分是在3GPP之外进行的，一般是由组织合作伙伴提出愿景、概念和需求并进行早期的研究。当组织合作伙伴认为这套系统或功能具有研究的意义时，先行研究，再提交给3GPP审核。

(2) 项目提案。任何组织合作伙伴都可以提案，但无法由一家单独申请，至少有4个其他成员支持才可以。提交之后，经过3GPP内部多轮讨论评估，标准制定组(TSG)最终给出决定，如果被采纳的话，就进入下一阶段。

(3) 可行性研究。在经过多轮讨论评估后，3GPP内部针对这个提案输出技术报告，然后提交到标准制定组(TSG)决策。如果被采纳的话，就进入下一阶段。

(4) 技术规范制作。统一思想与技术研究方向后，把复杂任务划分成多个小的模块，交给各个工作组去完成。3GPP的个体会员也会持续对技术标准研发提供建议，共同推动技术规范的进展。当最终大家意见一致时，规范完成，经过标准制定组决策之后就可以发布了。发布之后，各个成员就可以遵从这些规范来研发商用产品，建造商用网络。

(5)商用过程。这个过程就是在技术规范的基础上搭建起商用系统。当在应用中发现有需要改进的地方时，进行一个变更请求的流程，把改进需求反馈回3GPP，由3GPP再进行调整，使技术规范进一步完善。

其中，各规格分为不同版本(Release)。一个版本由一组内部一致的特性和规范组成。一般通过指定冻结日期为每个版本定义时间范围。一旦发布被冻结，只允许进行必要的更正(即禁止添加和修改功能)，因为每个阶段都定义了冻结日期。

10.5.3 发展成效

3GPP在移动通信领域制定的标准主要贡献有两个方面：一是LTE标准。在4G标准竞争过程中，3GPP主张长期演进技术，即LTE，并由3G技术标准WCDMA采用OFDM技术向LTE-Advanced演进。由于运营商们逐渐向LTE转移，因此LTE-Advanced成为4G时代最重要的标准。二是5G系列标准。在5G时代，标准主要是3GPP系标准，且3GPP标准由各国企业成员提出技术方案决定。根据Omdia公司2020年发布的《3GPP标准贡献分析白皮书》显示，华为和爱立信分别贡献了5G标准的23%和20%，位于前列。5G标准提案贡献见图10-11。

3GPP主要是通过各个版本的发布来更新各阶段技术。3GPP发布的Release可追溯至1996年，但最早的Phase1始于1982年。技术规范的每次都会增加新的特性以增加自身技术能力，目前Release19已于2021年6月18日开始，其技术规范发展历程见图10-12，图中每个Release分别对应其冻结日期(瞿羽扬、周立军，2021)。

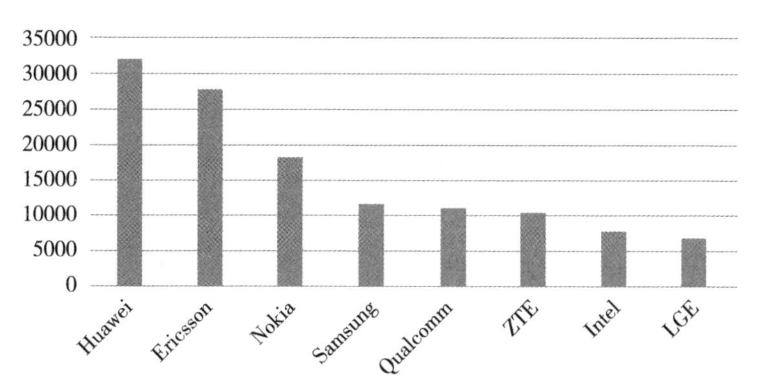

图10-11 5G标准提案贡献

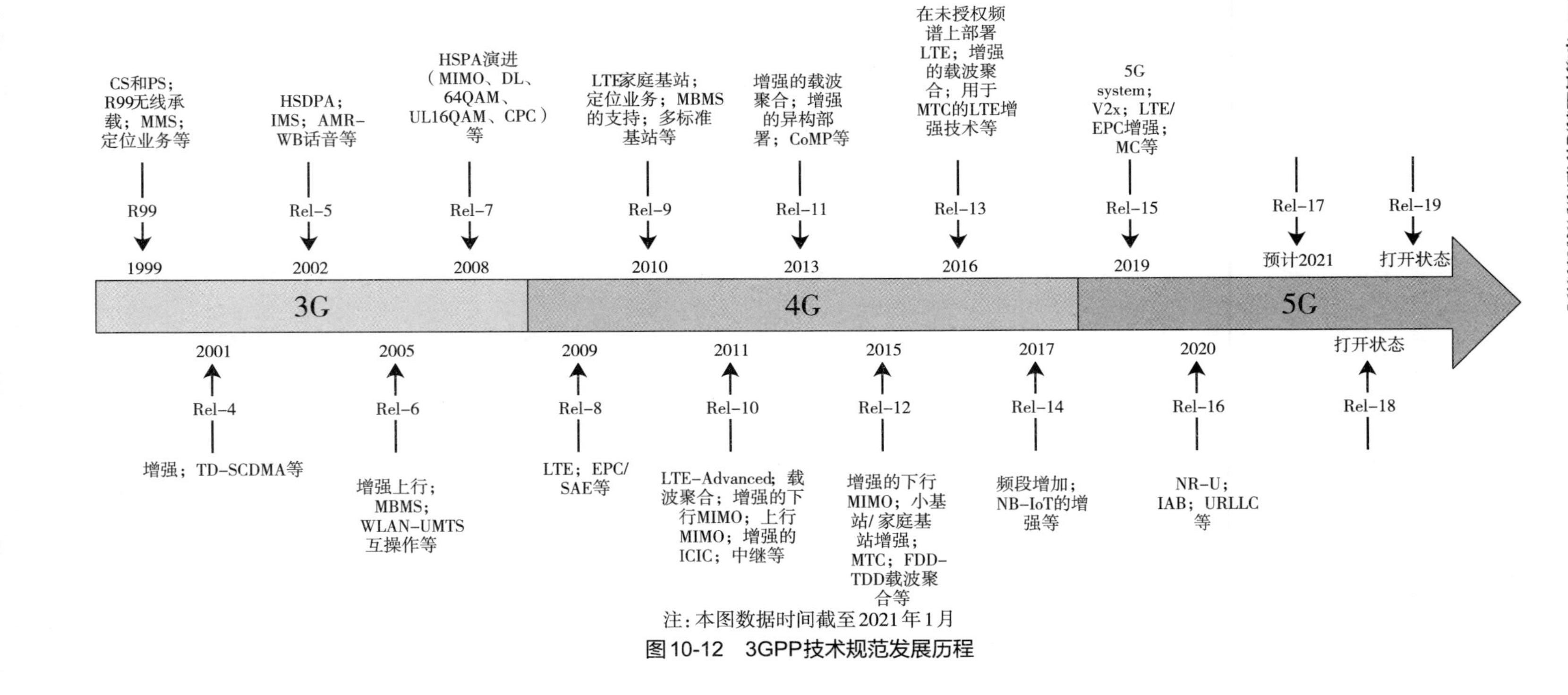

注：本图数据时间截至2021年1月

图10-12　3GPP技术规范发展历程

10.6 国外标准组织发展共性经验

1.内部治理结构完善

组织构架覆盖了组织决策、战略发展、运营管理、人力资源管理、财务管理、市场(业务)推广、标准制定、技术创新、会员管理、情报反馈、知识产权管理、法务、国际化发展等职能，具有类似于大型企业的内部治理结构，较为完善并与市场充分接轨。典型的国外标准组织还形成了包括使命、愿景、价值观、行为准则等要素的组织文化体系，这些文化要素通过官网等载体向所有利益相关者传播。

2.标准管理流程清晰并执行严格

国外标准组织的标准化管理模式，一般包括“标准制定—标准采用—合格评定”三大要素。这些组织都建立了明确的标准制定流程和相应的制度文件，而且严格执行这些要求。通过充分、严格的“协商一致”原则，确保所制定的标准符合相关方需要，尤其是市场的需要。例如，DIN认为一项标准只有被应用之后才能发挥作用，只有标准化才能产生最大化的经济效益，因此制定标准不是最终目标，而是被采用、被得到有效的实施。国外标准组织是通过合格评定程序来推动标准实施的，如美国通过UL等一批世界著名的认证机构，形成了强大的国际市场竞争力；英国在1903年就建立了BSI认证体系，合格评定制度已经实施了100多年。

3.市场推广机制健全

国外标准组织的产生本身就源于解决市场问题，是市场机制发挥作用的结果。国外标准组织将标准看作“产品”，围绕标准化管理过程形成了产品系列，如ASTM的“标准+服务”、UL的“标准+认证”等。同时，这些团体清楚地知道，市场竞争力源于优质产品。标准组织的市场机制一方面体现于标准的制定应源于市场需求，另一方面体现于标准形成后的推广应用。DIN早在1919年就设立了标准实践委员会(ANP)，主要负责标准实施经验交流、问题探讨、组织信息反馈、标准化培训等，它是DIN各工作机构与标准用户之间的联系纽带。这些知名的国际标准机构还建立了涵盖需求挖掘、标准开发、客服服务等多要素的客户管理体系，甚至有独特的客户维护模式，并在全球进行市场推广。

4.重视相关方利益需求

国外团体对企业、消费者、政府、社会公众等利益相关者的需求给予同等重视，并通过积极沟通促进共识。例如，ASTM早在2001年就启动国际谅解备忘录项目，促进与签署成员标准机构之间的沟通，减少工作重复，并支持成员的发展活动。该谅解备忘录旨在鼓励来自世界各地的技术专家参与ASTM标准制定过程，并扩大ASTM国际标准的全球认可和使用。另外，ASTM、BSI等均非常重视会员这一重要的利益相关方，对会员进行分类管理。

第11章

市场自主制定标准与产业发展

11.1　技术标准与产业演化——移动通信产业

11.1.1　移动通信技术标准的全球竞争态势

以网络化、智能化、数字化为主要特征的第四次工业革命正在蓬勃兴起，5G作为实现万物互联的关键信息基础设施，其技术标准决定了未来各个地区必须遵守的游戏规则和技术规范，积极推进技术标准化工作已经成为各国争夺未来竞争制高点的重要手段(Yang et al., 2022)。第三代合作伙伴项目(3GPP)各个成员正试图将自身的优势技术转化为国际标准，特别是以美国、中国、欧洲、日本、韩国为代表的通信技术强国，正在世界范围内积极开展标准布局。华为、高通、爱立信、诺基亚、三星等通信产业巨头通过积极申请标准必要专利、提升标准贡献度及标准会议参与率不断增强标准竞争能力和技术话语权。根据IPlytics Platform的报告*Who is leading the 5G patent race*(2019)显示，截至2019年11月，在已声明的标准必要专利中，华为居于首位(3325项)，其次是韩国的三星(2846项)和LG(2463项)，前十席位中国、韩国、欧洲、美国及日本企业各占据2位；在5G标准贡献率中，华为占比21.41%，爱立信占比16.57%，诺基亚占比12.70%，而前十席位中国企业占据4位，欧洲、美国和韩国各占据2位；在参加3GPP会议的专家中，华为3098人(14.01%)、爱立信2193人(9.92%)、三星2142人(9.69%)，前十席位中国和美国各占据3位(IPlytics, 2019)。可见，技术标准的国际竞争正在由发达国家向以中国为代表的新兴经济体扩散(杜传忠，2019)。

移动通信产业技术标准不仅仅是创新成果产业化、市场化的必然桥梁，更进一步推动了技术再创新。因此，技术进化也被认为是技术标准化的一个重要方面(Lee & Sohn, 2018)。同时，因其具有无可替代性和全球通用性的特点，甚至关系一国移动通信产业的国际竞争地位和国家重大利益(王珊珊等，2014)，在企业、产业乃至国家层面都已上升到战略高度。随着移动通信技术从2G到5G的加速迭代发展，技术标准之争的进程随之加速。尽管3GPP表示2G和3G仍在使用中，但标准界早已聚焦于4G向5G的演进，甚至已经考虑6G技术标准的布局。目前，已有研究较多侧重于探究信息技术标准与专利、创新、知识产权等的关系(Lee & Sohn, 2018; Pohlmann & Blind, 2014)，或者仅单一分析3G或4G技术标准的竞争(李再扬、杨少华，2005；李越、余江，2016；陆正丰等，2021)，而基于整个产业发展脉络深入分析从3G

到4G时代技术标准的演化过程、特征及规律方面的研究尚不充分。为此，本书结合Logistic增长模型探究移动通信产业技术标准的演化路径，剖析3G、4G技术标准发展轨迹和标准竞争动态，进而对5G技术标准发展趋势进行预测，为中国移动通信产业把握从5G到6G技术标准之争的态势、选择更优的战略路线图提供理论支撑。

11.1.2 技术标准与技术标准演化

技术标准是指为实现特定功能而接受的特定技术解决方案(Lichtenthaler, 2012)。在工业4.0时代，复杂技术系统的创新和智能技术的产业化更依赖于技术标准。技术标准在推动产业技术创新、促进技术进步和引领产业发展方面起着至关重要的作用(叶萌、祝合良, 2018; Jiang et al., 2020)。已有研究表明，技术标准作为产业技术政策工具，优点在于实现技术锁定和掌握对产业的干预方式，并且成为产业技术发展的创新平台和实施贸易保护的手段(田博文等, 2020)。对于演化研究，Nelson & Winter发表的《经济变迁的演化理论》标志着演化经济学的形成，并从演化经济的视角探讨产业发展的相关问题(钟章奇、何凌云, 2020)。现有文献大致上将路径演化研究分为两类：一类是关于演化的过程分析(陈雯雯、陈雪梅, 2014; 罗建强等, 2020)，即一种状态转化到另一种状态的过程；另一类则是演化的驱动因素分析(臧树伟、陈红花，2020；周阳等，2020)。

国内外学者围绕技术标准演化的研究，大多侧重于单一技术标准的演化过程探究，如Bekkers(2011)、高俊光、杨武(2010)对3G技术标准的演化历程的研究，李龙一等(2009)对DVD技术标准的演进过程研究，唐馥馨等(2011)对浙大中控EPA技术标准演化过程的研究。同时，关于技术标准的演化，大多数学者基于标准生命周期研究框架，认为包含准备/启动(唐馥馨等, 2011; Söderström, 2004)、开发/形成(唐馥馨等, 2011; 姜红等, 2018; Söderström, 2004)、实施(姜红等, 2018; 陈晓雪, 2019)、推广/扩散(李龙一等, 2009; 姜红等, 2018)等阶段，或者从技术与标准之间的关系出发划分阶段(虞舒文、周立军等, 2022)。虽然已有研究对技术标准的演化问题给予了一定的关注，但以技术标准的演化为主线，从产业整体发展的视角探究其发展过程、规律的研究尚未展开：一方面，已有文献较多集中于单个技术标准的研究；另一方面，对于生命周期各阶段的划分基本是基于时间序列上的主观判断，缺乏借助客观工具的精准判断。因此，本书以标准演化较为显著的移动通信产业为分析对象，使用Logistic增长模型挖掘和探索3G、4G、5G技术标准在产业变迁过程中的内在演化规律，旨在勾勒出移动通信产业技术标准的演化路径及其与产业发展的互动关系。

11.1.3　研究设计

1.技术标准演化研究方法及数据来源

Logistic增长模型最早由Verhulst于1838年提出，并被广泛应用于技术生命周期的研究(张奔，2020；赵莉晓，2012)。从宏观角度，可以把技术发展分为萌芽期(0～10%)、成长期(10%～50%)、成熟期(50%～90%)和衰退期(90%～100%)以模拟和预测其成长轨迹。因其描绘出来的曲线形状与字母S相似，故称为S曲线(钟华、邓辉，2012)。由于技术标准源于技术，其发展有着类似的生命周期趋势，因此本书将Logistic增长模型引入技术标准研究。

ITU是联合国的重要专门机构，自1865年以来始终致力于推动全球电信服务、网络和技术的发展，并制定促进世界范围内设备和系统互用性的国际标准，是电信领域最权威的国际标准组织。各国或各组织提出移动通信技术方案后，须得到ITU批准才能被确立为世界通用的技术标准。截至成书之时，ITU共通过确定WCDMA、CDMA2000、TD-SCDMA和WiMAX共4个第三代移动通信技术标准；LTE-Advanced和Wireless MAN-Advanced两个第四代移动通信技术标准；而5G则是ITU正在制定的下一代移动技术标准。IMT-2020(5G)是该系统、组件及支持超越IMT-2000(3G)和IMT-Advanced(4G)系统所提供的能力的相关要素名称。因此，本书以ITU官网数据为技术标准来源。其中，3G标准以3G、IMT-2000、CDMA2000、TD-SCDMA、WCDMA、WiMAX等为关键词进行相关标准搜索；4G标准以LTE-Advanced、Long Term Evolution、LTE、4G、Wireless MAN-Advanced等为关键词进行搜索。经过人工筛选并剔除重复数据后，得到1995—2019年相关3G标准149条，2007—2019年相关4G标准131条。

2.技术标准数据分析

利用LogletLab 4.0软件对3G、4G技术标准存量按照对称S曲线进行拟合，得到Logistic增长模型各个参数的拟合统计结果，具体见表11-1。3G拟合优度R^2为0.988，4G拟合优度R^2为0.977，拟合效果较为理想。

表11-1　3G、4G技术标准拟合结果统计表

Logistic	a	tm	r	R^2	1%	10%	50%	90%	99%
3G	13.0	2006	0.339	0.988	1993	1999	2006	2013	2020
4G	10.9	2017	0.404	0.977	2006	2012	2017	2023	2029

技术标准拟合结果显示，3G技术标准的萌芽期为1995—1999年，成

长期为1999—2006年，成熟期为2006—2013年，衰退期为2013年之后，见图9–1。4G技术标准的萌芽期为2007—2012年，成长期为2012—2017年，成熟期为2017—2023年，衰退期为2023年之后，见图9–2。显然，目前全球已处于3G技术标准的衰退期、4G技术标准的成熟期。4G技术标准成长时间(a)短于3G技术标准，且4G技术标准的增长速度(r)明显高于3G。

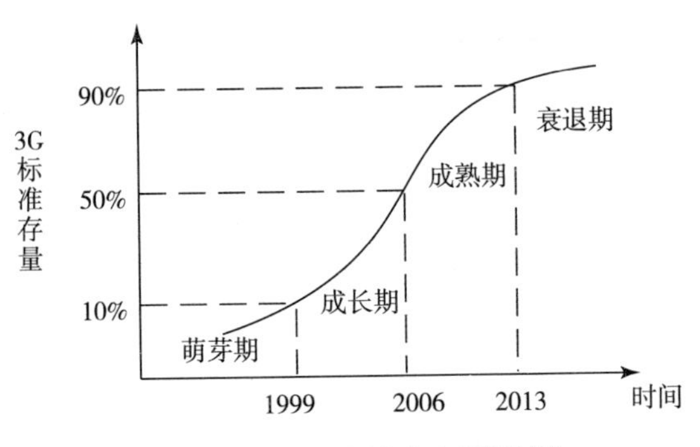

图11-1 3G技术标准生命周期划分

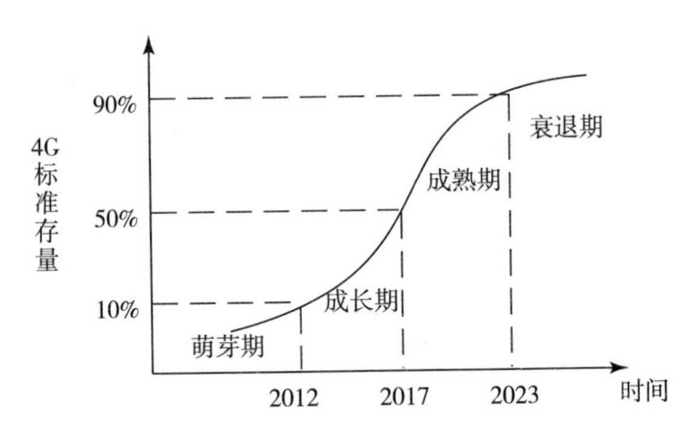

图11-2 4G技术标准生命周期划分

基于Logistic增长模型，3G和4G技术标准存量拟合曲线见图11–3。图中，横轴为标准年份，纵轴为标准年份对应的技术标准数量。其中，拟合曲线中实线为拟合部分，虚线为预测部分。3G、4G技术标准的Logistic模型钟形拟合图(见图11–4)呈现了技术标准增长速率的变化，4G的增长速率明显大于3G。2006年是3G技术标准的转折点，2017年是4G技术标准的转折点。在转折点之前增长速率处于逐渐上升的状态，而在此之后增长速度会逐步降低。

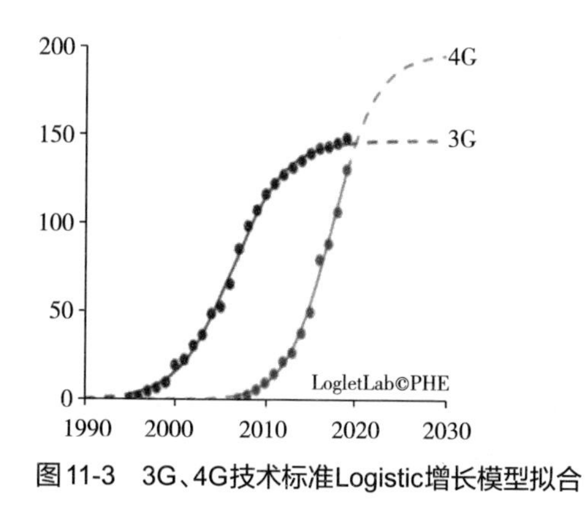

图11-3　3G、4G技术标准Logistic增长模型拟合

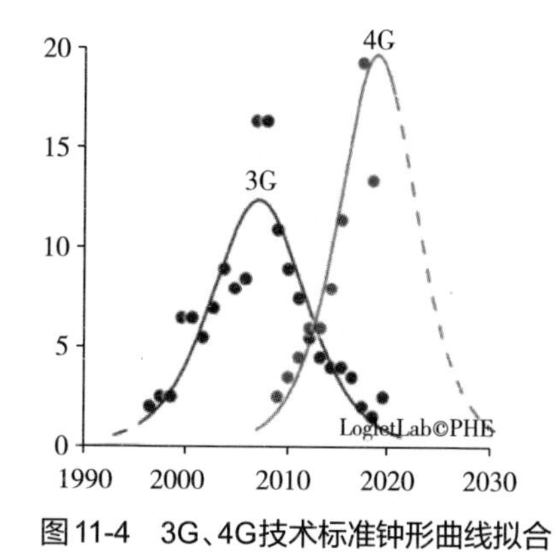

图11-4　3G、4G技术标准钟形曲线拟合

11.1.4　移动通信技术标准生命周期特征分析

1. 3G技术标准的生命周期及特征

20世纪90年代，在2G移动通信系统普遍组网演进的同时，3G的相关研究工作如火如荼展开(Erik Dahlman，2010)。截至1998年6月，各国提交到ITU的第三代移动通信无线传输技术共有10种(廖晓滨、赵熙，2008)。这一阶段3G技术标准开始萌芽，各方技术方案不断提出，国际组织开始研究并制定相关技术标准以满足市场需求和业务需求。经过前期的积累和开发，ITU于2000年正式确定由欧洲提出的WCDMA、美国提出的CDMA2000及中国提出的TD-SCDMA并列成为全球3G统一标准。2007年，WiMAX也被接受为3G国际标准之一。随后，3GPP和3GPP2相继发布技术规范，每一个版本都会在前一版本的基础上增加一些特性和技术内容。因此，3G技术标准成长期以标准的确立及相应的技术规范的产生和更迭为重点，以确保技术能够满足市场的需求。

在3G技术标准成长期，日本和欧洲各国已经开启3G商用时代。但由于3G泡沫、欧洲企业破产重整等原因，3G的部署与网络提升于2005年前后才完工。然而，3G用户人数不多，始终无法大规模普及。2006年6月，形成10家公司融合的E-PDAI文稿，上下行采用OFDM技术。2007年，美国苹果公司iPhone的发布开启了全新触摸式手机时代，因其终端更适合3G时代移动通信网和互联网融合的要求，所以使得智能手机爆发性增长，同时也拉动了3G用户的暴增。因此，成熟期是3G技术标准应用于移动终端产品进行大规模商用的时期，也是技术标准扩散的关键阶段，也由此开启了下一代技术萌发。在衰退期，其标准和技术已经被4G所迭代。2020年7月，3GPP在

RAN#88e全体会议上宣布，负责GERAN和UTRAN无线电与协议工作的第六工作组正式闭幕，RAN6的关闭标志着移动产业一个重要时代的结束。根据本书分析，2020年正好处在Logistic增长模型99%的饱和点。

2. 4G技术标准的生命周期及特征

本书研究显示(参见图11-1、图11-2)，4G技术标准的萌芽期起始于3G技术标准的成熟期。2008年，ITU-R WP5D内有关IMT-Advanced的工作进入新阶段。3GPP启动了LTE-Advanced的研究项目，其任务是定义LTE-Advanced的需求，调研并提出LTE-Advanced的技术要素。3GPP于2011年冻结的Release 10是被ITU-R批准作为一项IMT-Advanced技术的版本，因此也被命名为LTE-Advanced。在这一阶段，4G技术标准开始萌芽，经过调研后出现了一些相关技术和规范，为标准的确立做准备。

2012年，国际电联无线通信部门(ITU-R)确定LTE-Advanced和WirelessMAN-Advanced为两大4G国际标准，分别由3GPP和IEEE提出。4G发展至今，在3GPP的积极推动和组织下，LTE标准仍是主流的事实标准。在4G标准的成长期，由于移动通信产业的技术升级迅速及产品成熟等因素的作用，标准确立后即被广泛应用。随着移动互联网的快速发展，高度的4G业务普及率使得智能手机使用率持续增长。据工信部统计，截至2020年2月底，中国4G用户规模(12.62亿户)占移动电话用户总数的79.9%。而数字经济发展对移动通信提出了更高的要求，全球期待5G的到来，3GPP首个5G规范Release 15于2016年正式开启研究。在成熟期，市场对4G标准提出了更高要求以适应快速发展的数字时代需求。

3. 5G技术标准现状与预测

3GPP首个5G标准Release 15第3阶段于2019年3月已完成冻结，Rel-16第3阶段冻结时间为2020年7月，并发布了Rel-17第3阶段冻结时间为2021年9月(3GPP，2020)。在ITU官网搜索以5G、IMT-2020等为关键词后得到2016—2019年相关5G标准74条。

以专利作为指标来衡量技术发展已成为技术创新领域研究的通用做法(Fernandes et al.，2020；Feng et al.，2020；Lee et al.，2015)，也通常用于技术预测(Yoon、Magee，2018)。德温特创新专利引文索引(Derwent Innovation Index，DII)是基于Web的专利信息数据库，该数据库提供全球专利信息，使用户能够综合分析全球的发明创造(范维熙、费钟琳，2014)。因此，本书专利数据来源于DII数据库，并以此绘制移动通信产业技术发展轨迹。借鉴郭思月(2019)学者的做法，在DII数据库搜索后获得1973—2019年5G领域相关专利17950条。

对5G技术标准及技术发展进行预测，得到Logistic增长模型各个参数的拟合统计结果(见表11–2)，其拟合曲线见图11–5，技术标准拟合优度R^2为0.987，技术拟合优度R^2为0.983，拟合效果理想。

表11–2　5G技术标准拟合结果统计表

Logistic	a	tm	r	R^2	1%	10%	50%	90%	99%
5G标准	6.81	2021	0.645	0.987	2014	2017	2021	2024	2028
5G技术	11.5	2022	0.383	0.983	2010	2016	2022	2028	2034

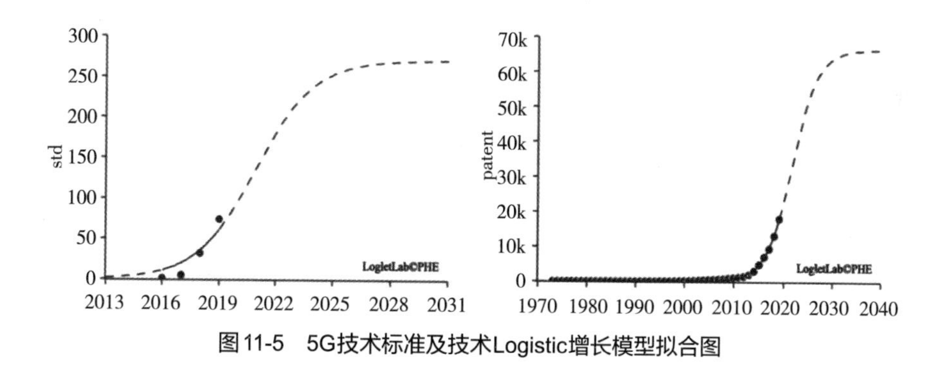

图11-5　5G技术标准及技术Logistic增长模型拟合图

预测结果显示，5G技术标准于2017年进入成长期，这一年为4G技术标准成长期与成熟期的转折点；而5G的相应转折点将出现在2021年，也就是3GPP预测Release 17第3阶段冻结的时间。5G标准增长速度(r)都大于4G和3G，5G成长时间(a)都短于4G和3G。这表明随着技术标准的更新换代，其发展速度会超越前面几代，且明显增加。5G技术比标准更早进入成长期，而标准比技术更早进入成熟期。技术产生时间早于技术标准，但标准的发展速度却快于技术，且成长时间短于技术。这恰恰表明在移动通信领域，各国各企业关于技术标准制高点的争夺一直未停下过脚步，甚至愈演愈烈。

综合3G、4G、5G的生命周期拟合结果及其特征，技术标准在发展过程中都会经历萌芽期、成长期和成熟期。3G、4G及5G技术标准之间关系紧密，且每一代技术标准的成长时间越来越短。因此，本书以生命周期阶段为基础，将每个阶段的关键事件整合成演化模型图，以可视化地刻画技术标准演化过程，具体见图11–6。

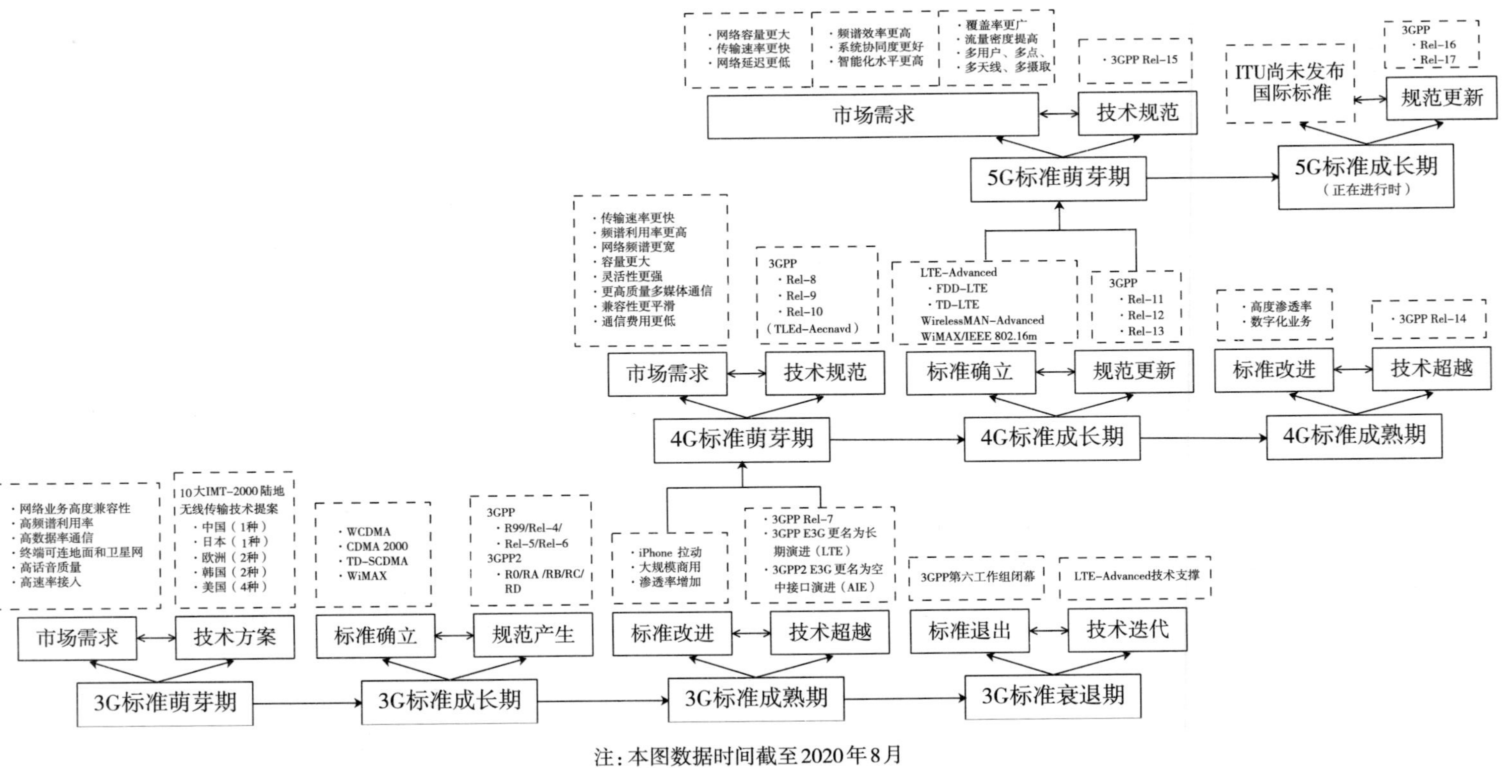

注：本图数据时间截至2020年8月

图11-6 基于生命周期的移动通信技术标准演化模型

11.1.5 移动通信技术标准演化路径解析

基于上述3G、4G、5G技术标准生命周期划分与事实的佐证，并以此为基础深入探寻技术标准发展规律及特征，移动通信产业技术标准演化路径见图11-7。尽管从3G到4G技术标准的演进都经历了萌芽期、成长期和成熟期，但在整体的技术标准系统演化中呈现出不同的驱动力量，尤其体现在市场需求、竞争主体及技术迭代方面。

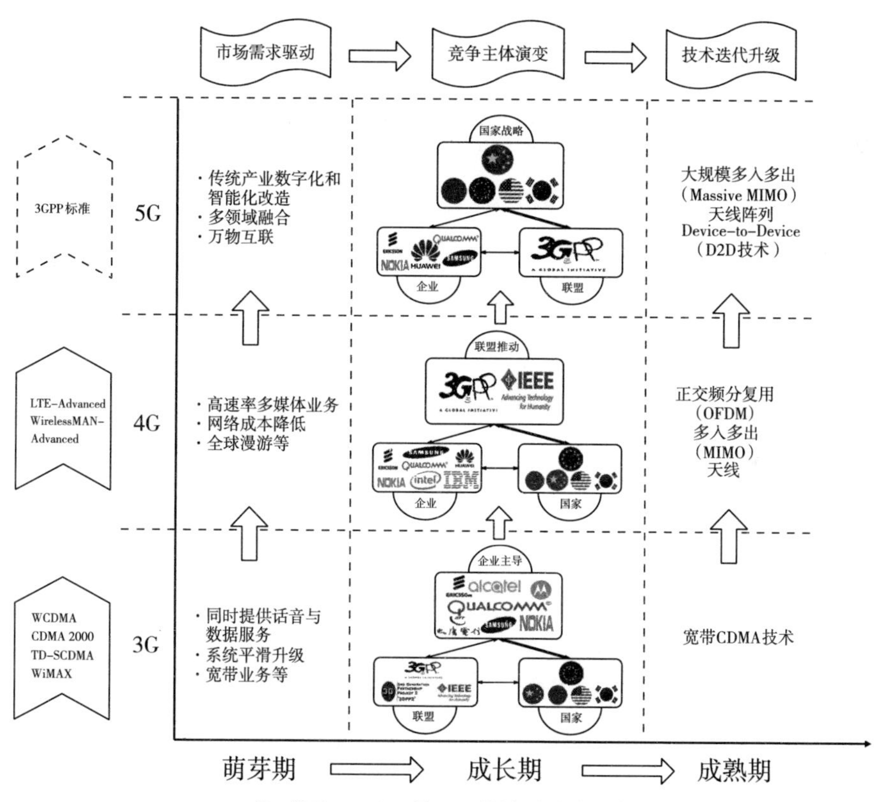

注：截至2020年8月，5G国际标准尚未公布

图11-7　移动通信产业技术标准演化路径

1. 技术标准萌芽期：市场需求驱动

萌芽期是技术标准尚未确定的时期，在技术多样性的背景下，制定技术标准是为了获得协商一致，而最终目的则是提高经济活动的效益。因此，技术标准的形成更多的是出于商业动机(高俊光，2012)。移动通信产业更是如此，尽管基于话音业务的第二代移动通信系统已经满足人们对于话音移动

通信的需求，但市场需求的动态发展，能够同时提供话音与数据服务，且在一定程度上使得宽带业务的需求逐步呈现出来。因此，在3G技术标准提案上，会更多地考虑业务增强和宽带技术等条款。而随着社会的发展，第三代移动通信系统的局限性更加明显，如3G无法满足用户对高速率多媒体业务的需求、多种技术标准难以实现全球漫游等，这推动了人们对于4G的研究和期待。4G技术标准可以在不同的平台和跨越不同频带的网络中提供无线服务，并且能够提供数据采集、远程控制等功能，很好地满足了当时的市场需求。但5G技术标准不仅仅是4G的拓展，更是传统产业数字化和智能化改造的核心，是人工智能、物联网、大数据等新一代高科技信息技术高质量发展的基础和前提。

2. 技术标准成长期：竞争主体演变

成长期是技术标准初步确立的时期，也是各方安装基础竞争的焦点时期。技术标准化是一种选择机制，使企业沿着由技术标准确立的技术轨道积累能力，技术标准竞争的胜利者可以通过标准必要专利获取高额使用费和许可费，以此巩固和提高竞争优势(杜传忠、陈维宣，2019)。在3G技术标准竞争中，大唐电信集团提出了TD-SCDMA技术标准，高通大力推广CDMA2000技术标准，爱立信、诺基亚、阿尔卡特等欧洲企业研制开发出原理类似的WCDMA技术标准，但三大通信技术标准都碰触到了CDMA的底层专利技术，这使得高通能够从每台应用此类标准的3G设备中获得2%～6%的专利许可费用，因此高通占据最大优势，成为3G时代的最大赢家。

在4G技术标准制定过程中，标准组织为争夺国际标准主导权积极提出各自方案，并形成持续竞争态势，技术联盟在这个过程中为高效地协商一致提供了平台并发挥了重要作用。3GPP主张长期演进技术(LTE)，由WCDMA转向采用OFDM技术向LTE-Advanced演进；3GPP2沿着CDMA2000向UMB演化；以Intel为首，IBM、摩托罗拉、北电等组成的企业联盟支持WiMAX，并由IEEE进行修订。4G时代这三大联盟成为4G国际标准的主要竞争者，也是重要推动者。但由于CDMA逐渐失势，3GPP2基本放弃UMB演化计划。随着Intel对WiMAX的放弃，电信运营商们逐渐向LTE转移，3GPP提出的LTE-Advanced最终成为4G主流的技术标准。在5G技术标准时代，3GPP在企业作为市场代表提出技术方案竞争的同时已充分体现出国家之间的激烈竞争。自2019年美国商务部将华为列入黑名单后，美国工程师逐渐停止与华为合作制定5G技术标准，但该禁令使得美国自身标准利益受到了极大的冲击，反而让华为在3GPP标准制定会议上获得了更大的话语权。而2020年

6月，美国商务部宣布允许美国企业与华为合作，共同制定5G技术标准。可知，此举是为了确保美国业界能够更全面参与通信领域的标准制定活动，更为美国厂商能够充分参与并倡导美国技术成为国际标准奠定基础。5G关乎网络安全、国家安全、社会发展乃至价值观，大量事实证明，谁掌握了标准，谁就掌握了竞争的游戏规则、话语权和控制权，甚至形成"赢家通吃"的局面。

3.技术标准成熟期：技术迭代升级

标准可以强烈地影响技术方向、活动和搜索，从而影响技术变化，同时标准也是技术变化的结果(Bekkers & Martinelli，2012)。因此，在成熟期阶段，技术只有在技术标准的框架下不断升级更新，才能满足日益增长的社会需求，否则终将会被时代所淘汰。3GPP制定的标准是ITU技术标准体系主要贡献者，因此，本书以3GPP的技术路径呈现技术迭代历程。3G以宽带CDMA技术为核心技术，实现移动宽带多媒体通信，而在3G技术标准成熟期，3GPP已经开启4G技术工作项目。4G以正交频分复用(OFDM)、多入多出(MIMO)天线等为核心技术，实现全IP的网络结构。而在4G技术标准的成长期，3GPP也已开启5G技术工作项目。目前，第五代移动通信系统以大规模多入多出(Massive MIMO)天线阵列、Device-to-Device(D2D技术)为核心技术，以迎接物联网时代。随着通信技术的不断发展，标准出现的时间也越来越早，以此来指导技术的发展方向和发展轨迹。为了满足新的需求，3GPP技术规范不断增添新的特性来增加自身能力，每个Release对应的是其冻结的日期。

11.1.6　预测与结论

从愿景到技术标准确立再到实际部署，每一代移动通信系统之间的时间间隔都在逐渐缩短。根据三星发布的《全民超链接体验》白皮书显示，6G最早商用时间预计为2028年，而大规模商业化将在2030年前后。2020年8月，韩国总理丁世均在科技部长会议上表示希望让韩国成为全球第一个试点和商用6G的国家。而对于6G，它将实现真正身临其境的XR、移动全息图、数字复制等先进的多媒体服务需求。

本书通过借助Logistic增长模型，基于ITU官网发布的国际标准数据，考察了移动通信产业技术标准在生命周期过程中的发展内在规律和特征。研究发现：其一，技术标准推动并引领下一代技术创新的发展。随着信息技术的不断发展，移动通信领域新一代技术标准的成长时间会越来越短，新一代技术标准的萌芽产生于上一代技术标准的成熟期或成长期，其增长速度及更新速度会越来越快；由此可以预见6G技术标准可能萌芽于2021年前后，技术蓬勃发展将产生于5G的成长期后段，其成长时间将比5G更短。技术标准因其在产业化、市场化、国家竞争等方面的作用推动着下一代技术的发展，并在一定程度上起到引领技术创新的作用。因此，尽快推动5G成长及商用，并同步进行6G技术标准布局。其二，市场需求的动态变化将驱动技术标准的迭代。新技术触发的多样化需求，以及由此导致的在新场景应用、新产业发展及终端客户体验等方面产生的一致性技术需要推动了标准的产生。例如，5G标准的产生是基于人与物、物与物互联的需求，是人工智能、工业物联网发展的需求，是产业多层次、多元化、立体化及垂直行业应用的需求。目前，全球正处于使用4G、建设5G、研发6G的进程中，在愿景中6G带来的将是万物智联的时代，实现智慧连接、深度连接、全息连接及泛在连接(赵亚军等，2019)。因此，移动通信产业技术标准的竞争优势必然要基于对相关方需求的挖掘、引导和满足。其三，技术标准竞争主体由大企业主导到技术标准联盟推动再到国家战略协同，竞争模式的变迁影响着技术标准的成长进程。从3G到5G，技术标准的成长周期不断缩短，3G标准成长时间为13.0年，4G标准成长周期为10.9年，而5G标准成长周期为6.8年，发展中国家意识到协同的重要性，并在全球范围内扩大合作伙伴，激化各种资源和力量的协同，以争夺移动通信产业技术标准制高点，5G技术标准竞争已由欧、美、日、韩等发达国家和地区转向以中国为主的发展中国家，未来的竞争极有可能由上述3个主体的协同战略决定。因此，优化并扩大合作伙伴，形成多元化战略联盟是获得标准话语权的重要路线图。

11.2　我国团体标准的合作网络——ICT产业

市场自主标准因发展动力、参与主体与政府主导制定的标准有较大差别，企业、院校、研究院所等参与单位和团体标准制定组织之间的合作创新呈现出与政府主导制定的标准不同的网络关系，而这种差异必然会影响到团体标准所涉及的相关知识的流动、推广和再创造，进而影响到团体标准的发展。因此，本书以ICT领域的团体标准作为研究对象，分析网络结构特征、各主体在网络中的位置及标准组织与参与单位合作模式，是一个有待探索的问题。

11.2.1　ICT产业团体标准制定合作网络

团体标准制定的社会关系网络是一个由两类组织构成的2-模网络：一类是团体标准制定组织，主要包括协会、学会、商会、联合会及产业联盟5类；

另一类是参与团体标准制定的单位，主要包括企业、高校及科研院所3类，以下称为“参与单位”。

ICT产业的团体标准多为技术标准，由于该产业本身的快速发展对标准化的需求较大，使得该领域在短时间内的团体标准发展成效相较于其他产业更为明显。本书选取自全国团体标准信息平台网站截至2018年12月的公开数据，按国际标准分类法，涵盖ICT产业的31电子学，33电信、音频和视频工程，35信息技术、办公机械3类，涉及团体标准制定组织94个、参与单位1619个、团体标准512项。由于团体标准制定组织与参与单位之间存在“隶属”关系，故以团体标准制定组织和参与单位作为两组节点，以两者之间的标准制定合作作为关系建立2-模关系矩阵。若参与单位曾参与制定由某一团体标准制定组织归口的团体标准，即为两者存在合作关系。

1. ICT产业团体标准合作网络整体情况

网络密度是网络中“实际存在的关系总数”和“最多可能存在的关系总数”之比，网络密度刻画了网络的凝聚力水平，密度越大反映了网络中的节点联系越紧密，单个节点的态度、行为受整体网络的影响就越大(刘军，2009；方世世等，2020；刘思薇等，2022)。根据Ucinet 6的测算结果(见表11-3)，2-模网络的整体网络密度为0.0117，标准方差为0.1075，说明从整体网络的角度看，ICT产业的团体标准制定合作网络较松散，合作不活跃，团体标准制定组织在扩大标准制定活动的合作范围上还存在很大的提升空间。

中心势是“节点的最大中心度值与其他中心度值之差的总和”和“理论差值总和的最大可能值”之比(刘军，2009)，反映了网络的凝聚力是否围绕某个中心而形成。团体标准制定组织1-模网络的度数中心势为5.53%，参与单位1-模网络的度数中心势为4.78%，均比较低，说明网络中不存在具有突出优势和影响力的权威性团体标准制定组织及参与单位。相较于发达国家和地区的团体标准制定合作情况，我国的团体标准发展刚刚起步，尚处于探索阶段，团体标准的制定合作也处于磨合过程，ICT领域也是如此。

表11-3 Ucinet 6网络密度测算结果

BLOCK DENSITIES OR AVERAGES	DENSITY / AVERAGE MATRIX VALUE
Relation：1	Density：0.0117
Density (matrix average) = 0.0117	No. of Ties：1780.0000
Standard deviation = 0.1075	

整体而言，尽管网络中尚不存在处于明显中心地位的节点，但在局部范围内发现，部分团体标准制定组织和参与单位在合作网络中扮演着相对重

要的角色的情形已经呈现，这可能会对我国ICT领域团体标准合作的未来发展产生影响。故其从局部网络的视角出发，利用2–模网络的中心度指标来发掘团体标准制定组织和参与单位中具有结构优势的节点。

2. ICT产业团体标准合作网络中心性分析

点的中心性可通过中心度来体现，中心度可分为度数中心度、中间中心度和接近中心度，用来研究网络中具体行动者的“权力”(刘军，2009)。其中，度数中心度是识别核心行动者的重要指标，高度数中心度意味着行动者在网络中具有较高的资源整合能力、知识扩散能力和网络控制力(王珊珊，2014)；中间中心度和接近中心度分别反映了行动者对资源的控制能力，以及与其他行动者之间的“距离”(刘军，2009)。

(1)参与单位。

参与单位的度数中心度均值为0.012，标准差为0.005；中间中心度均值为0.001，标准差为0.006。在团体标准制定组织与参与单位的整体标准制定合作网络中，参与单位度数中心度位置靠前的参与单位见表11–4。其中，中国电子技术标准化研究院、华为技术有限公司、中兴通讯股份有限公司及浙江大学4个参与单位的度数中心度和中间中心度均位于前列，并明显高于其他单位，接近中心度也相对较高，关联的团体标准组织数量较多，说明这些参与单位相较其他节点占据较大的结构优势，处于网络中相对核心的地位。

表11–4 重要参与单位中心度

参与单位	关联的团体标准制定组织数	度数中心度(排序)	中间中心度(排序)	接近中心度
中国电子技术标准化研究院	9	0.096(1)	0.111(1)	0.618
华为技术有限公司	9	0.096(1)	0.144(2)	0.652
中兴通讯股份有限公司	7	0.074(3)	0.060(5)	0.581
浙江大学	5	0.053(4)	0.078(3)	0.549
同济大学	4	0.043(5)	0.063(4)	0.551
清华大学	4	0.043(5)	0.034(7)	0.533
杭州海康威视数字技术股份有限公司	4	0.043(5)	0.025(11)	0.486
工业和信息化部电子第五研究所	4	0.043(5)	0.017(25)	0.512
中国信息通信研究院	4	0.043(5)	0.016(27)	0.553
上海宝信软件股份有限公司	4	0.043(5)	0.012(30)	0.480
四川大学	4	0.043(5)	0.011(33)	0.544
四川长虹电器股份有限公司	4	0.043(5)	0.009(39)	0.547

网络中的参与单位共1619个，研究院在网络中明显占据重要位置，是调控资源和推动团体标准工作的关键参与者；企业的中心度略逊于研究院，但数量庞大，且存在领导力和资源控制能力较强的企业，是网络中的另一关键角色；高等院校则处于相对辅助的地位。其中，中国电子技术标准化研究院是所有参与单位中最接近核心位置的单位。在从事标准化研究及标准制定工作的56年中，中国电子技术标准化研究院已承担IEC、ISO/IEC JTC1的TC/SC国内技术归口55个和全国标准化技术委员会秘书处工作17个，建立了较为完善的业务体系和通信标准化领域中广泛的关系网络，因此能够在团体标准兴起的阶段较快地在关系网络中具有先发优势，并发挥重要作用。华为技术有限公司和中兴通讯股份有限公司是参与单位中最接近核心位置的企业。两家企业均较早地意识到专利和标准的重要作用，并将其上升到了企业战略的高度，通过自主研发，积累专利、建立专利池，并参与标准化活动，通过标准化推广企业研发成果，与其他企业开展合作活动(潘慧，2007)，形成竞争优势。由于标准化是其成功的必备要素，因此企业在整体行业中具有的优势，也在团体标准合作关系网络中有所体现。网络中的高等院校大多具有资源优势，尤其是在学科、科研上具有优势的知名高校，在团体标准的制定中也是积极的参与者，同济大学和浙江大学则是其中最接近核心位置的高校。

⑵ 团体标准制定组织。

网络中的团体标准制定组织共94个。度数中心度与中间中心度的均值为0.012和0.021，标准差为0.013和0.035，最大值分别为0.066和0.177，84.04%和70.21%的团体标准制定组织的度数中心度和中间中心度小于0.02。整体来看，确立了重要地位的团体标准制定组织和控制资源的团体标准制定组织尚未出现。除中国通信协会、中国工程建设标准化协会、中国电子视像行业协会等个别团体标准组织，多数团体标准组织在网络中的作用差异不大，列位前10的团体标准制定组织见表11–5；若以中间中心度测度值排序，上述团体标准制定组织中有8个位列前10，中国物流与采购联合会和上海市物联网行业协会分别位列12和13，且这些团体标准制定组织接近中心度均相对较低，意味着它们的合作并未脱离主要的关系网络。因此，从中心性上看，这10个团体标准制定组织处于相对重要的位置，有可能未来在标准制定中能够得到更多的支持者和资源优势，所制定的团体标准影响范围有可能相对较大。

表11-5 度数中心度列位前10的团体标准制定组织

团体标准制定组织	参与团体标准制定的单位数	度数中心度（排序）	中间中心度（排序）	接近中心度
中国通信工业协会	107	0.066(1)	0.112(4)	0.331
中国工程建设标准化协会	98	0.061(2)	0.089(8)	0.279
中国电子视像行业协会	87	0.054(3)	0.177(1)	0.342
中关村中交国通智能交通产业联盟	74	0.046(4)	0.094(7)	0.315
中国软件行业协会	70	0.043(5)	0.119(2)	0.266
北京电信技术发展产业协会	60	0.037(6)	0.103(5)	0.32
中关村视听产业技术创新联盟	55	0.034(7)	0.103(5)	0.317
中关村车载信息服务产业应用联盟	54	0.033(8)	0.124(10)	0.306
中国物流与采购联合会	53	0.033(8)	0.047(12)	0.213
上海市物联网行业协会	47	0.029(10)	0.045(13)	0.264

团体标准制定组织的接近中心度两极分化较为明显，小于0.35的组织占68.09%，大于0.35的组织占31.91%。团体标准制定组织中心度测度值的分布差异反映出现阶段ICT产业团体标准合作网络在发展初期呈现出来的一些特点(见图11-8)：较大节点的网络结构特征显示，少数团体标准制定组织占据相对重要的位置，合作单位较多，联系较为密集，构成网络的主要部

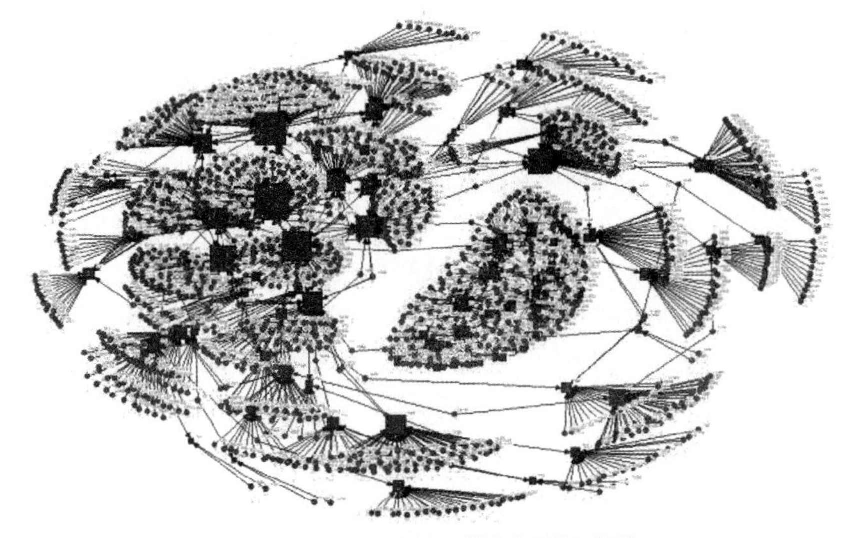

图11-8 团体标准制定2-模合作网络可视化

分，且多数节点位于这个区域中；部分团体标准组织相对独立，与网络主要部分几乎脱离，并未完全融入团体标准合作的关系网络，但个别参与单位跨组织的活动将这些组织与主要区域关联起来。

在团体标准的制定过程中，团体标准制定组织发挥着搭建平台、提供并整合资源和维护标准制定程序的执行等重要作用，不断提升团体标准组织的能力是我国团体标准健康可持续发展的重要方面。参与单位是任何一项标准化活动的独立参与者，是标准制定的真正主体，同一个参与单位可能会参与多个团体标准组织的标准制定工作，并通过参与不同组织的标准制定活动传递信息，促进知识和资源流动，推动同一领域内标准之间的协同。而在团体标准发展初期，标准组织和参与单位的黏性尚未形成，团体标准制定组织与参与单位之间的关系更多地体现为合作而非管理。但两者的合作关系是形成网络的基础条件，也是影响团体标准组织发展的重要因素。在网络中心性的分析中发现，目前团体标准制定组织与参与单位之间的关联方式已经呈现多样性特征，不仅影响了网络的整体结构，而且将影响团体标准制定组织未来的发展。因此，本书从两者之间的关系模式出发，进一步探讨现阶段ICT领域团体标准组织发展及运行的特点。

11.2.2　ICT产业团体标准制定组织与参与单位的关系模式

组织内参与单位规模和跨组织活动的参与单位规模是观测团体标准制定组织合作关系的关键要素。一个团体标准制定组织中参与团体标准制定的成员数量，即本组织的参与单位规模由2–模网络相对度数中心度体现，参与单位规模越大，意味着组织制定的ICT团体标准越多或参与每项标准的成员数量越多；团体标准制定组织之间的关联是依托参与单位的合作行动产生的，本组织与其他团体标准制定组织的关联，即跨组织活跃的参与单位规模由1–模网络相对度数中心度体现，关联组织的数量越多，意味着该团体标准制定组织中在多个组织间活动的参与单位越多。

综上，根据团体标准制定组织中心度差异大的特点，从本组织参与单位规模和跨组织参与单位规模两个维度，以2–模度数中心度所表征的标准制定成员数量为*X*轴，1–模度数中心度所表征的关联组织数量为*Y*轴，尝试将组织与参与单位的合作模式分为合作共进模式、核心支撑模式、独立发展模式和项目推动模式，见图11–9。

1.合作共进模式

这一模式中，1–模相对度数中心度在1.075～6.298，2–模相对度数中心度在0.011～0.061，组织的活动成员规模较大，且本组织内参与团体标准制

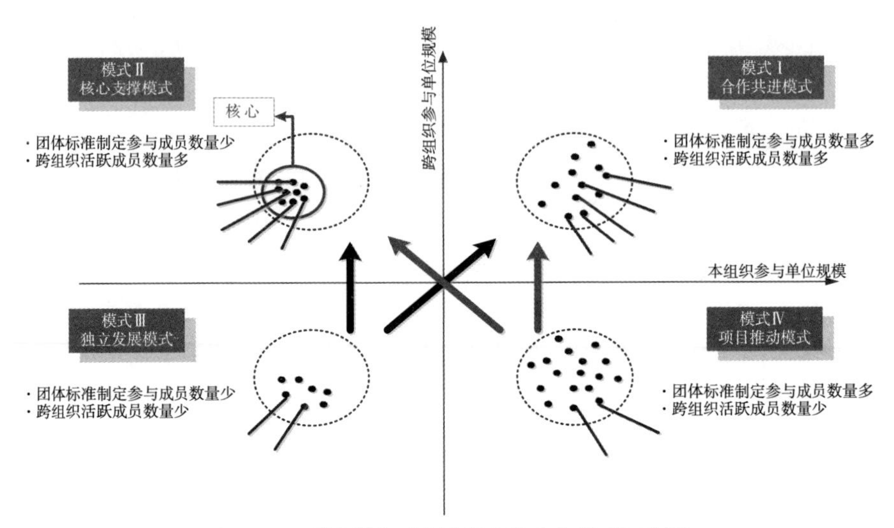

图11-9　4类团体标准制定组织的合作模式示意图

定的单位中，有较多同时参加多个组织的团体标准制定。有19个组织属于这种类型，占比达20.2%。

参与标准化活动的成员数量加大，意味着团体标准组织较为重视成员建设，并通过扩大成员规模来体现组织在标准化领域的影响力。这类组织多数采取了鼓励成员单位参与团体标准活动的政策，为成员提供增值服务。例如，中国电子视像行业协会组织行业间市场、技术、企业管理等方面的交流，总结、推广先进经验，组织相关培训，研究制定相关评定标准等；中国电子工业标准化技术协会，举办标准化专业知识专题研讨会，开展标准化学术交流和标准的宣贯推广等。而实际上，ISO都非常重视成员培养、服务和扩大。例如，美国的ASTM将会员分为参与会员、信息会员、团体会员和个人会员，会员遍布全球140多个国家和地区，数量超过3万，在工作中为不同会员提供不一样的针对性标准查询、信息更新和测试、培训等服务(周立军等，2016)。特别是对学生会员设立“启动职业生涯”等项目，可为学生接触标准化工作提供渠道，也为组织补充标准化人才做储备。美国保险商实验室(UL)为广泛地接收业界和学者对标准的建议，专门建立便捷、快速的用户建议反馈平台，扩大了参与者的数量，提高了信息反馈的速度。对于团体标准组织而言，拥有稳定、活跃、较大规模的成员，不仅体现自己的影响力，而且有利于促进信息交流、提高价值认同、增进协商一致，有利于高质量标准的形成和推广。

参与单位积极参与不同组织的标准制定活动，促进了信息沟通、知识传播和知识共享，更有利于实现标准推动创新的作用发挥。目前，在该模式中跨组织积极参与团体标准制定的活跃参与者，多数是行业中有一定影响力的单位，如中国电子视像行业协会，其会员总数为148，其中17个单位积极参与了两个以上组织的标准制定，如华为技术有限公司、四川长虹电器股份有限公司等，均为社会声誉高、技术实力强劲的参与单位。我国团体标准的发展处于初级阶段，对于团体标准组织而言，积极鼓励参与单位广泛参与各类标准化活动、参与其他团体标准组织的标准制定，对于提升参与单位的标准化能力，进而提升在本组织中的贡献是更好的选择，而不是采取排他性的措施。

2.核心支撑模式

这一模式中，1-模相对度数中心度在0～0.614，2-模相对度数中心度在0.011～0.033。有15个这种类型的组织，占比达16%。

这类组织的整体成员数量较多，但只有少部分参与了团体标准的制定，可能的原因是：成员单位标准化需求较低或对团体标准认知较少，参与意识和标准化知识薄弱；团体标准制定组织的宣传、鼓励力度不够或各方面资源不足。这类组织表面上看规模较大，但制定标准少，竞争力并不强。不活跃的“僵尸型”会员在短期确实不能给团体标准组织带来直接贡献，但从长期看，需要根据不活跃会员的类型、特征设计相应的机制，实施差异化管理，以促进团体标准组织整体能力的提升。

进一步对每个团体标准中参与单位的分析发现，存在多个团体标准的主要参与单位均为同一组单位的现象。例如，重庆市云计算和大数据产业协会每项团体标准的参与单位约有20家，但全部的5项标准中有4项的主要参与者均为同一组单位。这可能是由于这些核心企业合作紧密的结果，是核心成员技术和知识的输出，带领组织其他成员发展。但是也应看到，在技术更新迅速、市场竞争激烈的ICT领域，标准制定主导单位的单一性会影响成员参与标准制定的深度，参与单位参加团体标准的目的更多地局限于形式上的意义，而不是标准推动技术扩散和持续创新的核心本质，这可能增加标准与市场脱轨的风险。

3.独立发展模式

这一模式中，1-模相对度数中心度在0～0.768，2-模相对度数中心度在0.001～0.009，组织内和跨组织活动成员规模均较小。有52个组织属于这种类型，占比达55.3%，是目前占比最高的一种类型。

这类组织参与标准化活动的成员数量相对较少，可能因缺乏成员管理意识或管理方法，影响力不足，成员建设成效尚未显现。为适应市场竞争环境，打下长期发展基础，团体标准制定组织可通过组织间经验交流，借鉴国内外成熟团体的经验，提高自身成员建设意识，采用多维度的管理方式，提高成员积极性和创新活力。例如，中国电子工业标准化技术协会将加强与国内相关组织的联系、开展国内外标准化交流与合作写入协会章程。

参与单位在不同组织间互动较少，全部ICT领域的团体标准制定组织中有29.8%的组织的1-模度数中心度为0，且均处于该模式中。这些团体标准制定组织有两种类型：专业型和地域型。专业型团体标准制定组织的成员单位多数专业对口，如北京教育信息化产业联盟、深圳市智慧城市研究会。这类组织的标准影响力将受其专业程度和技术水平的影响，成员单位掌握核心技术的情况、保证技术前沿性的和实施标准的能力，将影响团体标准制定组织的发展情况。地域型团体标准制定组织的参与单位存在明显的区域集中性，如江苏省农业机械工业协会、四川省软件行业协会，其成员基本为本地单位，为区域标准化的综合发展起到一定的推动作用。但总体而言，独立发展模式下的团体标准制定组织多数发展路径尚不清晰，也呈现出一些需要重视的问题，如个别组织制定的系列标准中，每个标准的参与单位均相同，或多个团体标准的参与单位均只有一家，这些现象背后蕴藏一些值得深入研究的问题，以降低团体标准发展的风险，促进高质量团体标准的有效形成。

4.项目推动模式

这一模式中，1-模相对度数中心度在1.075～3.072，2-模相对度数中心度在0.004～0.009，活动成员规模较大，跨组织参与团体标准制定的成员较少，成立时间大多在2015—2016年。有8个组织属于这种类型，占比最低，为8.5%。

组织内多数成员会参与到标准的制定中，有利于标准在使用方中得到充分的协商，以及在成员范围内的顺利实施。但多数组织整体规模较小，限制了标准的影响范围和其他利益相关方的认可程度。

从该模式中团体标准制定组织的发展背景看，多数组织受到中关村国家标准化创新示范基地的支持，如中关村视界裸眼立体信息产业联盟、中关村标准化协会等。根据《中关村国家自主创新示范区提升创新能力优化创新环境支持资金管理办法实施细则(试行)》，政府对举办或参与标准化国内外会议及积极参与中关村重点产业领域标准制定的单位予以资金支持，并推动团体标准的创制、检测认证和服务平台建设，这些举措对新兴团体标准制定组织的出现起到了明显的促进、催生作用，也是对提高单位参与团体标准制定积极性的助力。政策支持在推动团体标准发展中的作用是明显的，但组织短期内得到政府支持后如何实现长期的可持续发展，是发展中的团体标准制定组织亟须解决的问题。借鉴成功组织的模式经验，透彻分析国家政策、行业发展、技术走向和市场化标准的运作模式，找到符合我国团体标准发展要求、契合本组织实际情况的发展方式，将有助于年轻组织的起步和初期发展。团体标准制定组织模式特点对比见表11-6。

表11-6　团体标准制定组织模式特点对比

模式命名	特点
合作共进模式	团体标准制定组织和参与单位之间具有良性互动的共赢关系； 对网络内的信息传播和信息流通的贡献较大； 部分组织内存有较多成员未能参与到标准化活动中
核心支撑模式	核心参与单位为组织发展提供支撑； 对网络内的信息传播和信息流通的贡献一般； 组织内存有大量成员未能参与到标准化活动中
独立发展模式	专业型/地域型组织促进行业技术/地区标准化活动的发展； 对网络内的信息传播和信息流通的贡献极小； 个别组织标准化行为比较盲目
项目推动模式	多数由国家标准化创新示范基地支持； 对网络内的信息传播和信息流通的贡献较小； 仍是初步发展的组织

第12章

我国市场自主制定标准发展对策及建议

12.1 我国市场自主制定标准政策效力分析

12.1.1 研究背景

自2015年3月国务院发布《深化标准化工作改革方案》，尤其是2018年新《标准化法》颁布实施以来，我国标准形成机制由于引入市场机制而实现重大突破。随着《关于培育和发展团体标准的指导意见》《团体标准管理规定》等一系列推动团体标准发展的政策发布和实施，团体标准迅速发展起来，各领域相继出台一些政策以推动其在我国标准化机制从单一政府主导型向“政府+市场”协同发展型改革中真正起到中坚力量的作用。

2015年以来，国务院、国家标准委、国家市场监督管理总局等各部委和地方部门独立或联合发布团体标准政策共60余项。近年来，随着标准化在社会经济发展中战略性、支撑性作用越来越被重视，相关政策研究也逐步开展，如岑嵘、周立军等(2021)构建“政策工具—政策级别”二维分析框架，研究了2015—2020年标准化政策的变化与发展；祝鑫梅等(2019)基于1979—2017年标准化政策，采用社会网络分析法、对应分析法与内容分析法，探究标准化政策的演化轨迹与规律，但团体标准发展政策尚未得到关注。本书结合政策工具和政策效力分析方法，对国家、行业和各省、自治区、直辖市出台的推动团体标准发展相关政策进行量化研究，多维度综合评估我国团体标准政策的现状、特征及存在的问题，以期为我国团体标准政策的制定和优化提供依据。

12.1.2 数据处理

本书搜集2015—2020年国家、行业、地方发布的有关团体标准发展政策60项，运用RostCM 6.0软件，对政策文本进行高频词提取，再删除区分度较小及相关度较小的分词，如“发展”“加快”“促进”“推动”“加大”，最终获得高频关键词48个，其社会网络知识图谱见图12-1。根据关键词从国家、行业、地方3个层面遴选了12项内容全面、代表性强的团体标准政策作为分析样本。

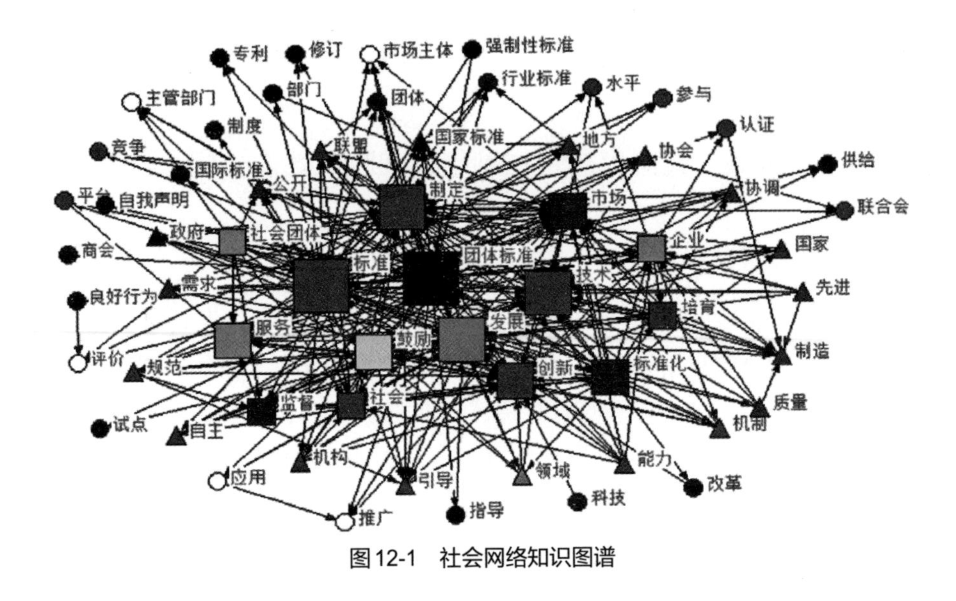

图12-1 社会网络知识图谱

12.1.3 政策工具模型构建与分析

1.政策工具模型构建

本书采用Rothwell和Zegveld(1985)提出的经典政策工具划分方法,结合团体标准政策本身的特点和得到的团体标准政策的高频词表、社会网络知识图谱,对12项政策文本按“政策编号—章节—条款”进行逐一编码,将团体标准政策工具划分为供给型、需求型、环境型,具体包括18种,其类型与团体标准的作用关系见图12-2。

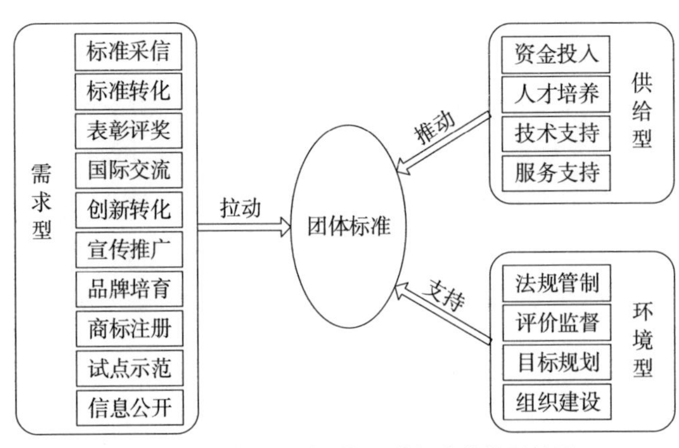

图12-2 政策工具类型与团体标准的作用关系

2.政策工具维度结果分析

基于前文政策工具的划分对样本政策进行编码和统计，最终得到12项团体标准政策中3类政策工具使用总次数为242次。其中，环境型政策工具比例最大，占46.3%，供给型政策工具占比最小，仅占13.6%，需求型政策工具占比40.1%，结果见表12-1。

表12-1　政策工具使用情况

政策工具	子工具		数量				占比/(%)
	名称	编码	国家	行业	地方	合计	
供给型	资金投入	P4-4-4、P6-5-10、P9-8……	0	2	1	3	9.1
	人才培养	P1-2-24、P2-4-15、P3-4-5……	4	3	9	16	48.5
	技术支持	P1-2-24、P2-4-15、P4-4-3……	2	2	3	7	21.2
	服务支持	P1-2-21、P2-3-9、P2-4-13……	4	0	3	7	21.2
合计			10	7	16	33	—
占比/(%)			12.7	12.7	14.8	13.6	
需求型	标准采信	P1-3-25、P1-3-29、P2-4-17……	3	3	7	13	13.7
	标准转化	P1-3-28、P2-4-16、P3-3-6……	3	3	5	11	11.6
	表彰评奖	P1-3-30、P2-4-15、P3-4-3……	3	1	3	7	7.4
	国际交流	P1-1-7、P2-1-3、P3-3-7……	3	4	4	11	11.6
	创新转化	P2-1-2、P2-2-7、P3-2-2……	3	6	5	14	14.7
	宣传推广	P1-3-26、P2-2-6、P2-4-15……	5	2	5	12	12.6
	品牌培育	P4-3-4、P6-3-3、P7-4-3……	0	2	4	6	6.3
	商标注册	P3-3-6、P7-4-3、P12-3-6	1	0	2	3	3.2
	试点示范	P3-4-3、P4-4-1、P6-4-4……	1	2	3	6	6.3
	信息公开	P1-1-6、P1-2-18、P1-2-20……	6	2	6	14	14.7
合计			28	25	44	97	—
占比/(%)			35.4	45.5	40.7	40.1	
环境型	法规管制	P1-2-10、P1-2-11、P1-2-12……	24	12	28	64	56.1
	评价监督	P1-1-5、P1-3-27、P1-4-32……	9	7	10	26	22.8
	目标规划	P1-2-13、P2-1-3、P3-2-1……	3	3	5	11	9.6
	组织建设	P1-1-6、P1-1-8、P2-1-2……	5	1	5	11	9.6
合计			41	23	48	112	—
占比(%)			51.9	41.8	44.4	46.3	

我国团体标准政策总体偏向环境型，供给型政策工具在国家、行业和地方3个层面的政策中都没有得到有效应用，需求型政策工具使用总频次相对较多。从3种政策工具的子工具使用情况来看，目前政府更偏向于通过对团体标准方向技术人员的培养来建立以人才为支撑的标准组织，且更倾向于通过鼓励社会和各企业积极引用团体标准、先进技术与专利融入团体标准来拉动和刺激团体标准的发展，而在培育团体标准品牌和试点示范项目应用方面有所忽视，主要通过强制性措施、评估和监督来营造团体标准发展的良好环境，从而更好地促进其健康成长。

12.1.4 政策效力维度框架构建与分析

1.PMC指标体系构建

本书参考Ruiz Estrada(2011)、张永安和耿喆(2015)、张永安和郄海拓(2017)等学者的研究，结合基于高频关键词所获得的团体标准政策特点，构建了由以下10个一级变量和53个二级变量构成的评价体系(见表12-2)。PMC指数模型要求尽可能多地选取变量(邹钰莹、娄峥嵘，2020；张永安等，2017)。任何一个变量的作用都不应被忽视且不存在重要性上的差异，因此对所有二级变量依据二进制进行参数赋值，即若所评价的团体标准化政策中包含相应二级变量所涉及的内容，则参数赋值1，否则赋值0。

表12-2 PMC指标体系变量

一级变量	二级变量编号及名称	来源或依据
X1政策性质	X1：1预测；X1：2建议；X1：3监管；X1：4描述；X1：5引导	基于Ruiz Estrada(2011)与张永安、耿喆(2015)修改
X2政策时效	X2：1长期(>5年)；X2：2中期(3～5年)；X2：3短期(<3年)	基于张永安、郄海拓(2017)与张永安、周怡园(2017)修改
X3政策目标	X3：1增加标准供给；X3：2满足市场需求；X3：3满足创新需求；X3：4技术推广；X3：5产业升级；X3：6标准品牌；X3：7国际化	基于社会网络知识图谱
X4发布机构	X4：1国务院；X4：2发改委/地方发改局；X4：3市场监管总局/市场监管局；X4：4国家标准委；X4：5其他部委；X4：6地方人民政府；X4：7地方其他部门	基于张永安、宋晨晨(2017)与张永安、耿喆(2015)修改
X5作用对象	X5：1政府部门；X5：2标准组织；X5：3第三方机构；X5：4企业；X5：5社会公众	基于张永安、郄海拓(2017)修改

续表

一级变量	二级变量编号及名称	来源或依据
X6政策重点	X6:1标准制定过程;X6:2推广应用;X6:3政府监督;X6:4第三方评价;X6:5试点示范;X6:6公开声明;X6:7服务支持;X6:8认证;X6:9企业参与;X6:10社会参与;X6:11标准组织培育;X6:12创新转化	基于张永安、耿喆(2015)与社会网络知识图谱修改
X7政策评价	X7:1依据充分;X7:2目标明确;X7:3方案科学;X7:4权责清晰;X7:5措施具体	基于肖念涛、谢赤(2013)与张永安、郄海拓(2017)修改
X8政策视角	X8:1宏观;X8:2中观;X8:3微观	基于张永安、耿喆(2015)与政策样本修改
X9激励措施	X9:1人才培养;X9:2资金资助;X9:3标准采信;X9:4标准转化;X9:5奖项评选;X9:6处理追责	基于社会网络知识图谱
X10政策公开	无	M.A.Ruiz Estrada(2011)

2.PMC指数的计算

本书基于以下步骤进行团体标准推进政策的PMC指数计算:第一步,根据公式(1)和公式(2)计算二级变量得分;第二步,根据公式(3)计算一级变量得分;第三步,根据公式(4)计算6个样本政策的PMC指数。

$$X \sim N[0,1] \tag{1}$$

$$X = \{XR[0 \sim 1]\} \tag{2}$$

$$X_i = \left[\sum_{j=1}^{n} \frac{X_{ij}}{T(X_{ij})}\right] \tag{3}$$

$$PMC = \sum_{i=1}^{9}\left(X_i\left[\sum_{j=1}^{n} \frac{X_{ij}}{T(X_{ij})}\right]\right) \tag{4}$$

上述公式中,i为一级变量,j为二级变量。i=1,2,3,…,m;j=1,2,3,…,n。根据以上步骤获得6项样本政策的各一级指标得分、PMC指数,并根据表12–3对各政策进行等级划分。

表12–3 政策等级划分

数值	10～9	8.99～7	6.99～5	4.99～0
评价	完美	优秀	可接受	不良

采用文本挖掘法将评价模型中的指标与样本政策内容一一对应,对团体标准政策的多投入产出表内的二级变量进行赋值,通过PMC指数计算方法,得到12项样本政策各指标得分与PMC得分(见表12–4)。

表12-4 各项政策的PMC指数

编号	P1	P2	P3	P4	P5	P6	P7	P8	P9	P10	P11	P12
X1 政策性质	0.800	1.000	1.000	1.000	1.000	1.000	1.000	1.000	0.400	0.800	0.800	0.800
X2 政策时效	0.333	0.333	0.333	0.333	0.333	0.333	0.333	0.333	0.333	0.333	0.333	0.333
X3 政策重点	0.714	0.714	1.000	0.714	0.857	0.857	1.000	1.000	0.000	0.714	0.571	0.714
X4 发布机构	0.286	0.143	0.286	0.143	0.143	0.143	0.143	0.143	0.143	0.143	0.143	0.143
X5 政策视角	1.000	0.800	1.000	1.000	1.000	1.000	0.800	1.000	0.400	1.000	1.000	0.800
X6 作用对象	0.667	0.750	0.917	0.917	0.833	0.750	0.917	0.833	0.333	0.667	0.750	0.833
X7 政策评价	0.800	0.800	0.800	0.800	0.800	0.800	0.800	1.000	0.000	0.800	0.800	0.800
X8 激励措施	0.333	0.333	0.333	0.333	0.333	0.333	0.667	0.333	0.333	0.333	0.333	0.333
X9 政策保障	0.833	0.833	0.667	1.000	0.667	0.500	0.500	1.000	0.500	0.833	0.500	0.833
X10政策公开	1.000	1.000	1.000	1.000	1.000	1.000	1.000	1.000	1.000	1.000	1.000	1.000
PMC指数	6.767	6.707	7.336	7.240	6.967	6.717	7.160	7.643	3.443	6.624	6.231	6.590
排名	6	8	2	3	5	7	4	1	12	9	11	10
政策等级	可接受	可接受	优秀	优秀	可接受	可接受	优秀	优秀	不良	可接受	可接受	可接受

3.输出团体标准政策PMC曲面图

PMC曲面图是对各项样本政策三维立体直观呈现。由于选取的政策都是公开的，即一级变量政策公开X10在12项政策中赋值相同，因此要考虑矩阵的对称性，剔除X10后根据公式(5)计算并输出3个层面团体标准政策的PMC矩阵和PMC曲面图，分别见图12-3、图12-4和图12-5。

$$PMC=\begin{bmatrix} X_1 & X_2 & X_3 \\ X_4 & X_5 & X_6 \\ X_7 & X_8 & X_9 \end{bmatrix} \tag{5}$$

$$PMC_{国家}=\begin{bmatrix} 0.933 & 0.333 & 0.810 \\ 0.238 & 0.933 & 0.778 \\ 0.800 & 0.333 & 0.778 \end{bmatrix}$$

$$PMC_{行业}=\begin{bmatrix}1.000 & 0.333 & 0.810\\ 0.143 & 1.000 & 0.833\\ 0.800 & 0.333 & 0.722\end{bmatrix}$$

$$PMC_{地方}=\begin{bmatrix}0.800 & 0.333 & 0.667\\ 0.143 & 0.833 & 0.722\\ 0.700 & 0.389 & 0.667\end{bmatrix}$$

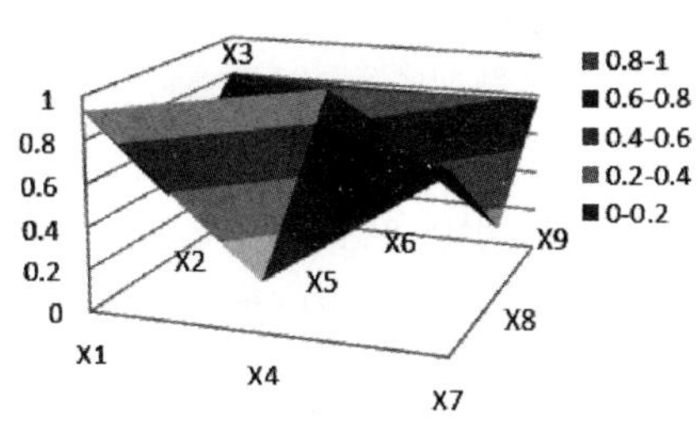

图 12-3　国家层面PMC曲面图

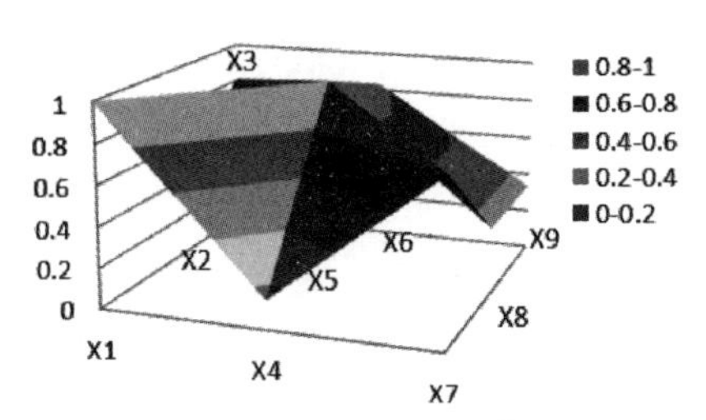

图 12-4　行业层面PMC曲面图

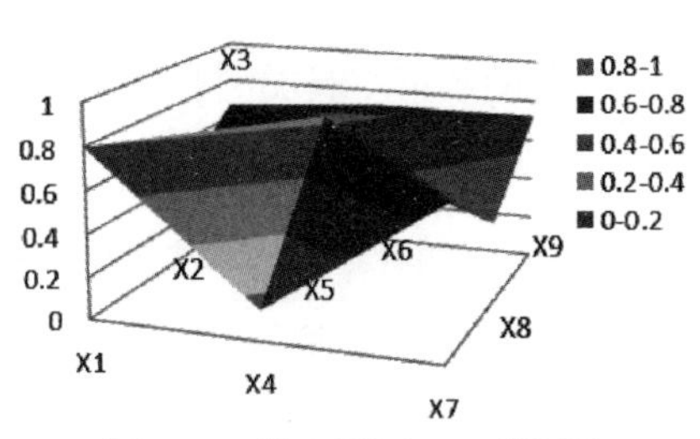

图 12-5　地方层面PMC曲面图

4.政策效力维度结果分析

国家层面政策总体为可接受政策。在政策目标方面，国家政策规划制定一批满足市场和创新需求的团体标准，鼓励社会团体积极参加国际标准化活动以促进团体标准的国际化；坚持创新驱动，推动先进科技成果转化为团体标准，以不断提高团体标准的先进性和适用性。在激励措施方面，国家政策通过对团体标准制定人员的培养、鼓励政府和企业等积极采用实施效果好的团体标准、鼓励团体标准申请转化参与奖项评选等措施激励团体标准更好地发展。国家层面应该加强引导社会团体、企业等加大在团体标准方面的资金投入，对团体标准推广应用、团体标准国际化等工作给予经费补助。

行业层面来政策总体为可接受政策，政策的重点包括对团体标准制定过程的规定及对其制定组织的培育、团体标准的推广应用和公开声明、政府对社会团体的监督和服务支持、鼓励消费者和中小企业参与制定团体标准以更好满足其市场需求、支持专利等知识产权融入团体标准以促进先进技术的创新转化及鼓励团体标准积极申报应用示范项目，择优开展试点工作。行业层面在制定团体标准时应考虑以产业升级为目标，加强团体标准的认证工作及在政策制定时对于处理追责措施应更加具体详细，注重权责清晰。

地方层面政策总体为可接受政策，在政策视角上针对性更强，同时涉及中观和微观角度去制定相关措施，对于目标和任务的规划更加有层次和深度。地方层面应该加强促进产业升级方面团体标准的供给、注重对团体标准品牌的培育、在技术创新活跃的领域培育发展一批技术水平先进、具有国际竞争力的团体标准应用示范项目、推动形成一批具有较高知名度和影响力的团体标准制定机构。地方层面在制定团体标准时目标应该更加明确并加强对团体标准的资金扶持，例如鼓励地方相关部门设立专项资金，支持团体标准的制定、实施与评估。

12.1.5 二维交互分析及研究结论

1.政策效力与政策工具交互分析

表12-5给出了样本政策的政策工具类型和政策效力情况。样本政策的政策工具类型主要集中在环境型、需求型和需求环境并重型3类。

表12-5 政策类型与政策效力统计表

编号	政策名称	政策工具类型				政策效力	
		供给型	需求型	环境型	政策类型	PMC	政策等级
P1	《团体标准管理规定》	3	9	23	环境型	6.767	可接受
P2	《关于培育和发展团体标准的指导意见》	5	9	10	需求环境并重型	6.707	可接受
P3	《关于鼓励、引导和规范工商联所属商会开展团体标准化工作的意见》	2	8	10	需求环境并重型	7.336	优秀
合计		10	26	43	环境型	可接受	

续表

编号	政策名称	政策工具类型				政策效力	
		供给型	需求型	环境型	政策类型	PMC	政策等级
P4	《关于加强水利团体标准管理工作的意见》	3	11	10	需求环境并重型	7.240	优秀
P5	《关于培育和发展工程建设团体标准的意见》	1	7	8	需求环境并重型	6.967	可接受
P6	《关于培育发展工业通信业团体标准的实施意见》	3	7	5	需求环境并重型	6.717	可接受
合计		7	23	23	需求环境并重型	可接受	
P7	浙江《"浙江制造"品牌建设三年行动计划(2016—2018年)》	6	11	8	需求型	7.160	优秀
P8	北京《关于发展壮大团体标准的指导意见》	1	15	9	需求型	7.643	优秀
P9	贵州《关于做好团体标准工作的通知》	1	1	1	不良型	3.443	不良
P10	江苏《团体标准管理办法(试行)》	3	6	11	环境型	6.624	可接受
P11	山西《团体标准培育发展指导办法(征求意见稿)》	3	3	12	环境型	6.231	可接受
P12	四川《关于培育和发展团体标准的实施意见》	2	8	7	需求环境并重型	6.590	可接受
合计		16	44	48	需求环境并重型	可接受	
总合计		33	95	114	环境型	可接受	
总占比		13.6%	39.3%	47.1%			

将政策工具和政策效力进行交互分析，见图12–6。

从发布机构来看，国家层面政策总体偏向于环境型，随着PMC指数增高，政策类型有向需求型转化的趋势；行业层面政策总体属于需求环境并重型；地方层面政策中政策等级为优秀的政策工具类型为需求型。从PMC得分角度来看，政策PMC得分低的政策等级为不良，其政策类型也是不良型；政策PMC得分在6～7分，政策等级为可接受，其政策类型均属于环境型和需求环境并重型两类；政策PMC得分均在7分以上，政策等级为优秀，其政策类型属于需求环境并重型和需求型两类。从上述结果可以得出：对于团体标准政策来说，随着政策的PMC指数得分增长，其类型有从不良型—环境型—需求环境并重型—需求型的变化趋势。

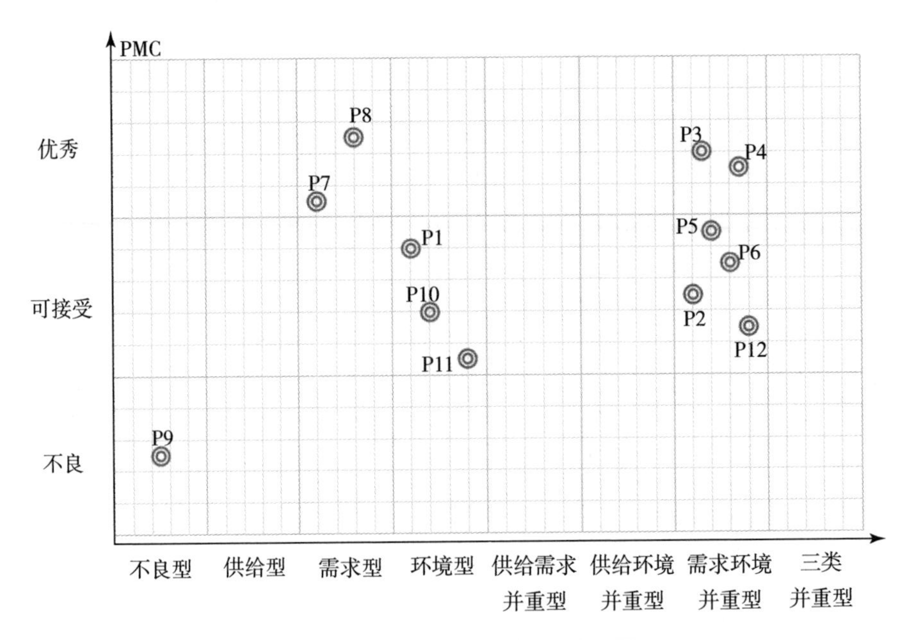

图12-6 政策等级和政策工具交互图

2.研究结论

本书基于2015—2020年国家出台的有关团体标准发展的60项政策，运用RostCM 6.0软件进行文本挖掘、高频词提取和社会网络知识图谱的构建，从提取的高频词中遴选12项与团体标准相关度最高的样本政策，并对12项典型团体标准政策从政策工具和政策效力两个维度进行综合量化评价。研究发现：其一，从政策工具维度看，我国团体标准政策中环境型占47.1%，供给型政策工具占13.6%，需求型政策工具占比39.3%，总体而言，供给型政策工具应用不足；其二，从政策效力维度看，PMC指数评价结果显示12项样本政策中4项为优秀、7项为可接受、1项为不良，在政策性质、作用对象、政策时效、发布机构、政策视角和政策公开方面，各项政策差异不大且整体情况良好，在激励措施、政策目标、政策重点和政策评价等方面整体需改善；其三，从政策工具和政策效力的交互分析看，随着政策的PMC指数得分增长，其类型有从不良型—环境型—需求环境并重型—需求型的变化趋势；其四，我国在制定团体标准时急需加强对供给型政策工具的使用，加大对团体标准推广应用等方面的资助力度并注重团体标准的试点示范和认证等工作，以更好地促进团体标准快速健康发展。

12.2　标准组织治理能力提升对策分析

12.2.1　典型标准组织选择

根据本书第9章的研究，我国团体标准组织主要有政府支持型、技术领先型、市场驱动型、无序发展型及协同发展型5种类型。从40个团体标准制定组织的评价结果来看，目前多数(约50%)尚处于无序发展阶段，比较活跃的组织中政府支持型较多(约20%)，相对而言市场驱动型(约5%)和协同发展型(约7.5%)组织还较少。

为了进一步探讨不同类型标准组织在经历发展初期、成长优化期及蓬勃发展期的过程中，如何持续提升自身治理能力，获得竞争力，本书选取了4个典型的标准组织，其中闪联技术标准产业联盟标准工作组(IGRS，又简称"闪联")是协同发展型组织、中华医药学会(CACM)是技术领先型组织、中国标准化协会(CAS)是市场驱动型组织、浙江省品牌建设联合会(ZZB)是政府驱动型组织。4个典型团体标准制定组织的概况见表12-6。

表12-6　4个典型团体标准制定组织的概况

组织名称	IGRS	CACM	CAS	ZZB
全称	闪联技术标准产业联盟标准工作组	中华中医药学会	中国标准化协会	浙江省品牌建设联合会
组织类型	协同发展型	技术领先型	政府支持型	政府支持型
成立时间	2003年	1979年	1978年	2016年
文化理念	宗旨：以企业为主体，产学研相结合，智能互联，资源共享，协同服务	宗旨：为助力健康中国建设、实现中华民族伟大复兴的中国梦贡献力量	宗旨：团结和组织全国标准化科技工作者，研究、宣传、推广、应用标准化，服务国家经济社会发展	宗旨：制标准、提质量、施认证、建标杆、树品牌、促转型
会员	企业为主,共240个，包括华为、中国电信、小米、比亚迪等	以企业和医院为主，共43个，包括上海市中医院、扬子江药业集团等	个人会员5000多人，团体会员3000多家	"品字标"品牌企业2651家
制定标准情况	国际标准14项，国家标准29项，行业标准7项，团体标准20项	国家标准20项，团体标准794项	国家标准99项，行业标准5，团体标准346条	行业标准1项，团体标准2607项

续表

组织构架	标准工作组在组长的领导下，下设秘书处、专家委员会、技术组、知识产权组、策略联盟及谈判组和市场组	理事会、常务理事会、秘书处(下设办公室、学术部、师承继教部、科学普及部、国际交流部、科技评审部、标准化办公室、信息部等11个部门)	协会设立了7个部门，16个分会，13个工作委员会，两个全国联盟秘书处	理事会设立秘书处，下设若干专职工作部门。常务理事会下设专家委员会、产融结合专务委员会和产业运营专务委员会

注：以上团体的相关信息截至2021年12月31日。

12.2.2 协同发展型团体的特征

在5种标准组织的发展类型中，协同发展型组织治理能力全面，竞争力强，尽管成为协同型发展组织并非团体标准组织唯一的发展路径，但以协同型组织为学习标杆也是必要的。本书以闪联产业联盟为例剖析协同发展型组织的特征。

闪联成立于2003年7月，是针对3C(计算机、通信、消费电子)产业融合协同的发展趋势，在原信息产业部、国家发改委、北京市政府等部门的支持下，联想、TCL、康佳、海信、长城等大企业联合组建的“信息设备资源共享协同服务标准工作组”，负责制定并推广我国自主的IGRS标准。2005年5月，闪联团体的法人实体和依托单位北京市闪联信息产业协会正式成立。同年12月，协会8家核心企业共同投资成立闪联信息技术工程中心有限公司。

闪联从联盟标准到团体标准，尽管团体标准制定的数量并不多，但近20年的发展，奠定了较为坚实的内部治理基础，主要体现在以下几个方面。

(1)构建了相对完整的组织架构。在联盟标准阶段，闪联标准工作组实行组长负责制，组长单位代表本工作组对外联络，组长单位按阶段列出工作任务，并根据各项任务，明确分工和制定工作计划。标准工作组在组长的领导下，下设秘书处、专家委员会、技术组、知识产权组、策略联盟及谈判组和市场组等不同层次开展相关工作。其中，专家委员会是工作组的技术咨询机构，成员为信息技术领域中的科学家和从事标准化工作的专家，由会员大会提名，会员单位审议表决组成。技术组的组成由会员提名，并经核心会员大会审议表决通过后组成；负责推进IGRS，准文本的起草、修改、送审等相关工作；并负责协调、解决与IGRS标准相关的技术问题，截至2021年年底已建立了20个技术组。

(2)建立了系统化的标准化管理机制。自2010年起，闪联开始探索制定和实施闪联团体标准的道路。2012年，闪联制定并通过了《闪联标准工作章程》《闪联标准编制程序和规则》等一系列的闪联团体标准工作文件，并于2013年1月开始正式实施。2015年，闪联正式开始团体标准试点后，制定了《闪联联盟团体标准章程》，明确了闪联团体标准的研制遵照《闪联联盟团体标准编制程序及规则》的流程进行编制和报批，与团体标准相关的知识产权事宜，按照《信息设备资源共享协同服务标准工作组知识产权管理办法》进行规定进行。

(3)实现了国际标准、国家标准、行业标准、团体标准协同发展。闪联标准为闪联应用提供统一的网络资源发现、使用和管理机制，它由3个部分构成：闪联基础协议、闪联智能应用框架、闪联基础应用。闪联标准于2005年6月29日正式获批成为国家推荐性行业标准，成为中国第一个"3C协同产业技术标准"，率先占据了中国未来信息产业竞争的制高点。2008年，IGRS系列标准获批10项国家标准制定计划立项。2008年7月28日，中国闪联标准提案正式通过了ISO/IEC第一联合技术委员会信息技术设备互联分技术委员会最后一轮形式投票，完成了ISO全部投票流程，以96%的支持率高票通过，被正式接纳为ISO国际标准，成为第一个来自中国的ISO国际标准，填补了我国信息产业在ISO领域的空白，从而使我国企业在全球3C协同技术领域拥有了话语权。2017年，闪联主导制定的信息设备资源共享协同服务系列6项国家标准正式发布。除此之外，闪联全体会员单位也在共同努力推动闪联标准的制定、技术的研发和产业推广工作，为共同构筑健康良性发展的产业生态圈做出贡献。截至2021年年底，闪联已制定国际标准14项、国家标准29项、行业标准7项和团体标准20项。

12.2.3　政府支持型团体的能力提升

1.案例组织分析

(1)浙江省品牌建设联合会概况。

2016年4月6日，由浙江省标准化研究院、浙江大学、浙江省质量技术审查评价中心3家单位共同发起，围绕"浙江制造"品牌建设思路，成立浙江省浙江制造品牌建设促进会(后改名"浙江省品牌建设联合会"，简称"品联会")，统一组织"浙江制造"团体标准制定和批准发布。品联会是由浙江省内社会团体、企业、知名高等院校和从事"浙江制造"标准、认证、检测研究和服务的单位和个人自愿结成的全省性、专业性社会团体，是非营利性第三方社会组织。

品联会是品字标“浙江制造”品牌建设工作的重要平台。受政府部门授权和委托，品联会以“制标准、提质量、施认证、建标杆、树品牌、促转型”为宗旨，主要开展“浙江制造”品牌研究、标准制定与宣贯、品牌培育与保护、宣传推广等工作，负责开展团体标准的立项、组织制定、评审、批准发布和复审等工作。截至2021年年底，品联会共发布浙江制造标准2610项，浙江制造认证1952项。

(2) 主要优势。

第一，“浙江制造”标准在一系列政策的强有力推动下获得快速发展。为推动“浙江制造”的发展，政府出台实施一系列“浙江制造”标准与推动企业技术改造相配套的政策(见表12-7)。

表12-7 “浙江制造”标准发展相关政策

时间	政策推进
2014年	印发《关于打造“浙江制造”品牌的意见》(浙政办发〔2014〕110号)，明确提出了构建“浙江制造”团体标准体系，研制形成一系列“国际先进、国内一流”先进标准体系的任务，以高标准引领制造业转型升级
	出台《关于实施“浙江制造”认证工作的指导意见》，明确由认证机构组建“浙江制造”认证联盟，联盟成员机构作为认证实施主体组织开展认证活动
2015年	印发《关于扶持“浙江制造”品牌发展的意见》，明确提出优化“浙江制造”品牌建设环境
	印发《关于加快“浙江制造”标准制定和实施工作的指导意见》(浙质标发〔2015〕144号)，提出鼓励相关主体参与“浙江制造”标准制定和实施工作；加强政策激励，引导企业贯彻“浙江制造”标准要求；鼓励企业积极申请“浙江制造”认证
2016年	印发《浙江省浙江制造品牌建设促进会“浙江制造”标准管理办法》(浙促会〔2016〕06号)，从标准的申请与立项、制修订、评审、批准发布、组织实施与复审等方面做了详细规定，规范了“浙江制造”标准的制定流程
	印发《关于“浙江制造”品牌建设三年行动计划(2016—2018年)》(浙质强省发〔2016〕2号)，明确了“浙江制造”团体标准的建设目标
	印发《关于认真做好“浙江制造”品牌建设宣传工作的通知》(浙宣〔2016〕41号)，要求进一步扩大标准强省、质量强省、品牌强省及“浙江制造”品牌建设成果的社会贡献度和品牌认知度
2018年	印发《“浙江制造”标准立项论证细则》，规范企业进行“浙江制造”标准的立项论证工作
2019年	修订了《浙江省品牌建设联合会“浙江制造”标准管理办法》，制定了《浙江省品牌建设联合会“浙江制造”标准审评和批准发布细则》和《“浙江制造”标准牵头组织制定单位管理办法》

第二，形成了“标准+认证+品牌”三位一体运作模式。“浙江制造”围绕标准、认证和品牌，形成一个动态闭环流动模式，其组织内部运作模式见图12-7。“浙江制造”标准体系应用了A+B的模式，其中A标准是《“浙江制造”评价规

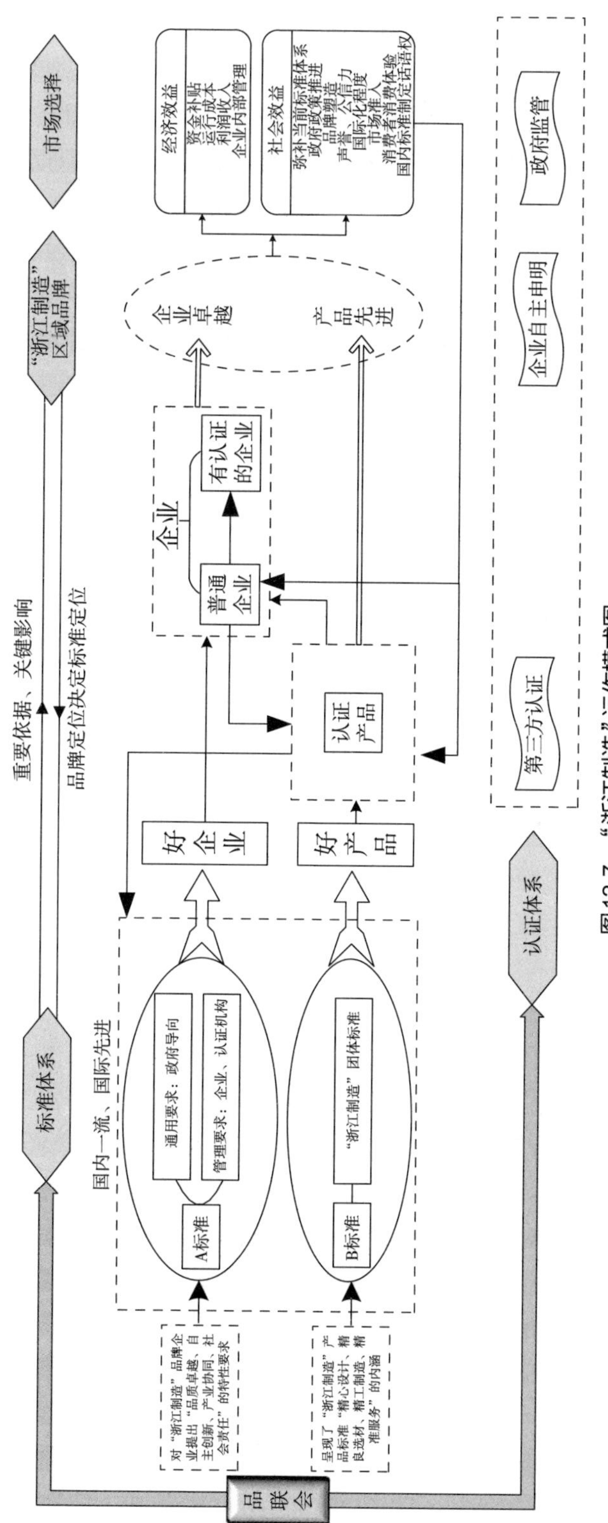

图12-7 "浙江制造"运作模式图

范》标准，通过“通用要求+管理要求”，对“浙江制造”品牌企业提出“品质卓越、自主创新、产业协同、社会责任”的特性要求，融合了卓越绩效模式及GB/T 19001、GB/T 24001、GB/T 28001三大体系的管理要求。B标准是“浙江制造”团体标准，代表的是“浙江制造”个性产品的综合要求，集中呈现了“浙江制造”产品标准“精心设计、精良选材、精工制造、精准服务”的内涵，体现国内一流、国际先进、拥有自主知识产权的标准先进性。在此基础上，通过“标准+认证”的方式开展“浙江制造”品牌推广。

第三，整合了企业、标准化研究机构和标准化服务机构的多方资源。首先，企业是标准化的主体，品联会成立至今已有逾千家企业参加浙江制造标准的制定工作，联合会对于团体标准的宣传推广，以及政府对于参与该组织团体标准制定企业的政策鼓励、资金资助和标准化技术指导等工作上的支持，使得组织成员和行业头部企业在组织的团体标准开发活动中活跃度较高。其次，“牵头单位”为“浙江制造”标准研制提供了专业的标准化工作支撑。根据《浙江省品牌建设联合会“浙江制造”标准管理办法》“浙江制造”标准研制采用“省品联会+牵头组织单位+标准研制工作组”的模式，标准牵头组织制定单位负责标准制定过程技术指导，标准研制工作组负责标准具体的制定工作。同时，在此过程中，大量的标准化服务机构发展起来，为企业提供政策解读、标准编写指导等服务工作。

品联会还充分发挥社会媒介的宣传作用塑造并提升“浙江制造”区域品牌形象，在品联会的标准化综合平台定期发布成员企业和产品的数据信息，积极帮助企业宣传“浙江制造”产品，并消除“浙江制造”标准推广应用的政策障碍。

2.政府支持型团体的能力提升对策

政府支持型标准组织容易产生两个方面的发展问题：其一，在政府的支持下开展标准化工作，对政府的政策和资助形成依赖；其二，在政府政策或其他方式的支撑下，组织成员为了追随政策或暂时的需求而出现被动参与或不可持续性参与的情况。

政府支持型的标准组织在充分利用政府助力的同时，需要在此期间完成团体核心竞争力的挖掘和未来发展方向的确定，其可能的发展路径有3种：其一，通过市场能力的提升而成为市场驱动型组织；其二，通过技术竞争力的提升而成为技术领先型组织；其三，通过能力的全面提升成为协同发展型组织。

总体而言，政府支持型组织的可从以下方面进行能力提升，实现可持续发展。

⑴逐步形成发展内驱力。从标准组织的发展趋势看，发展较好的组织，应趋向于形成自身独特的竞争优势，摆脱对于政府资助的单纯依赖。因此，应逐步转换资源整合能力的重点，从对政府支持的依赖转变为对组织内成员资源的整合利用能力的提升。例如，广泛吸纳高质量的组织成员、为成员提供多元化服务、多种方式增强成员黏性、建设标准化综合平台等方式是提高组织的整合利用成员资源的有效措施。

⑵着力提升市场运作能力。政府支持型组织往往在市场运作方面的能力较为欠缺，因此，标准的市场运作是这类组织应着重突破的能力。建议这类组织在适当的时候设立市场部门，加强对标准需求的分析，开展市场营销相关知识的学习及营销方法的培训，增加标准推广的渠道种类和数量，建立应用平台或机制等。

⑶择机提升组织的技术竞争力。团体标准以满足市场需求及创新需求为发展方向，政府支持型组织可以抓住发展机遇，在某些专业领域内集聚技术专家及头部企业，打造先进技术标准高地，甚至通过参与国际标准化活动进一步提高组织在专业领域内的国际影响力，培育国际化能力，积累打造优质团体标准组织品牌的基础。

12.2.4　技术领先型团体的能力提升

1.案例组织分析

⑴中华中医药学会概况。

中华中医药学会(China Association of Chinese Medicine，CACM)成立于1979年，2015年5月成立了标准化办公室，为团体标准工作的开展提供了组织保障，吸引并培养标准化管理方面的专业人才，不断提升服务能力和管理水平。在试点工作启动之初，CACM成立了中华中医药学会团体标准专家委员会，委员会由临床、药学、管理学、方法学、经济学等领域的权威专家、学科带头人组成，负责针对不同领域的团体标准开展立项论证和审查评估，并根据课题组需求开展有效的技术指导和协调。在中国科学技术协会的支持下，CACM建立了团体标准信息资源平台，包括标准需求库、标准供给库、标准评价库和标准应用库，以期为标准用户提供全面、准确、及时的中医药标准信息服务。注册用户可通过该平台开展团体标准的网上申报、项目管理、信息发布、审查反馈、监测实施、网络培训等工作，从而保障团体标准研制、审查、宣贯等工作的高效运转。

中医药团体标准初步形成了“政府支持引导、专家积极参与、产业合作联动、社会资本踊跃响应”的良好局面，创造了研制中医药团体标准的小高潮。学会与专家一起共同积极探索团体标准与国家标准、行业标准之间的转化，共同推进中医药标准化工作的开展。

(2) 主要优势。

第一，形成了适合领域发展需要的标准化管理制度体系。CACM是中医药领域的权威性组织，在多年的标准化工作中，形成了完备的标准化工作机制。为保证中医药团体标准工作公开、公平、公正，程序规范、严谨、高效，CACM制定了立项管理、编制技术规范、审查管理、推广宣贯等10项标准制度，涵盖了从提案、立项、编制、审查、宣贯、复审的全流程，使得标准制定、审查、实施等各环节有章可依，为团体标准相关工作的开展提供了制度保障。

第二，将标准化工作与专业性业务充分结合。在专家资源整合方面，CACM的专家不仅参与到标准的研制过程中，而且参与到标准的传播过程中，通过共同编制课件，主动参与标准的讲解、宣贯和传播，较好地达到用户对标准深度理解的目的，有效地扩大了标准的传播范围。标准发布后，在CACM的统筹组织下，各标准发起单位、主要起草人及相关专家自动成立“标准宣贯专家团”，共同参与团体标准的宣贯和培训，做到标准“从临床中来，到临床中去，接受临床检验，发挥标准价值”。

第三，初步积累了标准的市场运作经验。CACM在对标准市场需求的挖掘和响应也做了一些探索工作。它注重团体标准制定的科学性，关注用户需求，通过大量调研了解和挖掘用户需求，充分考虑不同相关方的利益诉求，进而选择合适的专家，确保标准研制的可行性、科学性和有效性，为实现标准的市场化奠定基础。CACM不仅征集与挖掘产学研及相关单位对标准的需求和供给，而且积极组织各大科研院校、临床机构系统梳理中医药科研成果，促进已有成果向标准转化；同时，及时了解政府工作中对标准的需求，向政府及部门推荐相关标准。

第四，探索国际化合作路径。CACM建立了国际交流部，专门负责学会合作单位开展国际交流，尝试开展国际化活动，如开展中医药服务等相关贸易，维护海外成员，承担国际学术会议等国际化活动的组织和管理，并对国际合作等项目进行联络和管理。

2.技术领先型团体的能力提升对策

持续创新是技术领先型标准组织的核心动力。更重要的是，若要在未来具备参与全球标准化竞争的能力，提高组织的创新能力，紧跟技术发展前沿，保持技术的领先水平是该类型组织持续面临且必须攻克的发展问题；同时，通过合理的市场运作推动标准的扩散和实施也是支持标准中先进技术落地的关键。

技术领先型组织的可能发展路径有两种：其一，保持并扩大技术优势，成为具有典型优势的技术领先型组织；其二，在原有优势基础上，增强市场运作能力和国际化能力，成为协同发展型组织。总体而言，技术领先型组织的可从以下方面进行能力提升，实现可持续发展。

(1)持续扩大技术优势。持续创新能力和抢占技术市场是技术领先型标准组织固化其优势的主要策略，尤其是依托产业技术联盟发展起来的标准组织，应进一步整合会员单位中头部企业、科研机构、大专院校等技术实力，形成“技术—专利—标准”一体化发展策略，并以技术为核心开展对会员单位的服务。例如，国家半导体照明工程研发及产业联盟，就依托联盟建设的半导体照明联合创新国家重点实验室在技术研发、标准研制、检测认证、人才培养、成果转化等方面均开展了卓有成效的工作，为产业发展提供了强大的技术支撑和标准支撑。

(2)步骤提升市场运作能力。技术领先型组织可以通过广泛了解各个利益相关方对标准的需求和意见，提高组织对市场需求和技术前沿的认知，准确把握技术更新和标准开发方向；同时，在市场运作过程中充分利用技术专家资源，组织专家参与标准文本形成后的各个过程，将标准与专业内容的推广和落实相结合，促进技术成果转化为标准后进一步转化为产业输出。推动组织成为协同发展型组织。

(3)积极参与国际标准化活动。技术领先型组织可以利用自身的技术优势，通过积极参与相应产业的国际标准组织各类活动、参与国际标准组织国内对口单位的活动、鼓励成员单位选派国际标准化专家等方式积极参与各类国际标准化活动，培养国际标准化人才，逐步形成相应领域的国际标准化能力。

12.2.5 市场驱动型团体的能力提升

1.案例组织分析

(1)中国标准化协会。

中国标准化协会(China Association for Standardization，CAS)成立于1978年，是由全国从事标准化工作的组织和个人自愿参与构成的全国性法人社会团体。进入21世纪，CAS征得有关部门的同意开始以协会的名义制定CAS标准，在2001年发布了其第一个协会标准《标准液化石油气消防安全节能阀》(CAS 101—2001)。

2015年后，CAS在为发展团体标准不断积极、努力尝试，明确了协会的职责是“团结和组织全国标准化作者，开展标准化学术交流、标准研制、宣传推广、咨询服务、国际交流等，服务我国经济社会发展”；宗旨是“服务为本、创新奉献、依法治会、科技兴会”；使命是成为“党和政府联系全国标准化工作者的纽带，国内外标准化交流的桥梁”。截至2021年年底，CAS设立汽车分会、化工分会、物流分会等16个分会，起草了国家标准94项、行业标准20项和团体标准318项。

(2) 主要优势。

第一，内部治理机制健全。CAS是中国唯一的以标准化为专业的全国性协会，组织成立起点高，在标准化问题上专业性强，是由政府支持型组织转型而来，且发展较为成功的市场驱动型组织。基于国内外长期的标准化实践，CAS在标准的市场推广和用户服务方面积累了相对成熟的经验。自2015年以来，CAS对标国际先进的标准组织，不断提升组织治理能力，如确立了组织的文化体系；明确了业务领域包括学术研究、标准制定、技术交流、培训科普、技术评估、技术咨询、期刊出版、认证服务；建立了管理制度体系。

第二，国内标准市场运作基础扎实。CAS面向学术专家、一般群众和标准用户等不同的受众群体，通过交流会、研讨会、学术会、科普活动、媒体交流等渠道展开标准推广活动。自1999年起，CAS开始举办市场经济与中国标准化论坛等大型标准化活动，2011年开始举办各类现场标准化经验交流会，2014年起展开标准化十佳人物评审，2015年开始为本协会标准举行媒体新闻发布会，2016年后定期举办标准化人才培训、标准化综合知识培训及大学生标准科普活动等。

第三，具备一定的国际标准化合作经验。CAS于1991年第一次开展国际标准化合作，与美国试验与材料学会合作发行《标准化新闻》，自2004年后协会参与的国际标准化活动更加活跃且逐年频繁，经常参与或承办大型国际标准化会议，并与美国、德国、韩国、日本等国家的标准化组织展开长期的交流合作。2018年，CAS联合德国、日本向ISO/TC 37提交新项目工作提案并获批准，向建设具有国际影响力的标准化组织再进一步。

2.市场驱动型团体的能力提升对策

响应标准市场的需求、标准推广和标准用户服务等市场运作相关能力是我国标准组织普遍缺乏的能力，这也是团体标准组织未来发展必须具备的能力。我国目前市场驱动型组织还不多，这类组织的发展路径主要有两种：其一，继续扩大市场运作能力，成为以市场能力为核心能力的典型市场驱动型标准组织；其二，在发展过程中，在夯实市场能力的同时，提升技术能力、资源整合能力及国际化能力，成为协同发展型组织。

总体而言，市场驱动型组织的可从以下方面进行能力提升，实现可持续发展。

(1)持续夯实市场运作能力。尽管市场驱动型组织已形成了一定的市场运作经验，但相较于国外发展历史悠久的标准组织而言，我们的差距依然很大。因此，建议可以通过开展多方国际交流合作，加大对ASTM、UL、DIN等国外成熟标准组织的运作方式的研究，学习这些组织在相应市场需求、设计产品组合、进行市场拓展、增强用户黏性等方面的成功经验，进一步提升自身的市场化运作能力，并通过合适的途径进行分享，以提升我国标准组织整体的市场运作能力。

(2)开展广泛的国际合作。市场驱动型组织应通过自身在已有的市场拓展中积累的信息渠道，密切跟踪相应领域的国际标准化动态，通过举办国际范围内的标准化会议、与国外标准化机构建立合作交流关系及积极参与国际标准开发等方式更广泛、更有深度地参与国际标准化工作，跻身国际标准化平台。

12.2.6　无序发展型团体的能力提升

1.无序型团体面临的主要问题

目前，我国多数团体标准组织处于无序发展的状态。无序发展型组织的总体标准化工作能力一般，标准化工作总体处于起步状态。这类组织存在的问题主要包括以下几点。

(1)部分组织尚未发布过团体标准。这些组织大多数在我国团体标准快速发展的政策推动下注册成立，尽管它们捕捉到我国团体标准化发展的历史机遇，但由于准备工作尚不充分，发展方向尚不明晰，一直未有团体标准制定和发布。例如，2017年已在“全国团体标准信息平台”上完成公示的团体中，北京绿标建材产业技术联盟、广东省视光学学会、北京市房山区蜜蜂产业协会、重庆市品牌学会等均未有团体标准发布。

(2)部分组织发布的团体标准质量较低。团体标准的形成过程均由各团体自行管控，由于技术能力、标准化专业能力等欠缺，标准的质量参差不齐，遭到各界诟病。工业和信息化部2018年以来设立百强团体标准应用示范项目，引导团体标准优质发展，但整体而言，我国真正具有市场竞争力的团体标准占比较低，提升空间较大。

(3)部分组织治理能力不健全。部分团体没有建立起完善的治理机制，尤其是地方性的团体，专职人员配置不充分，组织架构不完善，懂标准的专业人员缺乏，培训渠道不畅通，发展所需的资源较为匮乏。

2.无序型团体的能力提升对策

无序型组织，若不能明确自身发展路径、逐步形成发展优势，必将面临被淘汰的风险。为此，对无序型组织的发展提出以下建议。

⑴建立管理机制。建立科学、完整的标准流程管理制度并有效地落实是标准组织保证标准有效开发的基本方式，包括建立成立标准化委员会、制定章程、建立规范制度等，尤其是要制定团体标准的全生命周期管理流程，这是团体标准组织最基本的管理要素。

⑵明确发展定位。标准组织有多种发展路径，并非需要能力全面且具有协同发展性，可以基于已有的资源和基础优势，借鉴技术引领型、市场驱动型等不同类型组织的成长经验，规划发展路径，尽早明确自身特色，形成发展优势。

⑶积极整合资源。无序发展型组织往往自身能力不足、资源不充分。因此，要充分研究并利用国家及各级政府的相关政策，以多种方式与其他相关方形成战略合作关系，把握机会整合技术、专家、市场等方面的资源，并在这个过程中进一步了解团体标准化发展路径。

⑷提升专业能力。标准化工作是一项专业性比较强的工作，一些新成立的组织，或者以协会、学会为基础，但标准化工作经验不充分的组织，都亟须提升自身的标准化专业能力。可以通过参与外部标准化培训、与有经验的标准组织建立合作关系等方式，提升自身的标准化专业水平，以为更好地开展团体标准化工作奠定基础。

12.3 市场自主制定标准管理机制优化

12.3.1 建立市场自主制定标准规范发展的长效机制

2021年10月印发的《国家标准化发展纲要》明确指出，到2025年要“实现标准供给由政府主导向政府与市场并重转变”的目标。2022年3月国家标准化管理委员会、科技部、工信部等17个部委联合印发《关于促进团体标准规范优质发展的意见》，从提升团体标准组织的标准化工作能力、建立以需求为导向的团体标准制定模式、拓宽团体标准推广应用渠道、开展团体标准化良好行为评价等10个方面给出了指导意见(见图12-8)，以充分释放市场主体标准化活力，进一步推进我国市场自主制定标准的高质量发展，在推动新产品、新业态、新模式发展方面发挥更有效的作用。

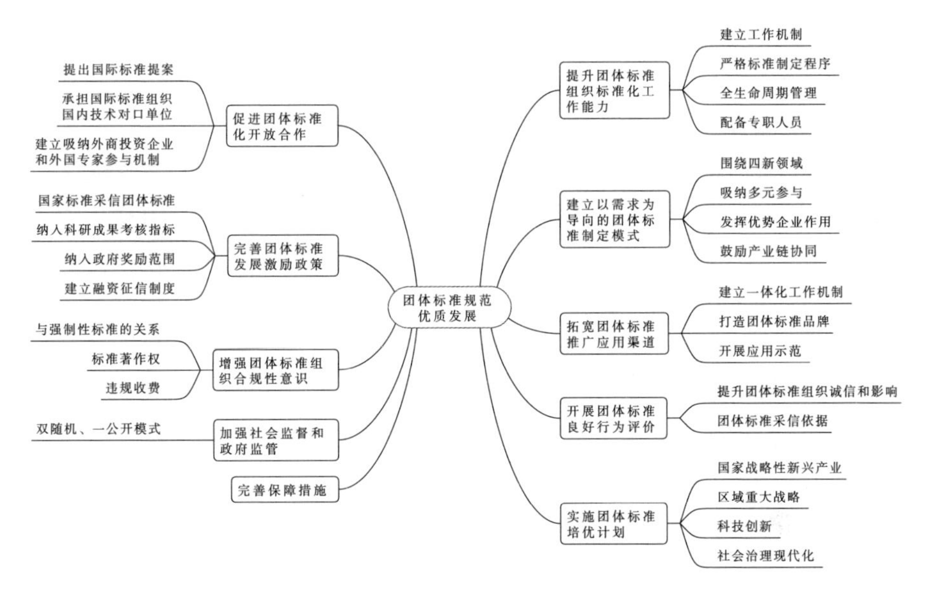

图12-8 《关于促进团体标准规范优质发展的意见》内容框架

基于以上我国关于团体标准发展的总体要求及布局，本书认为，建立市场自主制定标准规范优质发展的长效机制过程中建议考虑以下问题。

(1) 严格遵循“协商一致”原则。“协商一致”是标准形成的全球公认准则，尤其是自愿性标准。无论是ISO、IEC、ITU还是EN等区域性标准化组织、3GPP等专业性标准组织，“程序正义”都是基本要求，实践也证明这是优质标准产生的基础。我国团体标准在飞速增长过程中，不少标准的制定比较仓促，过程强调“快”而放弃了“严”。因此，明确基于广泛协商一致原则的标准制定程序，并严苛执行是首要条件。鼓励标准组织结合所在产业特征、企业分布、国际竞争等因素，明确利益相关方的覆盖范围，针对性细化和优化立项、草案、意见征询、审定、报批等不同环节的协商一致流程及方法，通过规则的执行与坚守传递正确的标准化价值观和理念。

(2) 扎实推行团体标准化良好行为评价。根据《团体标准管理办法》及《关于促进团体标准规范优质发展的意见》的要求，落实团体标准化良好行为评价。尽管目前已经发布了《团体标准化 第1部分 良好行为指南》(GB/T 20004.1—2016)《团体标准化 第2部分 良好行为评价指南》(GB/T 20004.2—2018) 两个国家标准，为标准组织的管理提供了指导性意见，但这两个国家标准的发布均已超过5年，团体标准发展的新趋势和亟待解决的新问题需要进一步系统研究，对上述两个标准进行修订完善，并着重从团体组织治理能力提升的角度明确要求。

⑶ 拓展团体标准应用渠道。标准的价值在于应用，我国团体标准在经历了大规模制定标准的高度活跃发展初期，必然面临一个重要的问题——团体标准能否扩散应用并体现价值，这是团体标准真正具有生命力之所在：其一，提升对团体标准的认可度。团体标准从权威性上看可能暂时无法与国家标准、行业标准相比，但其应更先进、更具竞争性，要尽快改变认为团体标准定位不高的认知。其二，基于市场机制拓展团体标准应用。标准应用不佳是我国各类标准的普遍问题，团体标准的应用渠道建立应遵循市场规则，避免过多借助行政措施，鼓励探索"标准+认证"模式、标准在招投标等环节中被采纳等。其三，畅通团体标准采信渠道。研究并出台相关制度，畅通团体标准被国家标准、行业标准采信的渠道。

⑷ 有效激励团体标准国际化发展。从我国标准化发展趋势看，已经从国际标准化发展到标准国际化新阶段。作为响应市场需求和创新需求的团体标准，也应站位于全球标准化发展的高度，基于国际视野探索发展模式：一方面，有能力的标准团体应积极参与到国际标准化活动中，如选派专家、提出国际标准提案、承办或积极参与国际标准化论坛等；另一方面，在移动通信技术、人工智能等领域，探索建立国际标准联盟，促进标准的国际化合作。

12.3.2 大幅提升标准组织的发展能力

标准组织是标准形成的工作组织者、资源整合者、项目管理者，也是标准形成后的知识传播者、商用推广者，标准组织的治理能力是标准质量的重要影响因素。我国目前在全国团体标准信息平台注册的社会团体已超过7000家[①]，但真正具有国际竞争力的组织寥寥无几。尽管短时间内我们无法弥补国外标准组织100多年发展历史中积累的经验和资源，但持续提升标准组织的发展能力是必由之路，主要包括以下方面。

⑴ 内部治理能力。内部治理能力是标准组织健康持续发展的基础。要敢于摒弃原有的管理模式，建立现代化非营利性组织治理机制，包括：建立并持续优化组织构架、明确岗位职责，增强合规意识；建立组织文化体系，确立组织使命及发展愿景，制定面向未来3～5年的发展战略，建立战略目标监测指标体系，并定期评估其实现情况；规范内部管理制度，优化业务流程，尤其是围绕标准形成、扩散的管理流程，条件成熟时建立标准管理信息

---

① 根据全国团体标准信息平台数据，截至2023年2月28日，共有7254家社会团体在全国团体标准信息平台注册，其中民政部登记注册的有992家，地方民政部门登记注册的有6262家。

化系统；建立人才培养机制，通过内外部相结合的方式，自我培养和柔性引进相结合的方式，扩大技术人才队伍和标准化人才队伍，形成“技术+标准”的专业核心能力；建立会员管理机制，有效吸纳行业头部企业、产业链核心企业、高端研发机构等主体。

(2) 市场拓展能力。对于标准组织而言，标准就是“产品”。ISO在其面向2030年的战略中提出了三大目标，其中之一就是“ISO标准无处不在”，并把标准的销售收入作为衡量这一目标的关键绩效指标。国外知名的标准组织，如美国的UL、ASTM等均在世界各地建立分支机构，在拓展市场的同时也扩大了影响力。因此，我国的标准组织应提升市场意识，减少对政府的依赖，主动了解市场需求，拓展推广渠道，形成符合市场机制的管理模式。例如，通过吸纳行业头部企业、重要研究机构、高水平专家为会员扩大组织市场影响力，通过建立分支机构、分委会更有效地满足不同专业领域或不同区域的标准化需求，通过提供标准宣讲、检验检测、认证等提升多元化服务能力。

(3) 品牌建设能力。标准组织的品牌影响力是我国团体标准能否真正具有竞争力和走向国际的关键。在标准组织从初创到成长、成熟的发展历程中，应尽快树立品牌意识，开展品牌策划，有策略地进行品牌推广，既包括基于团体本身的组织品牌，又包括基于典型标准的产品品牌。标准组织可以通过制定并推广高水平标准提升标准影响力，通过举办论坛、会议等提升组织知名度，通过参与国际标准化活动提升国际影响力。

12.3.3 深入实施市场自主制定标准的全生命周期管理

我政府主导制定的标准定位于“保基本”，市场自主制定的标准定位于“促发展”。习近平总书记在党的十九大报告中指出，要“支持传统产业优化升级，加快发展现代服务业，瞄准国际标准提高水平”；在党的二十大报告中进一步指出，要“构建全国统一大市场，深化要素市场化改革，建设高标准市场体系”。团体标准发展以来，数量规模得到了快速发展，在一定程度上解决了市场上标准缺失、滞后的问题，但也明显存在创新性标准占比不高、标准定位不够清晰、标准文本质量不高、标准实施效果不佳等问题。因此，有必要从标准全生命周期视角对市场自主制定标准进行有效管理，以实现优质发展。

(1) 促进技术创新成果的标准转化。标准是创新成果产业化的必然桥梁，标准研制是标准生命周期的起点。对于市场自主制定的标准，由于制定周期相对较短、协商一致范围相对有限，更有利于通过创新成果转化为标准尽快得到应用，而在产业化过程中也有利于更快发现问题、开展技术优化，同时推动标准修订完善，这种良性互动、循环实现了标准与创新的相互推动。

(2)分领域形成先进标准评价细则。市场自主制定标准的先进性是形成我国标准国际竞争力的重要基础。国内产业要迈向全球价值链中高端，标准就必须达到或超越国际先进水平。因此，应围绕先进标准开展研究，综合考虑技术创新性、技术引领性、市场需求满足度、产业发展贡献度等因素，构建不同领域先进标准评价体系，在标准的立项评估环节对其进行科学评价，以引导标准研制过程中对相关重要因素的考虑，并有效排除标准形成过程中人为因素干扰，推动市场主导制定标准的“高质量”发展。

(3)广泛开展标准实施效果评估。标准的价值在于应用。在经济的高速发展阶段，我国标准制定相对滞后，在很多领域存在标准缺失、标准不足的现象，因此标准化的管理工作过去更加侧重的是标准制定。但是，当前我国的经济发展已转向高质量发展阶段，标准也要从以数量规模为重转为以质量效益为重，“重制定轻实施”的现状必须转变。因此，开展市场自主制定标准实施效果评估的研究与实践，更科学、客观地反映实施应用情况及其在技术进步、经济发展、生态保护等方面的贡献。

12.3.4 精准施策激发各类市场主体的参与意愿

市场自主制定标准的核心主体主要有两类：一是企业；二是标准组织。这些主体的参与意愿、参与能力在很大程度上影响了我国团体标准的发展水平。尽管从本质上讲，市场自主制定标准的发展应通过市场机制调节，逐步形成一个良性生态，但由于我国缺乏相关经验，团体标准被法律认可后发展又极快，甚至出现了一些急功近利的倾向。在这种情况下，也亟须通过政策的精准设计、有效引导，真正激发市场主体的参与意愿和参与活力，为我国团体标准的健康发展奠定基础。为此，本书提出以下策略。

(1)政府需采取多种措施激发企业的投入意愿，以有效推动市场技术标准的发展。一方面，政府应通过政策引导、加大培训及宣传力度，提升企业对技术标准化工作重要性的认知；鼓励企业加入技术标准联盟，分担技术标准化风险；通过承担部分成本，降低技术标准化活动给企业造成的压力，提高企业对政府的信任度，使企业获得更多的技术标准化发展信心。另一方面，企业自身需增加对政策和国内外市场潜在需求的分析，确保自主技术的发展符合市场需求，降低标准竞争失败的可能性，避免在技术标准化过程中由核心位置落入边缘位置。同时，企业需要积极参与技术标准的实施与应用，推动产业化应用，提高企业技术标准化的收益。

（2）政府需优化政府资源配置，引导企业和标准组织抓好技术标准质量建设。政府激励措施在技术标准化初期效果更为显著，政府资源应优先投向于企业，同时完善监管体系，防止技术标准垄断和劣质标准进入市场给企业、标准组织造成的不利影响。同时，政府可以通过开展市场标准良好行为评价和市场监督抽查，加强规范和引导，提升企业及标准组织的供给能力。政府可以关注标准应用渠道和应用效果评估，形成优质标准能够获得更好市场反馈的良性循环，以市场机制推动高质量标准的发展。

（3）政府需着力提升标准组织的参与意愿，推动市场型标准健康发展。标准组织高意愿参与技术标准化活动可以有效带动企业在技术标准化活动中的投入，也能减少企业与政府之间的信息不对称现象，增加技术标准的可持续性和社会认可度。因此，一方面，政府需要加强引导，给予标准组织一些技术标准的开发项目，对积极参与技术标准化的组织进行表彰，调动技术标准组织工作的积极性；另一方面，对标准组织进行培训、指导，推动其产生内驱力，找准市场标准需求定位，以需求为导向，广泛吸纳各相关方共同参与市场标准制定，充分发挥技术优势企业的作用，针对性开展宣传及推广活动，提高社会认知度和认可度。

参考文献

[1] 安佰生.标准化的准公共物品性与政府干预[J].中国标准化，2004(07)：72-74.

[2] Mancur Olson. The Logic of Collective Action: Public Goods and the Theory of Groups, Second Printing with New Preface and Appendix[M]. Cambridge, Mass: Harvard University Press, 1971: 186.

[3] 毕勋磊. 技术标准的影响与形成的述评[J]. 技术经济与管理研究，2013(1)：36-40.

[4] 曹虹剑.模块化、产业标准与创新驱动发展：基于战略性新兴产业的研究[J].复印报刊资料(产业经济)，2017(1)：96-110.

[5] 岑嵘，周立军.基于政策工具视角的中国标准化政策量化分析[J].中国标准化，2021(5)：48-54+65.

[6] 陈菲琼，范良聪.基于合作与竞争的战略联盟稳定性分析[J].管理世界，2007(07)：102-110.

[7] 陈淑梅.标杆欧盟中小企业参与标准化的最佳做法[J].世界标准化与质量管理，2007，(05)：17-20.

[8] 陈涛，朱智洺，王铁男. 组织记忆、知识共享与企业绩效[J]. 研究与发展管理，2015，27(02)：43-55.

[9] 陈雯雯，陈雪梅.技术共同演化与标准制定方法研究[J].科技进步与对策，2014，31(21)：65-69.

[10] 陈瑜，马永驰，李鹏. 新兴技术治理集体行动的实现路径[J].科学学研究，2020，38(7)：1167-1175.

[11] 程波，贾国柱. 改进AHP-BP神经网络算法研究：以建筑企业循环经济评价为例[J]. 管理评论，2015(01)：36-47.

[12] 储节旺，李章超.网络协同创新的作用框架研究[J].情报理论与实践，2017，40(6)：57-62.

[13] 戴万亮，李庆满. 产业集群环境下市场导向对技术标准扩散的影响：有调节的中介效应[J]. 科技进步与对策，2016，33(23)：51-56.

[14] 党兴华，李玲，张巍. 技术创新网络中企业间依赖与合作动机对企

业合作行为的影响研究[J].预测，2010(5): 37-41+47.

[15] 邓泳红，张其仔.中国应对第四次工业革命的战略选择[J].中州学刊，2015(06): 23-28.

[16] 丁彦辞. 国际自动机工程师学会标准化治理模式研究及其对我国团体标准化工作的启示[J]. 标准科学，2020(05): 112-115.

[17] 杜传忠，郭美晨.第四次工业革命与要素生产率提升[J].广东社会科学，2017(5): 5-13+254.

[18] 杜传忠，陈维宣.全球新一代信息技术标准竞争态势及中国的应对战略[J].社会科学战线，2019(06): 89-100+282.

[19] 杜传忠.信息通信技术(ICT)产业的标准竞争绩效与政府公共政策选择: 基于信息通信技术(ICT)产业的视角[J].软科学，2008，22(10): 63-66.

[20] 杜玫玫. 产品生命周期理论和技术标准战略[J]. 大众标准化，2010(1): 3-5.

[21] 杜晓君，王小干，夏冬.基于不同标准的竞争性专利联盟的市场绩效研究[J].科研管理，2012(07): 74-80.

[22] 段进，鹿勤，张伟，等. 团体标准新进程[J]. 城市规划，2019，43(05): 33-39+47.

[23] 樊哲，臧兴杰，容伟结.智能门锁标准体系构建研究[J].标准科学，2020(10): 41-45.

[24] 范维熙，费钟琳.基于德温特专利引文网络的技术演进路径研究: 以太阳能电池技术为例[J].情报杂志，2014(11): 62-66.

[25] 方放，康儿丽.团体标准组织内部治理困境探析与路径优化: 基于三圈理论视角[J].标准科学，2018(07): 46-54.

[26] 方放，李贝贝，杨晓春.国外团体标准监管经验及对我国的启示[J].标准科学，2021(12): 32-37.

[27] 方放，刘灿.团体标准裂化、元治理与政府作用机制[J].公共管理学报，2018，15(01): 23-32+154.

[28] 方放，吴慧霞.团体标准设定的公共治理模式研究[J].中国软科学，2017(02): 66-75.

[29] 方世世，周立军，杨静，等.国家标准合作网络结构特征及驱动模式: 以数字经济领域为例[J].中国科技论坛，2020(5): 82-90+117.

[30] 方亚琴，夏建中. 社区治理中的社会资本培育[J]. 中国社会科学，2019(7): 64-84.

[31] 弗朗西斯·福山，曹义. 社会资本、公民社会与发展[J]. 马克思主义与现实，2003(2)：36-45.

[32] 高俊光，赵诗雨，陈劲. 技术标准形成过程中规制的作用机理研究综述：规制主体视角[J]. 科技进步与对策，2019，36(04)：154-160.

[33] 高俊光，单伟，荣凯.基于技术创新的规制主体在标准竞争中的作用[J].科技进步与对策，2012，29(14)：5-10.

[34] 高俊光，单伟.经济路径是技术标准形成的动力：关于技术标准形成路径的实证研究[J].经济问题探索，2012(06)：120-125.

[35] 高俊光.面向技术创新的技术标准形成路径实证研究[J].研究与发展管理，2012(01)：11-17.

[36] 高磊，任元彪，王铁龙，等. 乡村振兴背景下森林食品区域品牌创建路径研究：基于多主体协同视角的扎根[J]. 北京林业大学学报(社会科学版)，2021，20(3)：65-72.

[37] 高伟. 浅谈桑蚕一代杂交种平附种母蛾微粒子检疫广西地方标准与行业标准中的一些数理关系[J]. 中国蚕业，2011，32(03)：60-63.

[38] 高照军. 全球产业链嵌入视角下技术标准联盟跨层次知识外溢的过程机理[J]. 管理现代化，2015(5)：48-50.

[39] 葛明，聂平平. 区域性国际组织协作的集体行动逻辑分析：以上海合作组织为例[J]. 上海行政学院学报，2017，18(6)：100-109.

[40] 顾孟洁.世界标准化发展史新探(1)[J].世界标准化与质量管理，2001(2)：24-26.

[41] 关皓元，梁勤儒，谷雨. 区域创新环境对广东工业专业镇创新绩效影响实证研究[J]. 科技管理研究，2016，36(9)：94-99.

[42] 广东省政策研究室.广东顺德组建专利联盟促行业转型升级的经验与启示[J].中国发明与专利，2012(03)：35-36.

[43] 郭晨光.加强国际标准化工作 培育和发展国际竞争新优势[J].质量与标准化.2011(10)：5-8.

[44] 郭思月，魏玉梅，滕广青，等.基于专利引用的技术竞争情报分析：以5G关键技术为例[J].情报理论与实践，2019，42(12)：1-7.

[45] 韩可卫.欧盟、美国、日本标准化战略比较分析及借鉴[J].科技管理研究. 2009，29(03)：229-231.

[46] 何艳玲，蔡禾. 中国城市基层自治组织的“内卷化”及其成因[J]. 中山大学学报(社会科学版)，2005，45(5)：104-109.

[47] 何鹰. 强制性标准的法律地位：司法裁判中的表达[J]. 政法论坛(中

国政法大学学报), 2010, 28(02): 179-185.

[48] 洪欢, 周立军, 郑素丽, 等.1998—2017年国际上关于标准化与治理问题的研究脉络[J].科技管理研究, 2019, 39(19): 206-212.

[49] 侯亮, 唐任仲, 徐燕申.产品模块化设计理论、技术与应用研究进展[J].机械工程学报, 2004, 40(1): 56-61.

[50] 胡培战. 基于生命周期理论的我国技术标准战略研究[J]. 国际贸易问题, 2006(02): 84-89.

[51] 黄炳凯, 耿献辉.地理标志农产品生产者机会主义行为治理研究: 基于集体行动视角[J].经济与管理, 2022, 36(02): 19-26.

[52] 黄培伦, 尚航标, 李海峰.组织能力: 资源基础理论的静态观与动态观辨析[J]. 管理学报, 2009(8): 1104-1110.

[53] 黄群慧, 贺俊."第三次工业革命"与中国经济发展战略调整: 技术经济范式转变的视角[J].中国工业经济, 2013(1): 5-18.

[54] 黄诗琳, 胡葳, 王娟.新标准化法视野下的红木家具联盟标准案例分析[J].标准科学, 2019(05): 68-73.

[55] 江小莉, 王凌宇, 许安心.社区治理共同体的动力机制构建及路径: 破解"奥尔森困境"的视角[J].东南学术, 2021(03): 105-114.

[56] 姜红, 孙舒榆, 吴玉浩. 知识创新驱动的标准竞争行为研究: 生命周期视角[J]. 情报杂志, 2018, 37(11): 62-68.

[57] 姜红, 吴玉浩, 高思芃. 技术标准化与知识管理关系研究: 生命周期视角[J]. 科技进步与对策, 2018, 35(13): 18-27.

[58] 姜红, 刘文韬, 孙舒榆.知识整合能力、联盟管理能力与标准联盟绩效[J].科学学研究, 2019, 37(09): 1617-1625.

[59] 姜红, 陆晓芳, 余海晴.技术标准化对产业创新的作用机理研究[J].社会科学战线, 2010(09): 73-79.

[60] 姜红, 吴玉浩, 高思芃.基于专利分析的技术标准化能力演化过程研究[J].情报杂志, 2018, 37(07): 66-73.

[61] 焦李成, 杨淑媛, 刘芳, 等. 神经网络七十年: 回顾与展望[J]. 计算机学报, 2016, 39(08): 1697-1716.

[62] 金陈飞, 林志明, 吴宝, 等.供给侧改革视角下的团体标准生产率效应: 基于"浙江制造"的微观证据[J].科技管理研究, 2021, 41(23): 72-81.

[63] 康俊生, 晏绍庆. 对社会团体标准发展的分析与思考[J]. 标准科学, 2015(3): 6-9.

[64] 李保红, 吕廷杰.从产品生命周期理论到标准的生命周期理论[J].世

界标准化与质量管理，2005(09)：12–14.

[65] 李东泉，王瑛. 集体行动困境的应对之道：以广州市老旧小区加装电梯工作为例[J]. 北京行政学院学报，2021(01)：28–35.

[66] 李东泉. 新型城镇化进程中社区治理促进市民化目标实现的条件、机制与路径[J]. 同济大学学报(社会科学版)，2021，32(3)：82–91.

[67] 李冬梅，宋志红.网络模式、标准联盟与主导设计的产生[J].科学学研究，2017，35(03)：428–437.

[68] 李金华.第四次工业革命的兴起与中国的行动选择[J].新疆师范大学学报(哲学社会科学版)，2018，39(03)：77–86+2.

[69] 李兰，张泰，李燕斌，等. 新常态下的企业创新：现状、问题与对策——2015· 中国企业家成长与发展专题调查报告[J]. 管理世界，2015(6)：22–33.

[70] 李龙一，张炎生.基于主导设计的技术标准形成研究[J].科学学与科学技术管理，2009(06)：37–42.

[71] 李庆满，戴万亮，王乐.产业集群环境下网络权力对技术标准扩散的影响：知识转移与技术创新的链式中介作用[J].科技进步与对策，2019，36(08)：28–34.

[72] 李庆满，杨皎平，赵宏霞.集群内外竞争、标准网络外部性对标准联盟组建意愿和创新绩效的影响[J].管理科学，2018，31(02)：45–58.

[73] 李薇，龙勇. 竞争性战略联盟的合作效应研究[J].科研管理，2010，31(1)：160–169.

[74] 李薇，李天赋.国内技术标准联盟组织模式研究：从政府介入视角[J].科技进步与对策，2013，30(08)：25–31.

[75] 李晓娣，张小燕，侯建.高科技企业技术标准化驱动创新绩效机理：创新生态系统网络特性视角[J].管理评论，2020，32(05)：96–108.

[76] 李艳华，崔文岳.技术标准形成过程中的企业间博弈分析及政策设计[J].科技管理研究，2018，38(08)：66–71.

[77] 李再扬，杨少华.移动通信技术标准化的国家战略与企业战略[J].科研管理，2005(04)：45–51.

[78] 李兆军，余方，周素红，等.从ASTM百年发展史看团标发展未来[J].学会，2016(08)：12–15.

[79] 廖丽.美国知识产权执法战略及中国应对[J].法学评论，2015，33(05)：130–139.

[80] 刘春青，于婷婷. 论国外强制性标准与技术法规的关系[J]. 科技与法律，2010(05)：39–44.

[81] 刘辉，王益谊，付强.美国自愿性标准体系评析[J].中国标准化. 2014(03): 83-86+91.

[82] 刘三江，梁正，刘辉. 强制性标准的性质：文献与展望[J]. 学术界，2016(02): 79-89+326.

[83] 刘三江，刘辉.中国标准化体制改革思路及路径[J].中国软科学，2015(07): 1-12.

[84] 刘珊，庄雨晴.从冲突、融合到战略运用：专利与技术标准研究综述与展望[J].管理学报，2016，13(04): 624-630.

[85] 刘思薇，周立军，杨静，等.人工智能产业技术标准合作网络演化与主体识别：基于社会网络分析法与TOPSIS熵权法[J].科技管理研究，2022，42(06): 143-152.

[86] 刘思薇，周立军，杨静，等.我国市场主导制定标准发展政策量化评价[J].信息技术与标准化，2022(04): 31-37.

[87] 刘堂义，申华，杨华元，等. 关于"电针治疗仪行业标准"有关问题探讨[J]. 中国针灸，2016(01): 99-101.

[88] 刘湘丽. 第四次工业革命的机遇与挑战[J]. 新疆师范大学学报(哲学社会科学版)，2019，40(1): 123-130.

[89] 刘鑫，张栋，林晶晶.高铁潜在标准必要专利的竞争预警分析及其政策启示：一个标准与专利关联分析的新框架[J].中国软科学，2020(08): 36-46.

[90] 刘伊生，华梦圆，叶美芳. 我国工程建设技术标准国际化影响因素及机理研究[J]. 建设科技，2012(24): 79-81.

[91] 柳得安. 行业标准《舞台灯具光度测试与标注》的解读与执行[J]. 演艺设备与科技，2007(04): 27-31.

[92] 柳经纬，聂爱轩.我国标准化法制的现代转型：以《标准化法》的修订为对象[J].浙江大学学报(人文社会科学版)，2021，51(01): 69-80.

[93] 龙贺兴，林素娇，刘金龙. 成立社区林业股份合作组织的集体行动何以可能？——基于福建省沙县 X 村股份林场的案例[J]. 中国农村经济，2017(8): 2-17.

[94] 龙艺璇，安源，王东晋，等.基于改进LDA模型的铁路领域主题发现研究[J].数字图书馆论坛，2022(02): 26-32.

[95] 卢宏宇，余晓.知识转化如何影响企业标准化能力：技术能力的中介效应[J].中国管理科学，2021，29(12): 215-226.

[96] 陆正丰，周立军，杨静，等.基于科学知识图谱的标准扩散研究热点、

演进分析与展望[J].科技管理研究，2021，41(22)：154-160.

[97] 陆正丰，周立军，杨静，等.全球移动通信标准合作发展变迁研究：以4G为例[J].标准科学，2021(08)：42-48.

[98] 罗建强，戴冬烨，李丫丫.基于技术生命周期的服务创新轨道演化路径[J].科学学研究，2020，38(04)：759-768.

[99] 马海华，孙楫舟，甄彤，等. 我国国家标准和行业标准中黄曲霉毒素测定方法综述[J]. 食品工业科技，2016，37(06)：360-366.

[100] 马鹏超，朱玉春. 河长制背景下制度能力对村民水环境治理决策行为的影响：基于Double-Hurdle模型[J]. 中国农业大学学报，2021，26(4)：201-212.

[101] 潘慧.企业知识产权战略的先锋：华为与中兴[J].广东科技，2007(5)：15-16.

[102] 彭飞，韩增林，杨俊，等. 基于BP神经网络的中国沿海地区海洋经济系统脆弱性时空分异研究[J]. 资源科学，2015(12)：2441-2450.

[103] 彭长生，孟令杰. 异质性偏好与集体行动的均衡：一个理论分析框架[J]. 南开经济研究，2007(6)：142-150.

[104] 邱均平，沈超.基于LDA模型的国内大数据研究热点主题分析[J].现代情报，2021，41(09)：22-31.

[105] 瞿羽扬，周立军，杨静，等.基于技术标准生命周期的移动通信产业演化路径[J].情报杂志，2021，40(05)：84-91.

[106] 瞿羽扬，周立军，杨静，等.数字经济领域上市公司技术标准化能力对绩效的影响研究[J].科技管理研究，2021，41(07)：59-63.

[107] 任大鹏，郭海霞. 合作社制度的理想主义与现实主义：基于集体行动理论视角的思考[J]. 农业经济问题，2008(3)：90-94.

[108] 邵吕深，周立军，杨静，等.我国团体标准网络特征及合作模式研究：基于信息与通信技术行业的分析[J].科技管理研究，2020，40(12)：180-186.

[109] 沈荣华，何瑞文. 奥尔森的集体行动理论逻辑[J]. 黑龙江社会科学，2014(2)：49-53.

[110] 舒辉，刘芸. 基于标准生命周期的技术标准中专利许可问题的研究[J]. 江西财经大学学报，2014(05)：49-59.

[111] 宋明顺，范馨怡，周立军，等. 标准在推动"一带一路"贸易畅通中的作用研究[J]. 标准科学，2018(6)：64-69.

[112] 宋明顺，王玉珏.德国标准化及其对我国标准化改革的启示[J].中国标准化，2016(02)：96-100.

[113] 宋研，晏鹰. 农村合作组织与公共水资源供给：异质性视角下的社群集体行动问题[J]. 经济与管理研究，2011(6)：44-51.

[114] 苏中锋，谢恩，李垣.基于不同动机的联盟控制方式选择及其对联盟绩效的影响：中国企业联盟的实证分析[J].南开管理评论，2007(05)：4-11.

[115] 孙冰，刘晨，田胜男.社会网络视角下联盟成员合作关系对技术标准形成的影响[J].科技进步与对策，2021，38(04)：21-27.

[116] 孙韶辉，高秋彬，杜滢，等.第5代移动通信系统的设计与标准化进展[J].北京邮电大学学报，2018(05)：26-43.

[117] 孙耀吾，裴蓓.企业技术标准联盟治理综述[J].软科学，2009(01)：65-69.

[118] 孙瑜，卢凤君，周飞跃，等. 技术标准与科技研发关系的研究[J]. 农业质量标准，2007(02)：45-47.

[119] 锁利铭.制度性集体行动框架下的卫生防疫区域治理：理论、经验与对策[J]. 学海，2020(2)：53-61.

[120] 谭劲松，林润辉.TD-SCDMA与电信行业标准竞争的战略选择[J].管理世界，2006(06)：71-84+173.

[121] 谭启平. 符合强制性标准与侵权责任承担的关系[J]. 中国法学. 2017(04)：174-187.

[122] 唐锋，谭晶荣，孙林. 中国农食产品标准“国际化”的贸易效应分析：基于不同标准分类的Heckman模型[J]. 现代经济探讨，2018(04)：116-124.

[123] 唐馥馨，张大亮，张爽.后发企业自主国际技术标准的形成路径研究：以浙大中控EPA标准为例[J].管理学报，2011(07)：974-979.

[124] 田博文，田志龙.网络视角下标准制定组织多元主体互动规律研究[J].管理学报，2016，13(12)：1775-1785.

[125] 田博文，田志龙. 标准制定组织的国外研究述评：现状、趋势和对我国的启示[J]. 软科学，2014(12)：130-134.

[126] 田博文，高潇潇，姜伊朦.新能源汽车产业技术标准化如何发展：基于网络构建和创新价值链的标准文本分析[J].技术经济，2020，39(05)：18-28.

[127] 田博文，田志龙，史俊.分散的行动者与物联网技术标准化发展战略[J].科技进步与对策，2017，34(01)：44-52.

[128] 田毅鹏. 老年群体与都市公共性构建[J]. 福建论坛(人文社会科学版)，2011(10)：191-196.

[129] 万雨龙，欧慧敏，魏静琼.基于全国团体标准信息平台数据的团体标准发展现状与对策研究[J].标准科学，2018(07): 73–77.

[130] 王博，刘则渊，刘盛博.我国新能源汽车产业技术标准演进路径研究[J].科研管理，2020，41(03): 12–22.

[131] 王道平，韦小彦，方放.基于技术标准特征的标准研发联盟合作伙伴选择研究[J].科研管理，2015，36(01): 81–89.

[132] 王刚，唐沂芬，苏前伟. 构建“和谐收费站”的调查与思考[C]. 公路交通与建设论坛(2009)，2010：465–467.

[133] 王刚.公共物品供给的集体行动问题：兼论奥尔森集体行动的逻辑[J].重庆大学学报(社会科学版)，2013(04): 61–66.

[134] 王国勤.当前中国“集体行动”研究述评[J].学术界，2007(05): 264–273.

[135] 王国顺，袁信.高科技产业技术标准战略联盟治理研究[J].科技进步与对策，2007(07): 65–68.

[136] 王健一，李金忠，凌愍，等. 新版电力行业标准《变压器油中溶解气体分析判断导则》解读[J]. 变压器，2014(12): 49–53.

[137] 王连接，王开春，黄勤钲，等. 海绵城市建设地方标准体系构建初探[J]. 给水排水，2019，55(12): 47–51+58.

[138] 王平，梁正，迪特・恩斯特. 我国自愿性标准化体制改革的愿景和挑战：试论市场经济条件下产业标准化自组织[J]. 中国标准化，2015(9): 49–56.

[139] 王平，梁正. 我国协会和联盟的标准化发展研究[J]. 中国标准化，2013(8): 59–62.

[140] 王平，梁正.我国非营利标准化组织发展现状：基于组织特征的案例研究[J].中国标准化，2016(14): 100–110.

[141] 王平. ISO的起源及其三个发展阶段：墨菲和耶茨对ISO历史的考察[J]. 中国标准化，2015(07): 61–67.

[142] 王珊珊，刘雪松，林艳.技术标准化的政府功能定位与行为模式[J].科技管理研究，2016，36(19): 40–44+51.

[143] 王珊珊，王宏起，邓敬斐.产业联盟技术标准化过程及政府支持策略研究[J].科学学研究，2012，30(3): 380–386.

[144] 王珊珊，王宏起，李力.技术标准联盟的专利价值评估体系与专利筛选规则[J].科技与管理，2015，17(01): 1–5.

[145] 王珊珊，许艳真，李力. 新兴产业技术标准化：过程、网络属性及演

化规律[J].科学学研究，2014(8)：1181–1188.

[146] 王亚华，高瑞，孟庆国. 中国农村公共事务治理的危机与响应[J]. 清华大学学报(哲学社会科学版)，2016，31(2)：23–29.

[147] 王亚华，舒全峰.公共事物治理的集体行动研究评述与展望[J].中国人口·资源与环境，2021，31(04)：118–131.

[148] 王亚莉，宋占岭. 基于F–AHP 法的科研项目评价方法[J]. 商场现代化，2008(21)：25–26.

[149] 王忠敏. 产业变革大趋势下的标准化思考[J]. 中国标准化，2017(01)：49–51.

[150] 文金艳，曾德明，徐露允，等.结构洞、网络多样性与企业技术标准化能力[J].科研管理，2020，41(12)：195–203.

[151] 文金艳，曾德明，赵胜超.标准联盟网络资源禀赋、结构嵌入性与企业新产品开发绩效[J].研究与发展管理，2020，32(01)：113–122.

[152] 吴菲菲，米兰，黄鲁成.基于技术标准的企业多主体竞合关系研究[J].科学学研究，2019，37(06)：1043–1052.

[153] 吴文华，张琰飞.技术标准联盟对技术标准确立与扩散的影响研究[J].科学学与科学技术管理，2006，27(04)：44–47+53.

[154] 吴玉浩，单玉坤，姜红.数字驱动下技术标准联盟的运行与动力机制研究：基于知识场视角[J].技术经济与管理研究，2022(03)：15–19.

[155] 吴玉浩，姜红，Henkde Vries.面向标准竞争优势的动态知识管理能力：形成机理与提升路径[J].情报杂志，2019，38(12)：200–208.

[156] 吴玉浩，姜红，刘文韬.基于知识流动视角的“标准化+知识”战略协同机制研究[J].情报杂志，2018，37(08)：180–185+194.

[157] 吴玉浩，姜红，孙舒榆.知识生态视角下技术标准联盟的稳态机制研究[J].情报理论与实践，2019，42(10)：63–70.

[158] 肖念涛，谢赤.中小企业财政支持政策评价指标体系的理论框架分析[J].湖南大学学报(社会科学版)，2013(5)：51–56.

[159] 肖振鑫，高山行. 技术驱动、政府推动与企业探索性创新：基于产业竞争范式和制度理论的双重视角[J]. 科学学与科学技术管理，2015(03)：46–55.

[160] 熊文，赵思萌，王旭，等.参与标准研制对企业绩效有影响吗？：战略性新兴产业的研究[J].管理工程学报，2022，36(02)：37–48.

[161] 徐明华，史瑶瑶.技术标准形成的影响因素分析及其对我国ICT产业标准战略的启示[J].科学学与科学技术管理.2007，28(9)：5–9.

[162] 严清清，胡建绩.技术标准联盟及其支撑理论研究[J]. 研究与发展管理，2007，19(01)：100–104.

[163] 杨安怀.日本标准化制度的发展变化及给我们的启示[J].现代日本经济. 2005(01)：17–22.

[164] 杨皎平，李庆满，张恒俊. 关系强度、知识转移和知识整合对技术标准联盟合作绩效的影响[J]. 标准科学，2022(06)：6–15.

[165] 杨静，方世世，周立军，等.技术创新与标准化协同发展的省域差异动态研究[J].标准科学. 2022，(06)：6–15.

[166] 杨坤，胡斌，吴莹.分布式创新网络知识协同空间：概念、系统模型及研究展望[J].科技进步与对策，2016，33(15)：126–132.

[167] 杨武，吴海燕，杨成鹏.基于“技术—市场—规制”模型的技术标准竞争力综合评价研究[J].研究与发展管理，2010，22(01)：18–25.

[168] 杨震宁，范黎波，曾丽华. 跨国技术战略联盟合作、战略动机与联盟稳定[J]. 科学学研究，2015，33(8)：1161–1173.

[169] 杨震宁，赵红，刘昕颖. 技术战略联盟的驱动力、合作优化与联盟稳定[J]. 科学学研究，2018，36(4)：691–700.

[170] 叶芳. 集体行动逻辑下的金砖国家金融合作机制：基于区域间国际公共产品视角[J]. 财政研究，2018(4)：98–107.

[171] 叶萌，祝合良.标准化对我国物流业经济增长的影响：基于C–D生产函数及主成分分析法的实证研究[J].中国流通经济，2018，32(06)：25–36.

[172] 应献，陈璋.“品字标浙江制造”团体标准现状分析与思考：以台州市为例[J].中国标准化，2022(07)：166–169.

[173] 于航宇，樊永祥. 我国食品安全地方标准存在的问题及管理建议[J].中国食品卫生杂志，2016，28(02)：230–234.

[174] 虞舒文，周立军，杨静，等.团体标准发展推进政策的区域比较及优化路径研究[J].标准科学，2022(01)：26–31.

[175] 虞舒文，周立军，杨静.产业技术标准化全过程影响机制：系统动力学方法[J].标准科学，2022(09)：11–16.

[176] 臧树伟，陈红花.本土品牌厂商创新赶超路径演化研究[J].科学学研究，2020，38(06)：1132–1141.

[177] 曾德明，王媛，徐露允.技术多元化、标准化能力与企业创新绩效[J].科研管理，2019，40(09)：181–189.

[178] 曾德明，吴传荣，吴文华.技术标准化与高新技术企业集群的发展[J].

科技管理研究，2005，25(10)：64-66+78.

[179] 曾德明，伍燕妩，吴文华.企业技术标准化能力指标体系构建[J].科技管理研究，2005，25(08)：168-171.

[180] 曾德明，邹思明，张运生.网络位置、技术多元化与企业在技术标准制定中的影响力研究[J].管理学报，2015(02)：198-206.

[181] 张奔.国内外高速轨道技术生命周期特征的比较与启示：基于专利视角[J].情报杂志，2020，39(01)：83-90.

[182] 张晨，严瑶婷."选择性在场"：都市社区集体行动中的"单位制"——以S市H小区"车库维权"事件为例[J]. 新视野，2016(2)：111-117.

[183] 张立，王亚华. 集体经济如何影响村庄集体行动：以农户参与灌溉设施供给为例[J]. 中国农村经济，2021(07)：44-64.

[184] 张米尔，国伟，纪勇.技术专利与技术标准相互作用的实证研究[J].科研管理，2013，34(04)：68-73.

[185] 张明兰.德国标准化战略[J].上海标准化，2006(08)：32-36.

[186] 张三保，费菲.政府参与标准竞争：案例研究与理论探讨[J].经济管理. 2008，30(C1)：166-170.

[187] 张肖虎，杨桂红. 组织能力与战略管理研究：一个理论综述[J]. 经济问题探索，2010(10)：65-69.

[188] 张琰飞，吴文华.信息产业技术标准联盟发展阶段理论研究[J].科学学与科学技术管理，2007(10)：15-19+40.

[189] 张永安，耿喆.我国区域科技创新政策的量化评价：基于PMC指数模型[J].科技管理研究，2015，35(14)：26-31.

[190] 张永安，郄海拓.国务院创新政策量化评价：基于PMC指数模型[J].科技进步与对策，2017，34(17)：127-136.

[191] 张永安，郄海拓.金融政策组合对企业技术创新影响的量化评价：基于PMC指数模型[J].科技进步与对策，2017，34(2)：113-121.

[192] 张永安，宋晨晨，王燕妮.对于我国房地产政策中单一项政策的量化评价研究：基于PMC指数模型[J].生产力研究，2017(06)：1-7+22.

[193] 张永安，周怡园.新能源汽车补贴政策工具挖掘及量化评价[J].中国人口·资源与环境，2017，27(10)：188-197.

[194] 张勇，赵剑男，李青青.团体专利：一种专利向标准转化的制度安排[J].科研管理，2019，40(05)：203-211.

[195] 张越，余江.新一代信息技术产业发展模式转变的演进机理：以中国蜂窝移动通信产业为例[J].科学学研究，2016，34(12)：1807-1816.

[196] 赵莉晓.基于专利分析的RFID技术预测和专利战略研究：从技术生命周期角度[J].科学学与科学技术管理，2012，33(11)：24–30.

[197] 赵凌云，王永龙. 社会资本理论视野下的农民专业合作组织建设：浙北芦溪村农民青鱼专业合作社的个案研究[J]. 当代经济研究，2008(8)：51–55.

[198] 赵亚军，郁光辉，徐汉青.6G移动通信网络：愿景、挑战与关键技术[J].中国科学(信息科学)，2019，49(08)：963–987.

[199] 郑小勇. 集群企业外生性集体行动的影响因素效度检验[J]. 科研管理，2009(1)：171–181.

[200] 郑旭涛. 集体行动：概念比较中的理解[J]. 探索，2020(4)：64–75.

[201] 郭江，黄杰. 发挥国际标准作用　促进世界互联互通：支树平、怀进鹏、朱从玖、李群等应邀在第39届ISO大会上演讲[J]. 仪器仪表标准化与计量，2016(05)：27.

[202] 钟华，邓辉.基于技术生命周期的专利组合判别研究[J].图书情报工作，2012，56(18)：87–92.

[203] 钟章奇，何凌云.演化经济视角下技术创新扩散驱动的区域产业结构演化：一个新的理论分析框架[J].经济问题探索，2020(04)：161–172.

[204] 周立军，王美萍.国外团体标准发展经验研究：以ASTM国际标准组织为例[J].标准科学，2016(10)：106–120.

[205] 周立军，郑素丽. 工业革命进程与标准化发展：回顾与展望[J]. 标准科学，2019(01)：47–53.

[206] 周立军，瞿羽扬，刘思薇，等.我国人工智能产业技术标准形成能力的空间非均衡及分布动态演进[J].经济问题探索，2023(02)：81–95.

[207] 周立军，杨静，樊梦婷，等.2016年以来我国团体标准化发展与挑战[J].标准科学，2022(12)：29–35.

[208] 周青，吴童祯，杨伟，等.面向“一带一路”企业技术标准联盟的驱动因素与作用机制研究：基于文本挖掘和程序化扎根理论融合方法[J].南开管理评论，2021，24(03)：150–161.

[209] 周阳，周冬梅，丁奕文，等.军民融合技术转移的路径演化及其驱动因素研究：“中物技术”2004—2017案例研究[J].管理评论，2020，32(06)：323–336.

[210] 朱磊，徐晓彤，王春燕.产业环境、管理者任期与企业双元创新投资：来自创业板的经验数据[J].证券市场导报，2017(06)：4–11+19.

[211] 朱宪辰，李玉连. 领导、追随与社群合作的集体行动：行业协会反

倾销诉讼的案例分析[J]. 经济学(季刊), 2007(2): 581-596.

[212] 朱晓峰. 生命周期方法论[J]. 科学学研究, 2004(06): 566-571.

[213] 祝鑫梅, 余晓, 刘文婷, 等.市场、政策和成员网络驱动技术标准联盟发展: 浙江省泵阀联盟的实证[J].科技管理研究, 2018, 38(16): 177-182.

[214] 祝鑫梅, 余晓, 卢宏宇.中国标准化政策演进研究: 基于文本量化分析[J].科研管理, 2019, 40(7): 12-21.

[215] 邹钰莹, 娄峥嵘.中央层面养老服务政策内容量化评价: 基于PMC指数模型的分析[J].电子科技大学学报(社科版), 2020, 22(3): 68-76.

[216] 2005年中国工程建设标准化协会标准汇总[J].工程建设标准化, 2006(02): 15.

[217] Ackley D H, Hinton G E, Sejnowski T J. A learning algorithm for elmholtz machines[J]. Cognitive Science, 1985, 9(1): 147-169.

[218] Adhikari B, Di Falco S, Lovett J C. Household characteristics and forest dependency: evidence from common property forest management in Nepal[J]. Ecological Economics, 2004, 48(2): 245-257.

[219] Akgün A E, Keskin H, Byrne J. The role of organizational emotional memory on declarative and procedural memory and firm innovativeness[J]. Journal of Product Innovation Management, 2012, 29(3): 432-451.

[220] Alam M, Nagashima K, Tanimoto J. Various error settings bring different noise-driven effects on network reciprocity in spatial prisoner's dilemma[J]. Chaos, Solitons & Fractals, 2018, 114: 338-346.

[221] Techatassanasoontorn A A, Shuguang S. Influences on standards adoption in de facto standardization[J]. Information Technology and Management, 2011, 12(4): 357-385.

[222] Anton J J, Yao D A. Standard-setting consortia, antitrust, and high-technology industries[J]. Antitrust LJ, 1995(64): 247-265.

[223] Audenrode M V, Royerj, Stitzingr, et al. Over-declaration of standard essential patent sand determinants of essentiality[J]. Social Science Electronic Publishing, 2017, 3(12): 1-38.

[224] Bardhan P. Analytics of the institutions of informal cooperation in rural development[J]. World Development, 1993, 21(4): 633-639.

[225] Bardhan P. Symposium on management of local commons[J]. Journal of Economic Perspectives, 1993, 7(4): 87-92.

[226] Baron J, Pohlmann T. Mapping standards to patents using declarations

of standard–essential patents[J]. Journal of Economics & Management Strategy, 2018, 27(3): 504–534.

[227] Baron J, Spulber D F. Technology standards and standard setting organizations: Introduction to the searle center database[J]. Journal of Economics & Management Strategy, 2018, 27(3): 462–503.

[228] Bekkers R, Bongard R, Nuvolari A. An empirical study on the determinants of essential patent claims in compatibility standards[J]. Research Policy, 2011, 40(7): 1001–1015.

[229] Bekkers R, Duysters G, Verspagen B. Intellectual property rights, strategic technology agreements and market structure: The case of GSM[J]. Research Policy, 2002, 31(7): 1141–1161.

[230] Bekkers R, Martinelli A, Tamagni F. The impact of including standards–related documentation in patent prior art: Evidence from an EPO policy change[J]. Research Policy, 2020, 49(7): 104007.

[231] Bekkers R, Martinelli A. Knowledge positions in high–tech markets: Trajectories, standards, strategies and true innovators[J]. Technological Forecasting and Social Change, 2012, 79(7): 1192–1216.

[232] Belleflamme P. Coordination on formal vs. de facto standards: a dynamic approach[J]. European Journal of Political Economy, 2002(18), 153–176.

[233] Berger F, Blind K, Thumm N. Filing behaviour regarding essential patents in industry standards[J]. Research Policy, 2012, 41(1): 216–225.

[234] Blei D M, Ng A Y, Jordan M I. Latentdirichlet Allocation[J].The Journal of Machine Learning Research, 2003(3): 993—1022.

[235] Blind K, Mangelsdorf A. Motives to standardize: Empirical evidence from Germany[J]. Technovation, 2016(48–49): 13–24.

[236] Blind K, Petersen S S, Riillo C A F. The impact of standards and regulation on innovation in uncertain markets[J]. Research Policy, 2017, 46(1): 249–264.

[237] Blind K, Thumm N. Interrelation between patenting and standardisation strategies: empirical evidence and policy implications[J]. Research Policy, 2004, 33(10): 1583–1598.

[238] Blind K. An economic analysis of standards competition: the example of the ISO ODF and OOXML standards[J]. Telecommunications Policy, 2001(35): 373–381.

[239] Blind K. The influence of regulations on innovation: A quantitative

assessment for OECD countries[J]. Research Policy, 2012, 41(2): 391–400.

[240] Bonino M J, Spring M B. Standards as change agents in the information technology market[J]. Computer Standards & Interfaces, 1991, 12(2): 97–107.

[241] Brunsson N, Rasche A, Seidl D. The dynamics of standardization: Three perspectives on standards in organization studies[J]. Organization Studies, 2012, 33(5–6): 613–632.

[242] Bulow J, Klemperer P. The generalized war of attrition[J]. American Economic Review, 1999, 89(1): 175–189.

[243] Burrows J. Information Technology standards in a changing world: the role of the users[J]. Computer Standards & Interfaces, 1999(4–5): 323–331.

[244] Cabral L, Salant D J. Evolving technologies and standards regulation[J]. International Journal of Industrial Organization, 2014(36): 48–56.

[245] Carl Shapiro, Hal R. Varian. The Art of Standards Wars[J]. California Management Review, 1999, 41(2): 8–32.

[246] Casella A. Product Standards and International Trade. Harmonization through Private Coalitions ? [J]. Kyklos, 2001, 54(2–3): 243–264.

[247] Cegarra–Navarro J G, Sánchez–Polo M T. Influence of the open–mindedness culture on organizational memory: an empirical investigation of Spanish SMEs[J]. The International Journal of Human Resource Management, 2011, 22(01): 1–18.

[248] Cenamor J, Usero B, Fernández Z. The role of complementary products on platform adoption: Evidence from the video console market[J]. Technovation, 2013, 33(12), 405–416.

[249] Chen, Forman. Can Vendors Influence Switching Costs and Compatibility in an Environment with Open Standards ? [J]. MIS Quarterly, 2006 (30): 541.

[250] Chiao B, Lerner J, Tirole J. The rules of standard–setting organizations: An empirical analysis[J]. The RAND Journal of Economics, 2007, 38(4): 905–930.

[251] Clapham A. Human rights obligations of non–state actors in conflict situations[J]. International Review of the Red Cross, 2006, 88(863): 491–523.

[252] Cottrell A. Post–Keynesian monetary economics[J]. Cambridge Journal of Economics, 1994, 18(6): 587–605.

[253] Cowan R, David P A, Foray D. The explicit economics of knowledge

codification and tacitness[J]. Industrial and Corporate Change, 2000, 9(2): 211-253.

[254] Cybenko G. Approximation by superpositions of a sigmoidal function[J]. Mathematics of Control, Signals and Ststems, 1989, 2(4): 303-314.

[255] Daemyeong Cho1, Kwangsik Yoon1, Seongin Seol.Technology Standard Competition Analysis in the 4th Wireless Telecommunication Industry Using Evolutionary Game Theory[J].Wireless Personal Communications, 2021(121): 3041-3060.

[256] Dan S M. How interface formats gain market acceptance: The role of developers and format characteristics in the development of de facto standards[J]. Technovation, 2019(88): issue C.

[257] Das T K, Teng B S. A resource-based theory of strategic alliances[J]. Journal of Management, 2000, 26(1): 31-61.

[258] Das T K, Teng B S. Instabilities of strategic alliances: An internal tensions perspective[J]. Organization Science, 2000, 11(1): 77-101.

[259] David P A, Greenstein S. The economics of compatibility standards: An introduction to recent research[J]. Economics of Innovation and New Technology, 1990, 1(1-2): 3-41.

[260] de Reuver M, Verschuur E, Nikayin F, et al. Collective action for mobile payment platforms: A case study on collaboration issues between banks and telecom operators[J]. Electronic Commerce Research and Applications, 2015, 14(5): 331-344.

[261] Delcamp H, Leiponen A. Innovating standards through informal consortia: The case of wireless telecommunications[J]. International Journal of Industrial Organization, 2014(36): 36-47.

[262] Den Uijl L C, Jager G, de Graaf C, et al. It is not just a meal, it is an emotional experience-A segmentation of older persons based on the emotions that they associate with mealtimes[J]. Appetite, 2014(83): 287-296.

[263] Den Uijl S, de Vries H J. Pushing technological progress by strategic manoevring: the triumph of Blu-ray over HD-DVD[J]. Business History, 2013 (55): 1361-1384.

[264] Downes A, Twarowski A. The benefits of comparing similar hazards across “sister” plants[J]. Process Safety Progress, 2010, 29(1): 64-69.

[265] Dubé L, Pingali P, Webb P. Paths of convergence for agriculture,

health, and wealth[J]. Proceedings of the National Academy of Sciences, 2012, 109(31): 12294–12301.

[266] Eisenhardt K M, Martin J A. Dynamic capabilities: what are they? [J]. Strategic Management Journal, 2000(21): 1105–1121.

[267] Eisingerich A B, Bell S J, Tracey P. How can clusters sustain performance? The role of network strength, network openness, and environmental uncertainty[J]. Research Policy, 2010, 39(2): 239–253.

[268] Eisingerich A B, Bell S J, Tracey P. How can clusters sustain performance? The role of network strength, network openness, and environmental uncertainty[J]. Research Policy, 2010, 39(2): 239–254.

[269] Ernst D. America's Voluntary Standards System: A'Best Practice'Model for Asian Innovation Policies? [J]. East–west Center Policy Studies Series, 2013 (66): 1–51.

[270] Esteban J, Ray D.Collective action and the group size paradox[J]. American Political Science Review, 2001, 95(3): 663–672.

[271] Estrada M A R. Policy modeling: Definition, classification and evaluation[J]. Journal of Policy Modeling, 2011, 33(4): 523–536.

[272] Fangyu Chen, Yongchang Wei. Evolution of Enterprise Competitiveness in Multiplex Networks of Standards: A Case Study of the Communication Industry in China[J].Complexity, 2020(1): 1–24.

[273] Farina E M M Q, Gutman G E, Lavarello P J, et al. Private and public milk standards in Argentina and Brazil[J]. Food Policy, 2005(30): 302–315.

[274] Farrell J, Hayes J, Shapiro C, et al. Standard setting, patents, and hold–up[J]. Antitrust LJ, 2007(74): 604.

[275] Farrell J, Saloner G. Coordination through committees and markets[J]. RAND Journal of Economics, 1988, 19(2): 235–252.

[276] Farrell J, Simcoe T. Choosing the rules for consensus standardization[J]. The RAND Journal of Economics, 2012, 43(2): 235–252.

[277] Feiock R C. Rational choice and regional governance[J]. Journal of Urban Affairs, 2007, 29(1): 47–63.

[278] Feng S, An H, Li H, et al. The technology convergence of electric vehicles: Exploring promising and potential technology convergence relationships and topics[J]. Journal of Cleaner Production, 2020(260): 120992.

[279] Fernandes M D, Bistritzki V, Domingues R Z, et al. Solid oxide fuel

cell technology paths: National innovation system contributions from Japan and the United States[J]. Renewable and Sustainable Energy Reviews, 2020(127): 109879.

[280] Marwell G, Zald M, McCarthy J. The Dynamics of Social Movements: Resource Mobilization, Social Control, and Tactics[J]. Contemporary Sociology, 1981, 10(1): 146.

[281] Foray D. Users, standards and the economics of coalitions and committees[J]. Information Economics and Policy, 1994, 6(3–4): 269–293.

[282] Friedman D. On economic applications of evolutionary game theory[J]. Journal of Evolutionary Economics, 1998, 23(8): 15–43.

[283] Funahashi K I. On the approximate realization of continuous mappings by neural networks[J]. Neural Networks, 1989, 2(3): 183–192.

[284] Funk J L, Methe D T. Market–and committee–based mechanisms in the creation and diffusion of global industry standards: the case of mobile communication[J]. Research Policy, 2001, 30(4): 589–610.

[285] Gandal N. Compatibility, Standardization, and Network Effects: Some Policy Implications[J]. Oxford Review of Economic Policy, 2002, 18(1), 80–91.

[286] Gao P. Counter–networks in standardization: a perspective of developing countries[J]. Information Systems Journal, 2007, 17(4): 391–420.

[287] Gao X, Liu J. Catching up through the development of technology standard: The case of TD–SCDMA in China[J]. Telecommunications Policy, 2012, 36(7): 531–545.

[288] Gao X. A latecomer's strategy to promote a technology standard: The case of Datang and TD–SCDMA[J]. Research Policy, 2014, 43(3): 597–607.

[289] Goerke L, Holler M J. Voting on standardisation[J]. Public Choice, 1995, 83(3): 337–351.

[290] Goh A T C. Back propagation neural networks for modelingcomplex systems[J]. Artificial Intelligence Inengineering, 1995, 9(3): 143–151.

[291] Goh D, Pang N. Protesting the Singapore government: The role of collective action frames in social media mobilization[J]. Telematics and Informatics, 2016, 33 (2) : 525–533.

[292] Goluchowicz K, Blind K. Identification of future fields of standardisation: an explorative application of the Delphi methodology[J]. Technological Forecasting and Social Change, 2011, 78(9): 1526–1541.

[293] Greenstein G. Periodontal response to mechanical non-surgical therapy: A review[J]. Journal of Periodontology, 1992, 63(2): 118-130.

[294] Gregory T. Standardization in technology-based markets[J]. Research Policy, 2000, 29(4): 587-602.

[295] Hardin C L, Rosenberg A. In defense of convergent realism[J]. Philosophy of Science, 1982, 49(4): 604-615.

[296] Heckathorn D D. Collective action and group heterogeneity: voluntary provision versus selective incentives[J]. American Sociological Review, 1993(58): 329-350.

[297] Hemphill J C, Farrant M, Neill T A. Prospective validation of the ICH Score for 12-month functional outcome[J]. Neurology, 2009, 73(14): 1088-1094.

[298] Henderson R, Cockburn I. Measuring competence? Exploring firm effects in pharmaceutical research[J]. Strategic Management Journal, 1994(15): 63-84.

[299] Hong Jiang, Shukuan Zhao, Yue Yuan, et al. The coupling relationship between standard development and technology advancement: A game theoretical perspective[J].Technological Forecasting and Social Change, 2017(135): 169-177.

[300] Hornik K, Stinchcombe M, White H. Multilayer feed forward networks are universal approximators[J]. Neural Networks, 1989, 2(5): 359-366.

[301] Hughes B B. Local Commons and Global Interdependence: Heterogeneity and Cooperation in Two Domains[J]. American Political Science Review, 1997, 91(1): 236-236.

[302] Hyman J B. Exploring social capital and civic engagement to create a framework for community building[J]. Applied Developmental Science, 2002, 6 (4): 196-202.

[303] Jakobs K. Shaping user-side innovation through standardisation: The example of ICT[J]. Technological Forecasting and Social Change, 2006, 73(1): 27-40.

[304] Jenkins J C, Perrow C. Insurgency of the powerless: Farm worker movements (1946—1972)[J]. American Sociological Review, 1977(42): 249-268.

[305] Jiang H, Gao S, Zhao S, et al. Competition of technology standards in Industry 4.0: An innovation ecosystem perspective[J]. Systems Research and

Behavioral Science, 2020, 37(4): 772–783.

[306] Jiang H, Zhao S, Liu C, et al. The role, formation mechanism, and dynamic mechanism of action of technology standards in industrial systems[J]. Information Technology and Management, 2016, 17(3): 289–302.

[307] Jinyan W, Deming Z, Luyun X, et al. Structural holes, network diversity and firms' technological standardization capability[J]. Science Research Management, 2020, 41(12): 195.

[308] Junjun Hou, Ya Hou, Zijin Li.Patent disclosure strategies of companies participating in standard setting: Based on government regulation perspective[J]. Managerial and Decision Economics, 2022(5): 1–9.

[309] Kang B, Huo D, Motohashi K. Comparison of Chinese and Korean companies in ICT global standardization: essential patent analysis[J]. Telecommunications Policy, 2014, 38(10): 902–914.

[310] Kang J S, Downing S. Keystone effect on entry into two–sided markets: An analysis of the market entry of WiMAX[J]. Technological Forecasting and Social Change, 2015(94): 170–186.

[311] Kang M, Kim Y G, Bock G W. Identifying different ante–cedents for closed vs open knowledge transfer [J]. Journal of Information Science, 2010, 36 (5): 585–602.

[312] Karmel R S, Kelly C R. The Hardening of Soft Law in Securities Regulation[J]. Brooklyn Journal of International Law, 2009, 34(3): 884–950.

[313] Katsoutacos Y, Ulph D. Endogenous spillovers and the performance of research joint ventures[J]. The Journal of Industrial Economics, 1998, 46(3): 333–357.

[314] Katz M L, Shapiro C. Technology adoption in the presence of network externalities[J]. Journal of Political Economy, 1986, 94(4): 822–841.

[315] Kavusan K, Noorderhaven N G, Duysters G M. Knowledge acquisition and complementary specialization in alliances: The impact of technological overlap and alliance experience[J]. Research Policy, 2016, 45(10): 2153–2165.

[316] Kerwer D. Rules that many use: standards and global regulation[J]. Governance, 2005, 18(4): 611–632.

[317] Khanna T, Gulati R, Nohria N. The dynamics of learning alliances: Competition, cooperation, and relative scope[J]. Strategic Management Journal, 1998, 19(3): 193–210.

[318] Kim B, Kim E, Miller D J, et al. The impact of the timing of patents on innovation performance[J]. Research Policy, 2016, 45(4): 914–928.

[319] Kim D. Effects of catch-up and incumbent firms' SEP strategic manoeuvres[J]. Research Policy, 2022, 51(5): 104495.

[320] Kitahara M, Achenbach J D, Guo Q C. Neural network for crack-depth determination from ultrasonic backscattering data[J].Review of Progress in Quantitative Nondestructive Evaluation, 1992(11): 701–708.

[321] Klandermans B. Union commitment: Replications and tests in the Dutch context[J]. Journal of Applied Psychology, 1989, 74(6): 869.

[322] Kolk A, Levy D, Pinkse J. Corporate responses in an emerging climate regime: The institutionalization and commensuration of carbon disclosure[J]. European Accounting Review, 2008, 17(4): 719–745.

[323] Krechmer K. Open standards requirements[J]. International Journal of IT Standards and Standardization Research, 2006, 4(1): 43–61.

[324] Kretchmer N, Beard J L, Carlson S. The role of nutrition in the development of normal cognition[J]. The American Journal of Clinical Nutrition, 1996, 63(6): 997S–1001S.

[325] Kshetri N, Palvia P, Dai H. Chinese institutions and standardization: The case of government support to domestic third generation cellular standard[J]. Telecommunications Policy, 2011, 35(5): 399–412.

[326] Larouche P, Schuett F. Repeated interaction in standard setting[J]. Journal of Economics & Management Strategy, 2019, 28(3): 488–509.

[327] Laakso M. Aphasia as an example of how a communication disorder affects interaction[J]. Hearing Aids Communication, 2012(s): 138–145.

[328] Layne-Farrar A, Lerner J. To join or not to join: Examining patent pool participation and rent sharing rules[J]. International Journal of Industrial Organization, 2011, 29(2): 294–304.

[329] Layne-Farrar A, Padilla A J, Schmalensee R. Pricing patents for licensing in standard-setting organizations: Making sense of frand commitments[J]. Antitrust LJ, 2007(74): 671.

[330] Lee H, Oh S. A standards war waged by a developing country: Understanding international standard setting from the actor-network perspective[J]. The Journal of Strategic Information Systems, 2006, 15(3): 177–195.

[331] Lee W S, Han E J, Sohn S Y. Predicting the pattern of technology

convergence using big-data technology on large-scale triadic patents[J]. Technological Forecasting and Social Change, 2015(100): 317-329.

[332] Lee W S, Sohn S Y. Effects of standardization on the evolution of information and communications technology[J]. Technological Forecasting and Social Change, 2018, 132(C): 308-317.

[333] Leiponen A E. Competing through cooperation: The organization of standard setting in wireless telecommunications[J]. Management Science, 2008, 54(11): 1904-1919.

[334] Lemley M A. Ten things to do about patent holdup of standards (and one not to)[J]. Boston College Law Review, 2007(48): 149.

[335] Leonard-Barton D. Core Capabilities and Core Rigidities: A Paradox in Managing New Product Development[J]. Strategic Management Journal, 1992 (13): 111-125.

[336] Lerner J, Tirole J. Standard-essential patents[J]. Journal of Political Economy, 2015, 123 (3): 547-586.

[337] Lerner J, Tirole J. Standard-essential patents[J]. Journal of Political Economy, 2015, 123(3): 547-586.

[338] Li Y, Guo H, Cooper S Y, et al. The influencing factors of the technology standard alliance collaborative innovation of emerging industry[J]. Sustainability, 2019, 11(24): 6930.

[339] Lichtenthaler U, Muethel M. Retracted: The impact of family involvement on dynamic innovation capabilities: Evidence from German manufacturing firms[J]. Entrepreneurship Theory and Practice, 2012, 36(6): 1235-1253.

[340] Lichtenthaler U. Licensing technology to shape standards: Examining the influence of the industry context[J]. Technological Forecasting and Social Change, 2012, 79(5): 851-861.

[341] Llanes G, Poblete J. Exante agreements in standard setting and patent-pool formation[J]. Journal of Economics & Management Strategy, 2014, 23(1): 50-67.

[342] Llanes G. Exante Agreements and FRAND Commitments in a Repeated Game of Standard-Setting Organizations[J]. Review of Industrial Organization, 2019, 54(1): 159-174.

[343] Lyytinen K, King J L. Standard making: a critical research frontier for

information systems research[J]. MIS Quarterly, 2006(30): 405–411.

[344] M'Chirgui Z. Determinants of success in setting standards coalition: empirical evidence from the standard war of the blue laser DVDs[J]. Applied Economics Letters, 2015, 22(1): 20–24.

[345] Mangelsdorf A, De Vries H, Blind K. External knowledge sourcing and involvement in standardization–Evidence from the community innovation survey[C]. Technology Management Conference, 2012: 1–9.

[346] Mangelsdorf A, Portugal–Perez A, Wilson J S. Food standards and exports: evidence for China[J]. World Trade Review, 2012, 11(3): 507–526.

[347] Mansell R, Hawkins R. Old Roads and New Signposts: Trade Policy Objectives in Telecommunication[J]. Telecommunication: New Signposts to Old Roads, 1992(91): 45.

[348] Marc Rysman, Timothy Simcoe. Patents and the Performance of Voluntary Standard–setting Organizations[J]. Management Science, 2008, 54(11): 1920–1934.

[349] March J G. Exploration and exploitation in organizational learning[J]. Organization Science, 1991, 2(1): 71–87.

[350] Markus M L, Steinfield C W, Wigand R T, et al. Industry–wide information systems standardization as collective action: the case of the U. S. residential mortgage industry [J]. MIS Quarterly, 2006, 30(1): 439–465.

[351] Markus M L, Steinfield C W, Wigand R T.Industry–wide information systems standardization as collective action: the case of the US residential mortgage industry[J]. MIS Quarterly, 2006: 439–465.

[352] Marwell G, Oliver P E, Prahl R. Social networks and collective action: A theory of the critical mass(III)[J]. American Journal of Sociology, 1988, 94(3): 502–534.

[353] Mattli W, Büthe T. Setting international standards: technological rationality or primacy of power? [J]. World Polit, 2003(56): 1–42.

[354] Maynard S.The theory of Games and the Evolution of Animal Conflict[J]. Journal of Theoretical Biology, 1973, (47): 56–60.

[355] Maze A. Standard–setting activities and new institutional economics[J]. Journal of Institutional Economics, 2017, 13(3): 599–621.

[356] McAdam D, Friedman D. Collective identity and activism: Networks, choices, and the life of a social movement[M]. Yale University Press, 1992: 156–173.

[357] Meinzen-Dick R, Raju K V, Gulati A. What affects organization and collective action for managing resources ? Evidence from canal irrigation systems in India[J]. World Development, 2002, 30(4): 649–666.

[358] Moon S, Lee H. The Primary Actors of Technology Standardization in the Manufacturing Industry[J]. IEEE Access, 2021(9): 101886–101901.

[359] Moorman C, Miner A S. Organizational improvisation and organizational memory[J]. Academy of Management Review, 1998, 23(4): 698–723.

[360] Murphy C N. Voluntary Standard Setting: Drivers and Consequences[J]. Ethics & International Affairs, 2015, 29(4): 443–454.

[361] Nahapiet J, Ghoshal S. Social capital, intellectual capital, and the organizational advantage[J]. Academy of Management Review, 1998, 23(2): 242–266.

[362] Nambisan S. Information technology and product/service innovation: A brief assessment and some suggestions for future research[J]. Journal of the Association for Information Systems, 2013, 14(4): 1.

[363] Narayanan V K, Chen T. Research on technology standards: Accomplishment and challenges[J]. Research Policy, 2012, 41(8): 1375–1406.

[364] Nash J F. Equilibrium points in N–Person games[M]//Classics in Game Theory. Princeton, NJ: Princeton University Press, 1997: 3–4.

[365] Neumann J. Zur Theorie der Gesellschaftspiele[J]. Mathematische Annalen, 1928(100): 295–320.

[366] Nevis E C, Dibella A J, Gould J M . Understanding Organizations as Learning Systems–science Direct[J]. Strategic Learning in a Knowledge Economy, 2000: 119–140.

[367] Olson A R. Relational rewards and communicative planning: Understanding actor motivation[J]. Planning Theory, 2008, 8 (3) : 263–281.

[368] Ostrom E. Collective action and the evolution of social norms[J]. Journal of Economic Perspectives, 2000, 14(3): 137–158.

[369] Pohlmann T, Blind K. The interplay of patents and standards for information and communication technologies[J].Praxis der Informationsverarbeiturg und Kommunikation, 2014, 37(3): 189–195.

[370] Prahalad C K, Hamel G. The core competence of the corporation[J]. Harvard Business Review, 1990(3): 79–91.

[371] Ranganathan R, Ghosh A, Rosenkopf L. Competition–cooperation

interplay during multifirm technology coordination: The effect of firm heterogeneity on conflict and consensus in a technology standards organization[J]. Strategic Management Journal, 2018, 39(12): 3193–3221.

[372] Ranganathan R, Rosenkopf L. Do ties really bind? The effect of knowledge and commercialization networks on opposition to standards[J]. Academy of Management Journal, 2014, 57(2): 515–540.

[373] Raymond C M, Brown G, Weber D. The measurement of place attachment: Personal, community, and environmental connections[J]. Journal of Environmental Psychology, 2010, 30(4): 422–434.

[374] Reimers K, Li M. Antecedents of a transaction cost theory of vertical is standardization processes[J]. Electronic Markets, 2005, 15(4): 301–312.

[375] Richardson A. Regulatory networks for accounting and auditing standards: A social network analysis of Canadian and international standard-setting[J]. Accounting, Organizations and Society, 2009 (34): 571–588.

[376] Rowley T, Behrens D, Krackhardt D. Redundant governance structures: An analysis of structural and relational embeddedness in the steel and semiconductor industries[J]. Strategic Management Journal, 2000, 21(3): 369–386.

[377] Rumelhart D E, Hinton G E, Williams R J. Learning repre-sentations by back-propagating errors[J]. Nature, 1986(233): 533–536.

[378] Russell F A, King R, Smillie S J, et al. Calcitonin gene-related peptide: physiology and pathophysiology[J]. Physiological Reviews, 2014, 94(4): 1099–1142.

[379] Rysman M, Simcoe T. Patents and the performance of voluntary standard-setting organizations[J]. Management Science, 2008, 54(11): 1920–1934.

[380] Sanders C L. Accurate measurements of and corrections for nonlinearities in radiometers[J]. Journal of Research of the National Bureau of Standards. Section A, Physics and Chemistry, 1972, 76(5): 437.

[381] Schilling M A. Technology success and failure in winner-take-all markets: the impact of learning OrientationTiming, and network externalities[J]. Academy of Management Journal, 2002(45): 387–3.

[382] Seidl D. General strategy concepts and the ecology of strategy discourses: A systemic-discursive perspective[J]. Organization Studies, 2007, 28 (2): 197–218.

[383] Shin D H, Kim H, Hwang J. Standardization revisited: A critical

literature review on standards and innovation[J]. Computer Standards & Interfaces, 2015(38): 152–157.

[384] Shleifer A, Vishny R W. Politicians and firms[J]. The Quarterly Journal of Economics, 1994, 109(4): 995–1025.

[385] Siegel D A. Social Networks and Collective Action[J]. American Journal of Political Science, 2009, 53(1): 122–138.

[386] Simcoe T. Governing the anticommons: Institutional design for standard–setting organizations[J]. Innovation Policy and the Economy, 2014, 14(1): 99–128.

[387] Simcoe T. Standard setting committees: Consensus governance for shared technology platforms[J]. American Economic Review, 2012, 102(1): 305–36.

[388] Slowak A. Standard–setting capabilities in industrial automation: a collaborative process[J]. Journal of Innovation Economics Management, 2008(2): 147–169.

[389] Snidal D. Coordination versus prisoners' dilemma: Implications for international cooperation and regimes[J]. American Political Science Review, 1985, 79(4): 923–942.

[390] Snow C C, Hrebiniak L G. Strategy, Distinctive Competence, and Organizational Performance[J]. Administrative Science Quarterly, 1980, 25(2): 317–336.

[391] Snow D A, Rochford Jr E B, Worden S K, et al. Frame alignment processes, micromobilization, and movement participation[J]. American Sociological Review, 1986, 51(4): 464–481.

[392] So Young Shhn, Yoonseong Kim.Economic Evaluation Model for International Standardization of Correlated Technologies[J]. IEEE Transactinos on Engineering Management, 2011, 58(02): 189–193.

[393] Spulber D F. Innovation and international trade in technology[J]. Journal of Economic Theory, 2008, 138(1): 1–20.

[394] Spulber D F. Innovation economics: the interplay among technology standards, competitive conduct, and economic performance[J]. Journal of Competition Law and Economics, 2013, 9(4): 777–825.

[395] Spulber D F. Standard setting organisations and standard essential patents: Voting and markets[J]. The Economic Journal, 2019, 129(619): 1477–1509.

[396] Stryszowska M A. Fair, reasonable, and non-discriminatory terms and technology adoption: standard setting vs. incompatible technologies[J]. Economics of Innovation and New Technology, 2014, 23(8): 717–738.

[397] Suarez F F. Battles for technological dominance: an integrative framework[J]. Research Policy, 2004, 33(2): 271–286.

[398] Swann P, Shurmer M. The emergence of standards in PC softwear: who would benefit from institutional intervention? [J]. Information Economics and Policy, 1994(6): 295–318.

[399] Tamura S. Who participates in de jure standard setting in Japan ? The analysis of participation costs and benefits[J]. Innovation, 2015, 17(3): 400–415.

[400] Tassey G. Standardization in technology–based markets[J]. Research Policy, 2000, 29(4–5): 587–602.

[401] Taylor P D, Jonker L B.Evolutionarily stable strategies and game dynamics[J].Math Bioscience, 1978, (40): 145–156.

[402] Teece D. Dynamic Capabilities: Routines versus Entrepreneurial Action[J]. Journal of Management Studies, 2012, 49(8): 1395–1401.

[403] Tilly C. Social boundary mechanisms[J]. Philosophy of the Social Sciences, 2004, 34(2): 211–236.

[404] Timmermans S, Epstein S. A world of standards but not a standard world: Toward a sociology of standards and standardization[J]. Annual Review of Sociology, 2010, 36(1): 69–89.

[405] Tsai L L. Solidary groups, informal accountability, and local public goods provision in rural China[J]. American Political Science Review, 2007, 101 (2): 355–372.

[406] van den Ende J, van de Kaa G, Den Uijl S, et al. The paradox of standard flexibility: the effects of co–evolution between standard and interorganizational network[J]. Organization Studies, 2012(33): 705–736.

[407] Vellema S, Van Wijk J. Partnerships intervening in global food chains: the emergence of co–creation in standard–setting and certification[J]. Journal of Cleaner Production, 2015(107): 105–114.

[408] Viardot E, Sherif M H, Chen J. Managing innovation with standardization: An introduction to recent trends and new challenges[J]. Technovation, 2016, 100(48–49): 1–4.

[409] Wang Ping.A Brief History of Standards and Standardization

Organizations: A Chinese Perspective[J]. East-west Center Working Papers. Economics Series, 2011(4): 1-28.

[410] Warner M E. Competition or cooperation in urban service delivery? [J]. Annals of Public and Cooperative Economics, 2011, 82(4): 421-435.

[411] Weiss M, Cargill C. Consortia in the standards development process[J]. Journal of the American Society for Information Science, 1992, 43(8): 559-565.

[412] Weiss M, Cargill C. Consortia in the standards development process [J]. Journal of the American Society for Information Science, 1992, 43 (8) : 559-565.

[413] Wen J, Qualls W J, Zeng D. Standardization Alliance Networks, Standard-Setting Influence, and New Product Outcomes[J]. Journal of Product Innovation Management, 2020, 37(2): 138-157.

[414] Werbos P J. Backpropagation through time: What it dose and how ti do it[J]. Proceedings of the IEEE, 1990, 78(10): 1550-1560.

[415] West J. The economic realities of open standards: Black, white and many shades of gray[J]. Standards and Public Policy, 2007(87): 122.

[416] Wiegmann P M, de Vries H J, Blind K. Multi-mode standardisation: A critical review and a research agenda[J]. Research Policy, 2017, 46(8): 1370-1386.

[417] Winter S G. Understanding dynamic capabilities[J]. Strategic Management Journal, 2003, 24(10): 991-995.

[418] Wu T, Fu F, Wang L. Coevolutionary dynamics of aspiration and strategy in spatial repeated public goods games[J]. New Journal of Physics, 2018, 20(6): 063007.

[419] Xudong Gao. A latecomer's strategy to promote a technology standard: The case of Datang and TD-SCDMA[J]. Research Policy, 2014, 43(3) : 597-607.

[420] Yang J, Zhou L, Qu Y, et al.Mechanism of Innovation and Standardization Driving Company Competitiveness in the Digital Economy[J]. Journal of Business Economics and Management, 2023, 24(1): 54-73.

[421] Yayavaram S, Ahuja G. Decomposability in knowledge structures and its impact on the usefulness of inventions and knowledge-base malleability[J]. Administrative Science Quarterly, 2008, 53(2): 333-362.

[422] Yoon B, Magee C L. Exploring technology opportunities by visualizing patent information based on generative topographic mapping and link prediction[J]. Technological Forecasting and Social Change, 2018(132): 105-117.

[423] Zang L, Araral E, Wang Y. Effects of land fragmentation on the

governance of the commons: Theory and evidence from 284 villages and 17 provinces in China[J]. Land Use Policy, 2019(82): 518-527.

[424] Zhang G Q, Hu T P, Yu Z. An improved fitness evaluation mechanism with noise in prisoner's dilemma game[J]. Applied Mathematics and Computation, 2016(276): 31-36.

[425] Zhang H, Shu C, Jiang X, et al. Managing knowledge for innovation: The role of cooperation, competition, and alliance nationality[J]. Journal of International Marketing, 2010, 18(4): 74-94.

[426] Zollo M, Winter S G. Deliberate Learning and the Evolution of Dynamic Capabilities[J]. Organization Science, 2002, 13(3): 339-351.

[427] Zoo H, de Vries H J, Lee H. Interplay of innovation and standardization: Exploring the relevance in developing countries[J]. Technological Forecasting and Social Change, 2017(118): 334-348.

[428] Zouhaier M'Chirgul. Determinants of success in setting standards coalition: empirical evidence from the standard war of the blue laser DVDs[J]. Applied Economics Letters, 2015, 22(01): 20-24.

[429] 陈涛. 组织记忆、知识共享对企业绩效影响研究[D]. 哈尔滨: 哈尔滨工业大学, 2014.

[430] 陈晓雪. 技术创新、专利、标准的协同演化关系研究[D].南昌: 江西财经大学, 2019.

[431] 付刚. 奥尔森集体行动理论研究[D].长春: 吉林大学, 2011.

[432] 洪欢. 企业参与团体标准制定的意愿研究: 以"浙江制造"标准为例[D].杭州: 中国计量大学, 2020.

[433] 李帅. 基于生命周期理论的自主技术标准竞争力评价研究[D].长沙: 湖南大学, 2011.

[434] 刘石兰. 组织要素、组织能力视角下的顾客价值研究[D]. 上海: 同济大学, 2007.

[435] 刘芸. 基于标准生命周期的技术标准中专利许可问题研究[D]. 南昌: 江西财经大学, 2015.

[436] 陆洋. 项目型组织能力构建与提升研究[D]. 长沙: 中南大学, 2014.

[437] 马蓝. 企业间知识合作动机、合作行为与合作创新绩效的关系研究[D]. 西安: 西北大学, 2016.

[438] 秦玮. 基于生态位理论的产学研联盟中企业动机与绩效研究[D]. 上海: 上海交通大学, 2011.

[439] 王竞楠.德国标准化与德国崛起[D].济南：山东大学，2013.

[440] 王娟. 基于BP神经网络的网贷平台风险评价研究[D].北京：北京交通大学，2019.

[441] 杨阳. 战略联盟演化中组织间学习对联盟绩效的影响研究[D]. 长春：吉林大学，2011.

[442] 殷俊杰. 企业联盟组合管理能力对合作创新绩效的影响机制研究[D]. 成都：电子科技大学，2018.

[443] 张超. 战略人力资源管理实践、信任与组织能力关系研究[D]. 北京：对外经济贸易大学，2016.

[444] 张研.技术标准化对产业创新的影响机理研究[D].长春：吉林大学，2010.

[445] 赵楠. 基于AHP和BP神经网络的煤炭企业综合绩效评价研究[D]. 北京：中国地质大学，2018.

[446] 周明德. 企业成长中的凝聚力研究[D]. 北京：北京交通大学，2009.

[447] Egyedi T M. Shaping standardization：A study of standards processes and standards policies in the field of telematic services[D]. Delft：Technische Universiteit Delft，1996.

[448] Moenius Johannes. Three Essays on Trade Barriers and Trade Volumes[D]. San Diego：University of California，2000.

[449] 埃莉诺·奥斯特罗姆. 公共事物的治理之道：集体行动制度的演进[M]. 余逊达，陈旭东，译. 上海：上海三联书店，2000.

[450] 薄大伟. 单位的前世今生：中国城市的社会空间与治理[M]. 柴彦威，张纯，何宏光，等译，南京：东南大学出版社，2014.

[451] 克劳斯·施瓦布.第四次工业革命：转型的力量[M].世界经济论坛北京代表处，李菁，译. 北京：中信出版社，2016.

[452] 李岱松，张革，李建玲，等.区域技术标准创新：北京地区实证研究[M]. 北京：科学出版社，2009.

[453] 廖晓滨，赵熙. 第三代移动通信网络系统技术、应用及演进[M]. 北京：人民邮电出版社，2008.

[454] 林南. 社会资本：关于社会结构与行动的理论[M]. 张磊，译. 北京：社会科学文献出版社，2020.

[455] 刘军.整体网分析讲义：UCINET软件实用指南[M].上海：格致出版社，2009.

[456] 罗伯特·D.帕特南.使民主运转起来：现代意大利的公民传统[M].

王列，赖海榕，译. 南昌：江西人民出版社，2001.

[457] 宋明顺，周立军.标准化基础[M].2版.北京：中国标准出版社，2018.

[458] 王文录，李克强. 问卷调查及数据资料分析[M]. 北京：中央民族大学出版社，2008.

[459] 魏尔曼.标准化是一门新学科[M].中国科学技术情报研究所编辑.北京：科学技术文献出版社，1980.

[460] 吴明隆. 结构方程模型：AMOS 的操作与应用[M].重庆：重庆大学出版社，2010.

[461] 张维迎.博弈论与信息经济学[M].上海：三联书店上海分店，上海人民出版社，1996.

[462] 张五常. 经济解释[M].北京：中信出版社，2014.

[463] T.S.阿什顿.工业革命(1760—1830)[M].李冠杰，译.上海：上海人民出版社，2020.

[464] Besen S M，Johnson L L. Compatibility standards，competition，and innovation in the broadcasting industry[M].Santa Monica：Rand Corp.，1986.

[465] Büthe T，Mattli W. The New Global Rulers[M]. Princeton，NJ：Princeton University Press，2001.

[466] de Vries H J. Standardization：a Business Approach to the Role of National Standardization Organizations[M]. London：Kluwer Academic Publishers，1999.

[467] Den Uijl S. The Emergence of De-facto Standards[M]. Erasmus Research Institute of Management，Erasmus University Rotterdam，2015.

[468] Egyedi T M，Vrancken J，Ubacht J.Coordination in self-organizing systems[M]//Inverse Infrastructures.Cheltenham：Edward Elgar Publishing，2012.

[469] Eisenmann T R. Managing networked businesses[M]. Boston：Harvard Business School Publishing，2007.

[470] 达哈曼 E.，等.3G演进：HSPA与LTE[M].2版.堵久辉，缪庆育，徐斌，译.北京：人民邮电出版社，2010.

[471] Freeman，Christopher，Luc Soete. The Economics of Industrial Innovation[M]. Cambridge，MA：MIT Press，1997.

[472] Gibson R S，Gibson R S. Principles of nutritional assessment[M]. Oxford：Oxford University Press，2005.

[473] Hinton G E，Sejnowski T J. Learning and Relearning in Boltzmann Machines[M]. Cambridge，MA：MIT Press，1986.

[474] Jakobs K. Information Technology Standards and Standardization：A Global Perspectiee[M]. Hershey：IGI Global，1999.

[475] Khemani R S. Glossary of industrial organisation economics and competition law[M].Washington DC：OECD Publications and Information Centre，1994.

[476] Kotler P. Kotler on marketing[M]. New York：The Free Press，1999.

[477] Murphy C N，Yates J A. The International Organization for Standardization (ISO)：global governance through voluntary consensus[M]. London：Routledge，2009.

[478] Ollner J. The company and standardization[M]. 3rd Edition. Stockholm：Swedish Standards Institution，1988.

[479] Rothwell G，Rothwell R，Zegveld W. Reindustrialization and technology[M]. New York：ME Sharpe，1985.

[480] Russell B. Analysis of mind[M]. London：Routledge，2005.

[481] Sandler T. Collective action：Theory and applications[M]. Ann Arbor：University of Michigan Press，1992.

[482] Sawgert S. The Community Development Reader[M]. London：Routledge，2008.

[483] Schmidt S K，Werle R，Susanne K，et al. Coordinating technology：Studies in the international standardization of telecommunications[M]. Cambridge Massachusetes：MIT Press，1998.

[484] Simcoe T. Modularity and the Evolution of the Internet[M]//Economic analysis of the digital economy. Chicago：University of Chicago Press，2015.

[485] Tamm Hallström K，Boström M.Transnational Multi-Stakeholder Standardization：Organizing Fragile Non-State Authority[M]. Cheltenham：Edward Elgar，2010.

[486] Verman L C. Standardization，a new discipline[M].Hamden，Connecticut：Archon Books，1973.

[487] 中关村材料试验技术联盟.2020年CSTM白皮书[EB/OL]. http：//www.cstm.com.cn/article/details/4ddb2f05-a79f-4595-a95e-fadbd9bd112f，2021-08-04.

[488] 浙江省市场监督管理局(知识产权局)“品字标浙江制造”蓝皮书首次发布[EB/OL].http：//zjamr.zj.gov.cn/art/2020/1/21/art_1228969893_41778326.html，2021-08-04.

[489] 中关村标准化协会.中关村标准：先进科技类团体标准的共同品牌[EB/OL]. http：//www.sac.gov.cn/zt/jdbn/bzgs/202108/t20210804_347430.html，2021-08-04.

[490] 夏旭田，刘洋.3D打印“春再来”：2017年全球总产值增34.8%，中国市场仍需整合[N].21世纪经济报道，2018-07-31.

[491] 薛澜. 第四次工业革命来临，中国准备好了吗？[N].光明日报.2018-07-15.

[492] Baron J，Blind K，Pohlmann T. Essential patents and standard dynamics[A]// 2011 7th International Conference on Standardization and Innovation in Information Technology，2011.

[493] Blind K，Grupp H. Standards statistics as new indicators for the diffusion of technology[C]//International JA Schumpeter Conference. Manchester，2000.

[494] Cargill C. A five-segment model for standardization[A]//Standards policy for information infrastructure[C]. Cambridge：MIT Press，1995.

[495] Eva Soderstrom. Formulating a General Standards Life Cycle[C]//16th International Conference on Advanced Information Systems Engineering，2004.

[496] Kapmeier F. Dynamics of common learning in learning alliances[C]// Proceedings of the 21st International Conference of the System Dynamics Society，2003.

[497] Kavanaugh A，Reese D D，Carroll J M，et al. Weak ties in networked communities[C]//Communities and technologies. Springer，Dordrecht，2003.

[498] Kim T，Min H，Park J，et al. Analysis on characteristics of vehicle and parking lot as a datacenter[C]//2017 4th International Conference on Computer Applications and Information Processing Technology（CAIPT). IEEE，2017：1-4.

[499] Klein S，Schellhammer S.Developing IOIS as collective action：A cross-country comparison in the health care sector[C]//2011 44th Hawaii International Conference on System Sciences，2011.

[500] Sievert C，Shirley K E. LDAvis：A method for visualizing and interpreting topics[C]// Workshop on Interactive Language Learning，Visualization，and Interfaces at the Association for Computational Linguistics，2014.

[501] Söderström E. Formulating a general standards life cycle[C]// International Conference on Advanced Information Systems Engineering. Springer，Berlin，Heidelberg，2004.

[502] SUN Xiaohong，LIU Renzhong. The Analysis of Competition

Mechanism of Technology Standard Based on Evolutionary Game[C]//International Conference on Management Science & Engineering, 2009.

[503] Tate J. National varieties of standardization[A]//Varieties of Capitalism[C]. Oxford: Oxford University Press, 2001.